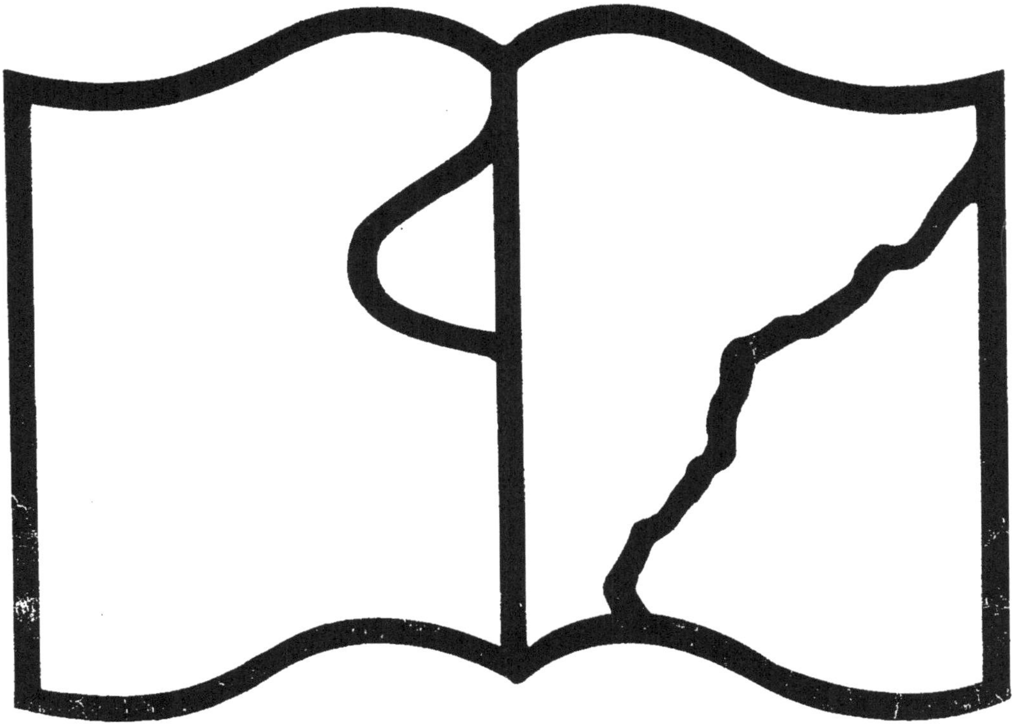

Texte détérioré — reliure défectueuse

**NF Z 43**-120-11

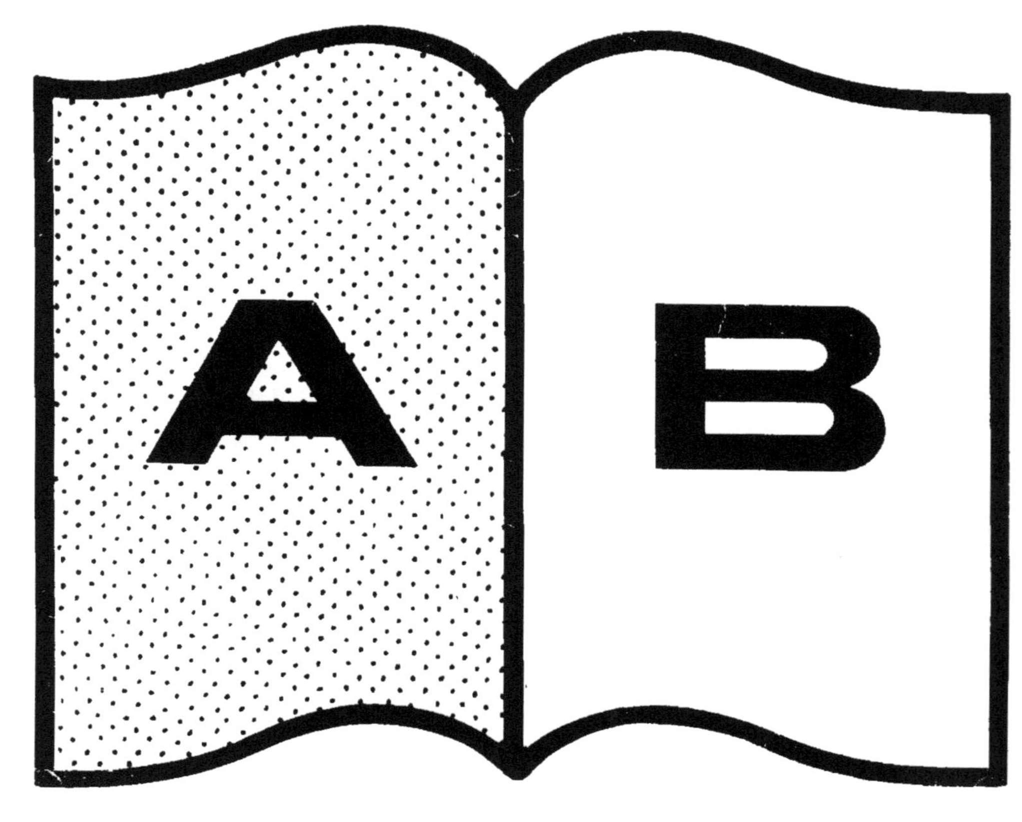


Contraste insuffisant

**NF Z 43**-120-14

A MONSEIGNEUR
MONSEIGNEUR
LE MARQUIS
DE LOUVOIS
Ministre et Secretaire
D'Estat, commandeur
et Chancelier des
Ordres du Roy,
Intendant et sur-
intendant general des
Batiments des Arts et
Manufactures de
France
LECLERC F.

# TRAITÉ

## DE

# GEOMETRIE.

*Par SEB. LE CLERC.*

## A PARIS,

Chez JEAN JOMBERT, prés des Augustins,
à l'Image Nostre-Dame.

M. DC. XC.

*AVEC PRIVILEGE DU ROY.*

**C**E Traité de Geometrie est divisé en dix Chapitres.

Le I. contient les Définitions.

Le II. établit des principes que j'appelle Notions, & qui sont des veritez évidemment connuës par elles-mêmes, ou par des démonstrations incontestables.

Le III. donne la pratique des Lignes & des Angles, & fait décrire les figures des Plans.

Le IV. enseigne à transfigurer ces mêmes Plans, c'est à dire, à leur donner de nouvelles figures, sans en diminuer ou augmenter le contenu.

Le V. apprend à les diviser.

Le VI. montre comment il les faut assembler, & comment on peut les augmenter ou diminuer de grandeur, selon quelque quantité proposée.

Le VII. enseigne à les mesurer.

Le VIII. contient la Trigonometrie ou la doctrine des Triangles par le calcul.

Le IX. traite des Solides, & particulierement de leur Toisé.

Le X. enfin, donne la pratique pour le Terrain, où l'on voit comme on leve les Plans, comme on les trace, & comme on mesure les dimentions inaccessibles.

TRAITE'

# TRAITÉ
## DE
# GEOMETRIE.



### CHAPITRE PREMIER.

## DEFINITIONS.

### 1. De la Geometrie.

L A Geometrie est une partie des Mathematiques qui a pour objet la quantité qu'on nomme continuë, & qui est étenduë ou en longueur seulement, ou en longueur & largeur, ou en longueur, largeur & profondeur ; ces trois especes de quantité ayant pour termes, des points, des lignes & des surfaces.

### 2. Du Point.

Le Point est ce qui n'a aucune partie.

### 3. De la Ligne.

La Ligne est une longueur sans largeur.

A

### 4. *De la Ligne droite.*

La Ligne droite eſt celle qui eſt également compriſe entre ſes extremitez , *ou bien*, c'eſt la plus courte qu'on puiſſe mener d'un point à un autre.

### 5. *De la Ligne courbe.*

La Ligne courbe eſt inégalement compriſe entre ſes extremitez.

### 6. *Des Lignes paralleles.*

Deux Lignes ſont paralleles , lorſqu'elles s'accompagnent en égale diſtance.

### 7. *De l'Angle lineal.*

L'Angle lineal eſt l'ouverture de deux lignes qui ſe joignent à un point en s'inclinant l'une vers l'autre , & *(en ce cas)* les lignes ſont appellées jambes.

*Ainſi, les lignes A B. C B. ſont les jambes de l'Angle A B C.*

### 8. *De l'Angle rectiligne, courbeligne & mixtiligne.*

L'Angle eſt nommé rectiligne ſi les lignes qui le font ſont droites, courbeligne, ſi elles ſont courbes ; & mixtiligne, ſi une des lignes eſt droite & l'autre courbe.

### 9. *De l'Angle Droit, Aigu & Obtus.*

Si une ligne droite rencontrant une autre ligne droite, fait des angles égaux de part & d'autre, ces angles font droits, mais si elle les fait inégaux, le plus ouvert eft obtus, & le moins ouvert eft aigu.

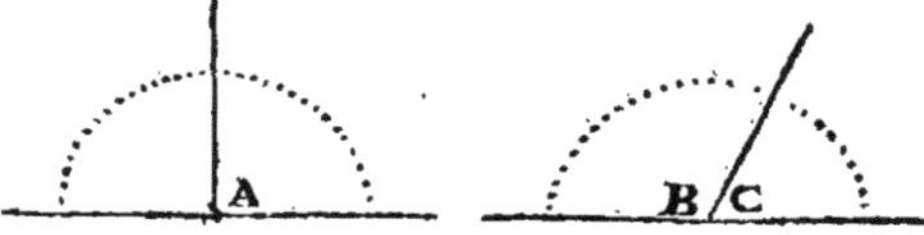



*Il faut obferver que l'égalité des angles ne s'entend pas de l'égalité des lignes mais de leurs ouvertures, & que le plus grand angle eft celuy qui eft le plus ouvert & au contraire, & que deux angles font égaux s'ils font ouverts également quoy que leurs jambes foient inégales.*

### 10. *De la Perpendiculaire.*

La Perpendiculaire eft une ligne droite qui tombe ou qui s'éleve fur une autre ligne droite faifant des angles droits.

### 11. *De l'Angle alterne, opposé, & de même part.*

Une ligne droite comme B E coupant les paralleles B F, E G, l'angle A eft alterne au regard de l'angle C, au regard de l'angle B, il eft oppofé au fommet, mais il eft de même part que l'angle E, & les angles A, D, B font de fuite.

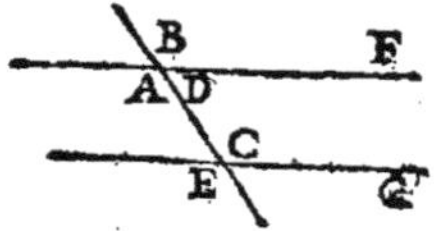



A ij

### 12. *De la Surface.*

La Surface ou Superficie eſt une quantité étenduë en longueur & largeur ſans épaiſſeur ou profondeur.

### 13. *De la Surface plane.*

La Surface plane ou plate & qu'on appelle Plan,
eſt celle qui eſt également étenduë entre ſes extremitez, & ſur laquelle une ligne droite peut eſtre
tirée en tous ſens.

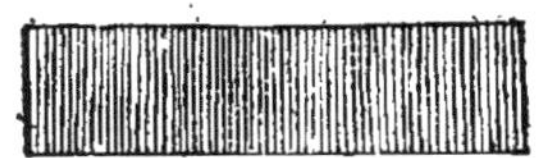

### 14. *De la Surface courbe.*

La Surface courbe eſt appellée convexe ſi elle eſt
relevée, & concave ſi elle eſt creuſe & enfoncée.

A. Surface convexe.
B. Surface concave.

### 15. *De l'aſſiette des Plans.*

Un Plan eſt horiſontal & de niveau s'il eſt cou-
ché comme le deſſus d'une eau calme, vertical &
à plomb s'il eſt dreſſé comme un mur élevé bien
droit, ſinon il eſt incliné, penché & en talu.

### 16. *Du Terme.*

Le Terme eſt l'extremité d'une quantité.

*Le Point eſt un terme de la ligne, & la ligne eſt un terme
de la ſurface comme la ſurface eſt un terme du corps. La
ligne commence à un point, finit à un autre; Et la ſurface
eſt terminée ou d'une ſeule ligne ou de pluſieurs, de même que
le corps eſt terminé ou d'une ſeule ſurface ou de pluſieurs.*

### 18. *De la Figure.*

La figure d'un Plan, eſt la modification de ſes termes ou extremitez.

### 19. *De la Figure rectiligne.*

La figure rectiligne eſt compoſée de lignes droites qu'on nomme côtez.

### 20. *Des Poligones.*

Toutes figures Planes & rectilignes ſont nommées d'un nom general, Poligone, mais chacune en particulier a un nom propre tiré du nombre de ſes termes. *On appelle*

Triangle ou Trigone, la figure de 3. côtez.
Quadrilatere ou Tetragone celle de 4.
Pentagone celle de 5.
Exagone celle 6.
Eptagone celle de 7.
Octogone celle de 8.
Eneagone celle de 9.
Decagone celle de 10.
Ondecagone celle d'11.
Dodecagone celle de 12.

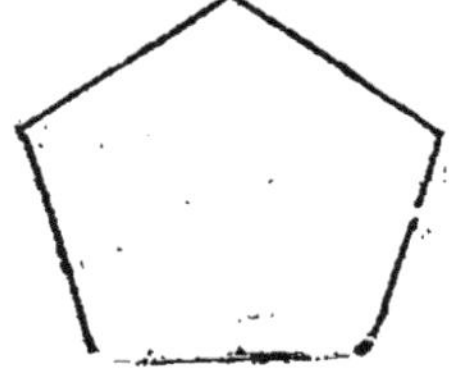

*Vn Triangle ſe diſtingue d'un autre par la difference de ſes angles ou de ſes côtez.*

### 21. *Du Triangle rectangle.*

Le Triangle rectangle eſt celuy qui a un angle droit.

### 22. *Du Triangle ambligone.*

Le Triangle ambligone ou obtus-angle eſt celuy qui a un angle obtus.

A iij

### 23. *Du Triangle oxigone.*

Le Triangle oxigone a les trois angles aigus.

### 24. *Du Triangle équilateral.*

Le Triangle équilateral a ſes trois côtez égaux.

### 25. *Du Triangle iſocele.*

Le Triangle iſocele a ſeulement deux côtez égaux.

### 26. *Du Triangle ſcalene.*

Le Triangle ſcalene a ſes trois côtez inégaux.

*Les Figures de quatre côtez reçoivent auſſi des denominaⁱ
tions particulieres de la qualité de leurs angles & du rapport
de leurs côtez.*

### 27. *Du Quarré.*

Le Quarré eſt une figure de quatre côtez égaux
& de quatre angles droits.

### 28. *Du Rectangle.*

Le Rectangle ou quarré long a ſes angles droits
& ſeulement ſes côtez oppoſez égaux.

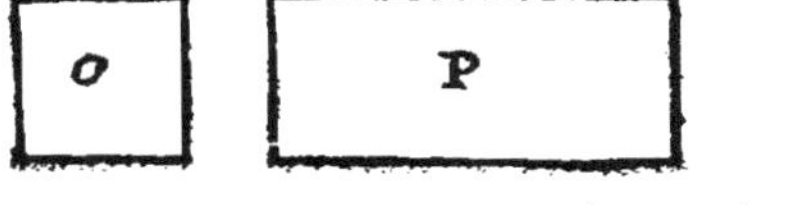


O. Quarré.
P. Rectangle.

# CHAPITRE I.

### 29. *Du Parallelogramme.*

Le Parallelogramme a ſes côtez oppoſez paralleles.

### 30. *Du Rhombe.*

Le Rhombe ou Lozange eſt un parallelogramme qui a ſes quatre côtez égaux , mais ſeulement les angles oppoſez égaux , deux étant obtus & les deux autres aigus.

### 31. *De la Diagonale.*

La ligne **A C.** menée d'un angle à ſon oppoſé eſt appellée Diagonale.

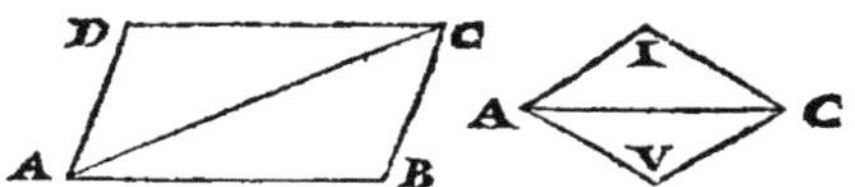

### 32. *Du Trapeze regulier.*

Le Trapeze regulier a deux côtez égaux & les deux autres inégaux mais paralleles. L'irregulier a ſes quatre côtez inégaux.

### 33. *De la Baſe.*

La Baſe eſt particulierement le côté ſur lequel la figure ſe repoſe, *comme le côté B C.*

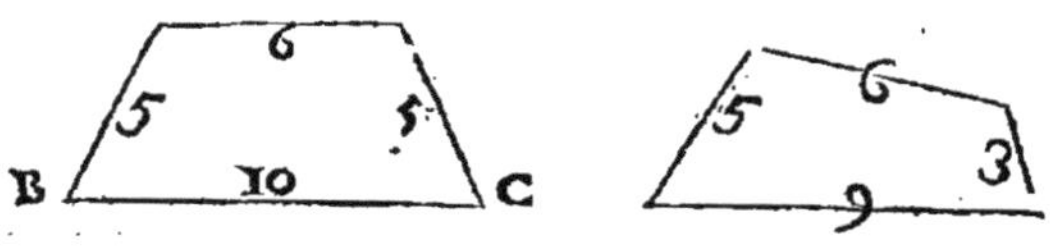

### 34. *Du Cercle.*

Le Cercle eſt un Plan terminé d'une ſeule ligne appellée Circonference, laquelle eſt par tout égale-

ment éloignée d'un point qui en fait le milieu, &
qu'on nomme Centre.

*Par Cercle on entend aussi quelquefois la seule Circonfe-*
*rence suivant l'usage du vulgaire.*

### 35. *Du Diametre & du Rayon.*

Toutes lignes droites qui passent par le centre
du Cercle & qui se terminent à la Circonference,
sont nommées Diametres & leurs moitiées Rayons
ou Demidiametres.

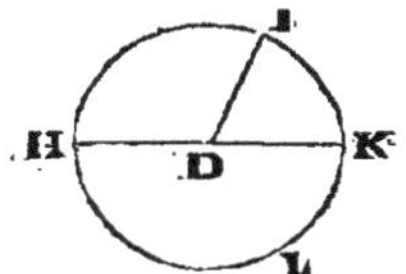

H I K. Circonference.
D. Centre.
H K. Diametre.
D I. Rayon.

### 36. *Des Degrez, Minutes, secondes, &c.*

La Circonference du Cercle se divise ordinairement en 360 parties égales ou degrez, & *par con-*
*sequent*, la demicirconference en 180, & le quart
en 90. Chaque degré se soûdivise en 60 minutes,
chaque minute en 60 secondes, & chaque seconde
en 60 tierces, &c.

### 37. *De l'Arc.*

L'Arc est une partie de la Circonference d'un
Cercle.

### 38. *De la Corde.*

La Corde est une ligne droite qui joint un Arc
par ses extremitez.

T. Arc.
V. Corde.

# CHAPITRE I.

### 39. *De la mesure de l'Arc & de l'Angle.*

Les degrez & leurs parties font la mesure de
l'Arc, & l'Arc eft la mesure de l'Angle.

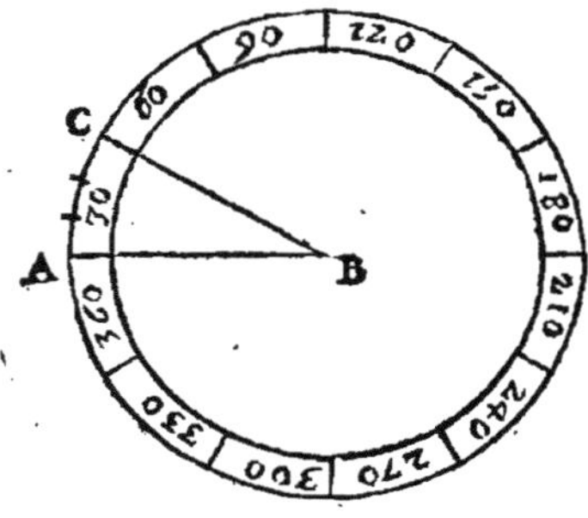


*Par exemple , fuppofé que
le point B foit le Centre du
Cercle A C D. on jugera de
la grandeur de l'Arc A C.
par le nombre des digriz &
des minutes qu'il contient,
comme on jugera de l'ou-
verture de l'Angle A B C.
par la grandeur de l'Arc
A C.*

### 40. *De la ligne Tangente.*

La ligne Tangente eft celle qui touche un Cercle fans le couper, & fans le pouvoir couper ou
traverfer même eftant continuée.

### 41. *De la Secante.*

La Ligne Secante, croife, coupe & traverfe le
Cercle.

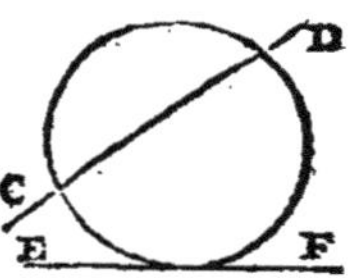


### 42. *Du Demy cercle.*

Le Demy cercle eft terminé par le diametre & la
demicirconference.

### 43. *De la Portion de Cercle.*

Si on coupe un Cercle en deux inégalement par une ligne droite, les parties font appellées Portions ou Segments.

### 44. *Du Secteur.*

Que si un Cercle est coupé en deux inégalement par deux rayons, les parties font dites Secteurs.

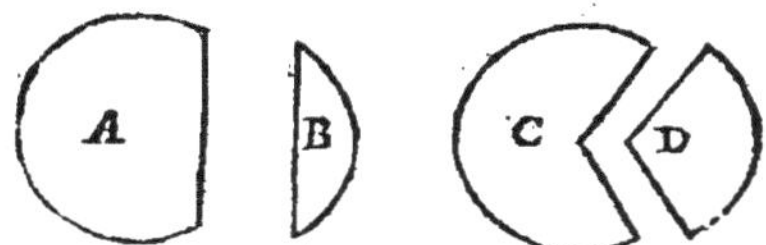

A. Grande portion.
B. Petite portion.
C. Grand Secteur.
D. Petit Secteur.

### 45. *De l'Ovale.*

L'Ovale est un Plan borné d'une seule ligne courbe qui se décrit de plusieurs centres & que tous les diametres divisent en deux également.

### 46. *De l'Elipse.*

L'Elipse est aussi un plan terminé d'une ligne courbe, mais en figure d'œuf, & qu'un seul diametre divise en deux parties égales.

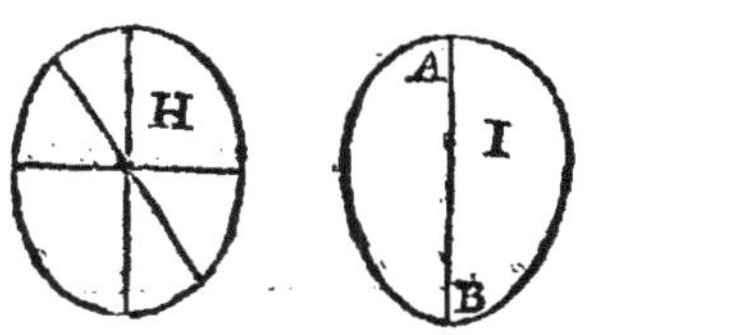

H. Ovale.
I. Elipse.

### 47. *De la figure reguliere.*

La figure Reguliere a ses parties opposées semblables & égales.

### 48. *De l'Irreguliere.*

La figure irreguliere est composée d'angles & de côtez inégaux.

### 49. *De la figure Equiangle.*

La figure Equiangle a tous ses angles égaux, & deux figures sont équiangles, si les angles de l'une (quoy qu'inégaux entr'eux) sont égaux aux angles de l'autre.

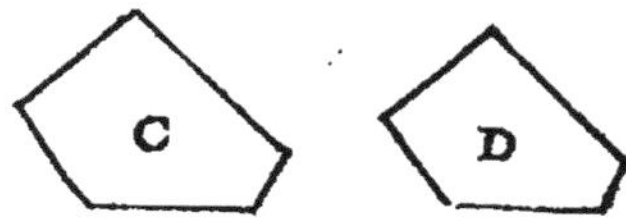

La figure C est équi-angle à la figure D.

### 50. *De la figure Equilaterale.*

La figure Equilaterale a tous ses côtez égaux.

### 51. *Des figures Concentriques.*

Les figures Concentriques sont celles qui ont un même centre.

### 52. *Des Excentriques.*

Les Excentriques dépendent de plusieurs cen-tres,

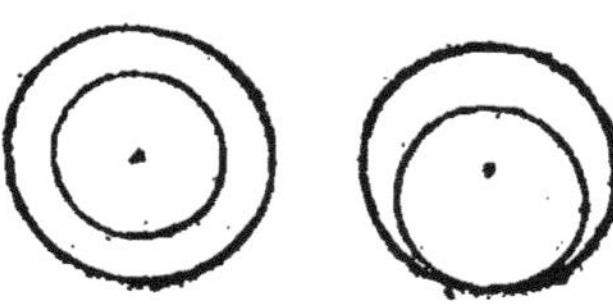

### 53. *Des Suplements.*

Quand un parallelogramme est divisé en quatre autres par un point de sa diagonale, les deux C, & D, que la diagonale ne coupe pas, sont appellez Suplements ou Complements.

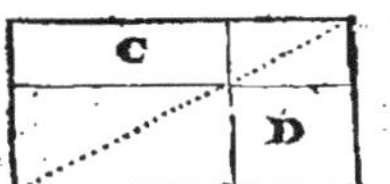

### 54. *Du Gnomon.*

Gnomon est la difference de deux Rectangles, *ou bien*, c'est l'excez d'un Rectangle par dessus un autre Rectangle, les deux Rectangles ayant un angle commun & une même diagonale.

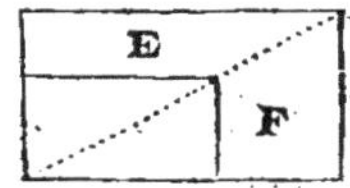

E F. Gnomon, ou Equiere,

### 55. *Des parties communes.*

Une partie est commune lors qu'elle appartient à plusieurs quantitez.

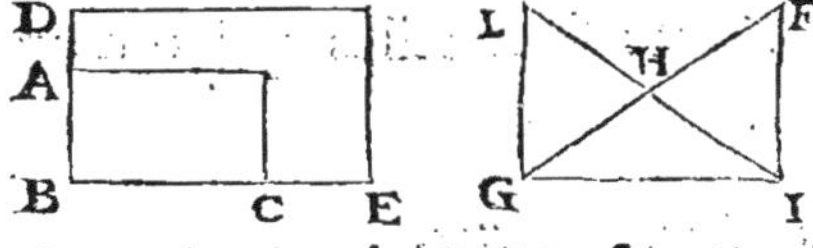

*Par exemple., on dit que l'angle A B C qui appartient au rectangle D E, comme au rectangle A C, est commun :* *& que le triangle G H I est commun aux deux triangles G I L, G I F, parce qu'il fait partie de l'un comme il fait partie de l'autre. Ce triangle G H I peut aussi estre appellé commun de ce qu'il est joint au triangle G H L, de même qu'au triangle H I F.*

### 56. *De la grandeur d'une quantité.*

Une quantité est dite grande ou petite par la comparaison qu'on en fait avec une autre de même espece.

### 57. *De la Raison de deux quantitez.*

Quand on compare deux quantitez entr'elles, ce que l'une est à l'égard de l'autre est appellé Raison.

*Par exemple, comparant une ligne de deux pieds à une de 3. on dit que la raison de l'une à l'autre est de 2 à 3. Ou que la premiere est à la deuxiéme en raison de 3 à 4. si la premiere est de trois pieds & la deuxiéme de quatre.*

### 58. *Des Termes de la raison.*

Les Termes de la Raison sont les quantitez comparées.

### 59. *Des Termes antecedents & consequents.*

Comparant la ligne A à la ligne B, la ligne **A** est le terme antecedent & la ligne B le terme consequent.

### 60. *Des Raisons semblables & égales.*

Deux Raisons sont semblables & égales, lorsque les termes de la premiere sont entr'eux comme les termes de la seconde.

*La raison d'A à B est semblable & égale à celle de C à D, parce que comme 2 est moitié de 4, 3 est moitié de 6.*

$$A, B. \qquad C, D.$$
$$2, 4. \qquad 3, 6.$$

### 61. *Des Termes proportionnels.*

Si deux raisons sont semblables, leurs termes sont proportionnels.

*Par exemple, 4 estant deux tiers de 6, comme 2 sont deux tiers de 3, nous disons que les quatre termes ou quantitez 2, 3. 4, 6, sont proportionnels.*

**62.** *De la Proportion.*

La Proportion eſt un rapport de Raiſons.

**63.** *Des Termes de la Proportion.*

La proportion ne peut avoir moins de trois termes.

*Lorſque la Proportion n'a que trois termes, celuy du milieu eſt pris pour deux, comme ſi on dit qu'A eſt à B, comme B à C. 2 à 4. comme 4 à 8.*

A, B, C.
2, 4, 8.

**64.** *Des Termes moyens & extremes.*

Dans la Proportion de trois termes, celuy du milieu eſt appellé moyen & les deux autres extremes.

**65.** *Des Termes en proportion continuée.*

Les Termes ſont continuellement proportionnels, lors que ceux du milieu ſont pris pour antecedents & pour conſequents.

*Comme ſi on dit qu'A eſt à B, comme B à C, & B à C, comme C à D.*

A, B, C, D.
2, 4, 8, 16.

**66.** *De la Raiſon doublée & triplée.*

Lors que quatre termes ſont continuellement proportionnels le premier eſt en raiſon doublée avec le troiſiéme, & en raiſon triplée avec le quatriéme.

*C'eſt à dire que la raiſon d'A à C, eſt doublée de celle d'A à B, & que celle d'A à D eſt triplée de la même raiſon d'A à B.*

A, B, C, D.
1, 3, 9, 27.

### 67. *De la Raison converse.*

La Raison converse, eſt une comparaiſon du conſequent à l'antecedent.

*Comme ſi la raiſon d'A à B, eſtant la même que de C à D, on infere que B eſt à A, comme D à C.*

$$A, B ; C, D.$$
$$2, 4 ; 4, 8.$$

### 68. *De la Raiſon alterne.*

La raiſon alterne ou par échange eſt celle où la comparaiſon ſe fait du conſequent au conſequent de même que de l'antecedent à l'antecedent.

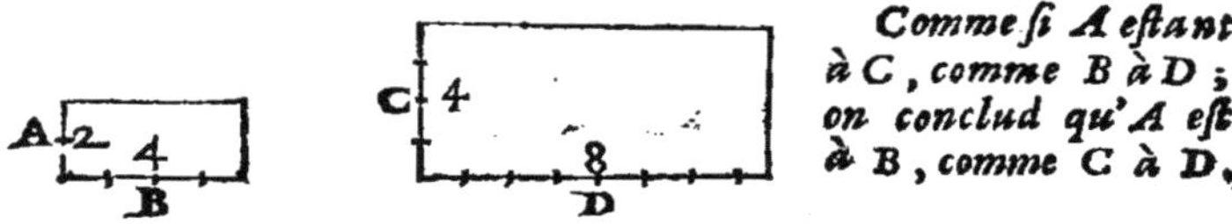

*Comme ſi A eſtant à C, comme B à D ; on conclud qu'A eſt à B, comme C à D.*

### 69. *De la proportion d'égalité.*

La Proportion d'égalité eſt un rapport des termes extremes d'une ſuite de raiſons, *ou bien*, c'eſt un rapport de raiſons qui reſulte de quelque cercle de raiſons ſemblables.

*Comme ſi aprés avoir comparé G à H, comme I à K ; & I à K comme L à M ; & L à M, comme N à O ; on conclud, donc N eſt à O, comme G à H.*

```
G H. I K.    L M. N O.          G 2, H 4.
 2 4. 3 6.    4 8. 5 10.     I 3, K 6.    N 5, O 10.
                                      L 4, M 8.
```

*Ou bien ſi y ayant même raiſon d'A à B, que de C à D : & de B à E, que de D à F ; on tire cette conſequence, donc A eſt à E, comme C à F.*

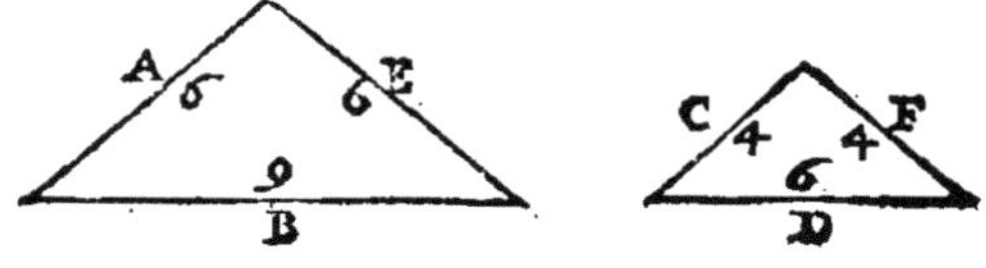

### 70. *De la Proportion de compofition.*

La proportion de compofition eft celle où nous comparons plufieurs termes pris enfemble à plufieurs autres auffi pris enfemble de même qu'un feul à un feul , *ou bien*, celle où la comparaifon fe fait de plufieurs termes à un feul comme de plufieurs autres à un feul.

*Comme fi A eftant à C de même que B à D , & B à D comme E à F ; nous tirons cette confequence que les trois termes A , B , E , pris enfemble , font aux trois termes C , D , F , auffi pris enfemble , comme le feul E au feul F.*

*Ou que les trois termes A , B , E pris enfemble , font au feul E , comme les trois termes C , D , F , pris auffi enfemble font au feul F.*

| | |
|---|---|
| A, 6. | C, 4. |
| B, 9. | D, 6. |
| E, 3. | F, 2. |
| 18. | 12. |

### 71. *De la Proportion de divifion.*

La Proportion de divifion eft quand dans une raifon ainfi que dans une autre, l'excez de l'antecedent par deffus le confequent, eft comparé au même confequent.

*Comme fi A B eftant à B E en même raifon que C D à D F, on conclud que A E eft à B E, comme C F à D F.*

A E　　B　　C　　F　　D
| 2 | 4 | | 3 | 6 |

### 72. *Des figures femblables.*

Deux figures font femblables quand elles ont les angles égaux & les côtez proportionnels.

*C'eft à dire que deux figures font femblables ( quoy qu'inégales ) fi les angles de l'une eftant égaux aux angles de l'autre, leurs côtez font en mêmes raifons.*

73.

### 73. *Des termes Homologues.*

Dans les figures femblables, les côtez femblables font dits homologues. *Comme les côtez 3 & 4.*

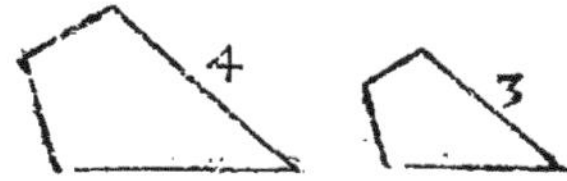

### 74. *Des termes reciproques.*

Deux figures ont leurs côtez reciproques, fi leurs côtez font proportionnels dans un ordre alternatif, *c'eft à dire*, fi les comparant alternativement l'un à l'autre, l'antecedent de la premiere raifon, & le confequent de la feconde, fe trouvent dans une même figure.

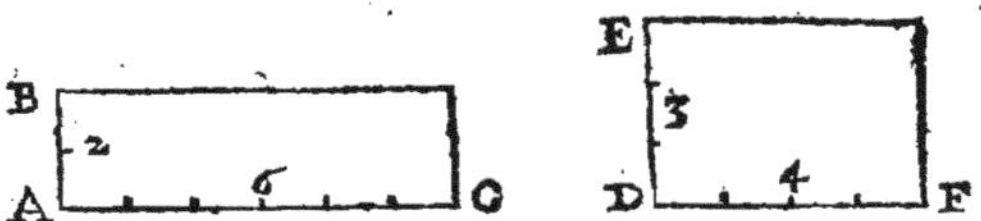

*Par exemple, fi A B eft à DF, comme D E à A C; ou fi A B eft à D E, comme D F à A C : ces deux rectangles B C, E F, font dits avoir ls côtez reciproques.*

### 75. *Des plans égaux.*

Les Plans égaux contiennent également & peuvent eftre femblables & diffemblables.

### 76. *De la convenance des plans.*

On dit que deux plans conviennent, lors qu'étans pofez l'un fur l'autre, ils ne fe furpaffent en aucun endroit, les extremitez de l'un, fe trouvant précifement fur les extremitez de l'autre.

B

### 77. *De la hauteur des Plans.*

La hauteur d'un plan, est la perpendiculaire abaissée du sommet à la base.

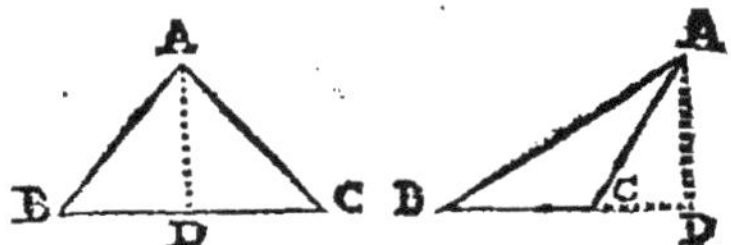

*Ainsi la perpendiculaire AD est la hauteur du triangle A B C.*

### 78. *Des figures inscrites & circonscrites au cercle.*

Une figure rectiligne est inscrite dans un cercle,
si elle le touche de tous ses angles ; mais elle est
circonscrite, lors que tous ses côtez joignent & tou-
chent le cercle autour duquel elle est décrite.

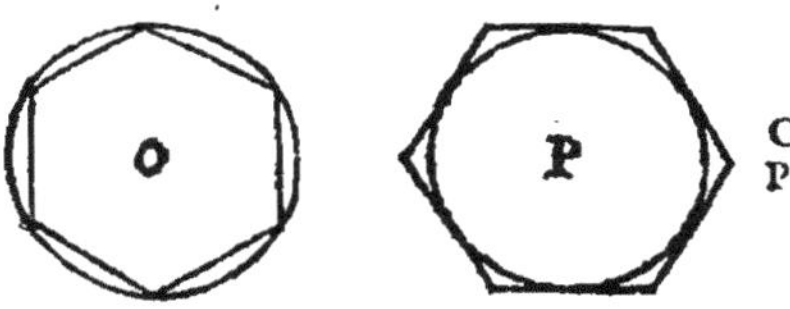

O. Figure inscrite.
P. Figure circonscrite.

### 79. *De l'Aire d'une figure.*

L'aire d'une figure est toute l'étenduë comprise
entre ses termes.

### 80. *De l'Echelle.*

L'Echelle est une ligne droite, divisée en plusieurs
petites parties égales, qu'on fait valoir certaines mesures, comme des pieds ; des toises ; des perches ; &c.

## CHAPITRE SECOND.

### NOTIONS.

#### 1.

LEs Rayons d'un Cercle font égaux , de même
que des lignes droites font égales, lors qu'on
les a coupées d'une même ouverture de compas.

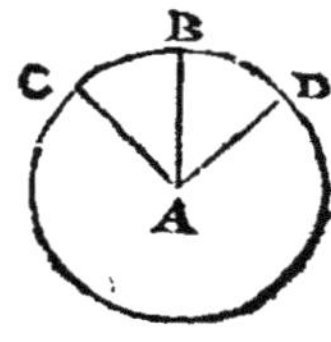

#### 2.

Les Plans qui conviennent entr'eux, font égaux
& femblables.

*Par exemple, on conclura naturellement que les plans O, S,
font égaux & femblables s'ils conviennent entr'eux ; c'eft à dire,
fi eftant pofez l'un fur l'autre , ils fe trouvent avoir une même
étenduë , par l'égalité de toutes leurs parties.*

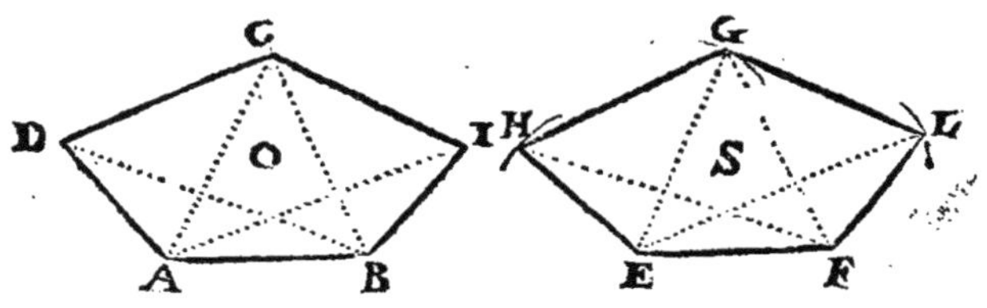

#### 3.

Les Quantitez qui font égales à une même, font
égales entr'elles.

*Les quantitez A & C qui font égales à la quantité B, font
égales entr'elles.*

A.   B.   C.
8.   8.   8.

B ij

### 4.

Si on ajoûte des quantitez égales, à d'autres quantitez égales; celles qui en feront compofées feront
auffi égales.

*Les quantitez égales A, jointes aux égales B, produifent les
égales C.*

$$
\begin{array}{llll}
\text{A.} & 4. & 4. & 4. \\
\text{B.} & 3. & 3. & 3. \\
\hline
\text{C.} & 7. & 7. & 7.
\end{array}
$$

### 5.

Si de plufieurs quantitez égales, on ôte des
quantitez égales, celles qui refteront feront auffi
égales.

*Oftant les quantitez égales B, des égales A, reftent les
égales C.*

$$
\begin{array}{llll}
\text{A.} & 6, & 6, & 6. \\
\text{B.} & 2, & 2, & 2. \\
\text{C.} & 4, & 4, & 4.
\end{array}
$$

### 6.

Les quantitez qui font moitiées, double ou tri-
ples d'une même, ou de plufieurs égales, font
égales : *ou bien*, Des quantitez font égales, fi elles
font en même raifon avec une même, ou avec plufieurs égales : Et une même ou plufieurs égales,
font en raifon pareille avec des quantitez égales.

*Par exemple, les nombres B, C, qui font chacun double
du nombre A, font égaux, A eftant égal à 4 : De plus le
nombre A eft au nombre B comme au nombre C, puifqu'il eft
foufdouble de l'un, comme il eft foufdouble de l'autre.*

$$
\begin{array}{llll}
\text{A,} & \text{A,} & \text{B,} & \text{C.} \\
2, & 2, & 4, & 4.
\end{array}
$$

## 7.

Des quantitez font égales, lorfqu'elles en font d'égales avec une même.

*Le nombre A vaut dix avec le nombre B de même qu'avec le nombre C, parce que les nombres B & C, font égaux.*

$$B \quad A \quad C$$
$$8. \quad 2. \quad 8.$$

## 8.

### La Proportion converfe.

Si quatre quantitez font proportionnelles, la première étant à la feconde, comme la troifiéme à la quatriéme; il y aura même raifon de la feconde à la première, que de la quatriéme à la trofiéme.

*La première quantité A eft moitié de la feconde B, comme la troifiéme C, eft moitié de la quat iéme D : auffi la feconde eft double de la première, comme la quatriéme eft double de la trofiéme.*

$$A, \quad B. \qquad C, \quad D.$$
$$2, \quad 4. \qquad 3, \quad 6.$$

## 9.

### La Proportion alterne.

Si quatre quantitez de même efpece font proportionnelles, elles le feront encore eftant prifes alternativement.

*C'eft à dire, s'il y a même raifon de la première quantité à la deuxiéme, que de la troifiéme à la quatriéme; il y aura auffi même raifon de la première à la troifiéme, que de la deuxiéme à la quatriéme; ce qui eft évident, car A, eftant deux tiers de B, & C deux tiers de D ; A eft double de C, comme B eft double de D.*

$$A, \quad B; \qquad C, \quad D.$$
$$8, \quad 12; \qquad 4, \quad 6.$$

### 10.

### *La Proportion d'égalité.*

Six quantitez eftant proportionnelles, tellement
que la premiere foit à la deuxiéme, comme la troifiéme à la quatriéme ; & la troifiéme à la quatriéme comme la cinquiéme à la fixiéme : la premiere fera à la deuxiéme, comme la cinquiéme à la
fixiéme. *ou bien.* Si trois quantitez font entr'elles
ainfi que trois autres, la premiere fera à la troifiéme, comme la quatriéme à la fixiéme.

   1. *Comme A à B, C à D ; & C à D comme E à F : auffi
A à B, 2 à 4, comme E à F, 5 à 10.*

   2. *Les quantitez G, H, , font entr'elles comme les quantitez K, L, M ; & comme G à I, 1 à 3 ; K à M, 2 à 6
puis que 1 eft le tiers de 3, comme 2 eft le tiers de 6.*

A, B ; C, D ; E, F.       G H I  K L M
2, 4 ; 3, 6 ; 5, 10.      1 2 3  2 4 6

### 11.

### *La Proportion de compofition.*

Si plufieurs quantitez ou termes font proportionnels, un antecedent fera à fon confequent ; comme
tous les antecedents pris enfemble, à tous les confequents auffi pris enfemble. Et un antecedent fera
à tous les antecedens pris enfemble, comme fon
confequent, à tous les confequents auffi pris enfemble.

   1. *Les termes 3, 9 ; 2, 6 ; 1, 3 ; font proportionnels, auffi
comme l'antecedent A eft au confequent B, 3 à 9 ; les trois
antecedents A C E pris enfemble, font aux trois confequents
B D F, auffi pris enfemble ; 6 eftant le tiers de 18, comme 3
eft le tiers de 9.*

   2. *L'antecedent E eft aux trois antecedents A C E, 1 à 6 ;*

*comme le conſequent F , aux trois conſequents B D F , 3 à 18 :*
*un eſtant ſix fois en ſix , comme 3 eſt ſix fois en 18.*

|       |       |       |       |
|-------|-------|-------|-------|
| A , | 3 | B , | 9 |
| C , | 2 | D , | 6 |
| E , | 1 | F , | 3 |
|     | 6 |     | 18 |

### 12.

### *La Proportion de Diviſion.*

Les quantitez qui ſont proportionnelles eſtant compoſées, le ſont encore eſtant diviſées.

*La raiſon de A B à B E, 10 à 6, eſt pareille à celle de C D à D F, 20 à 12 ; Auſſi y a-t'il même raiſon d'A E à B E, 4 à 6, que de C F à D F, 8 à 12.*

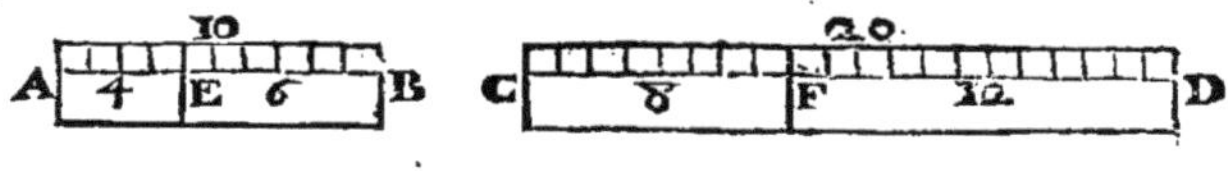


### 13.

Les Arcs qui meſurent un même angle, ou des angles égaux, ſont en même raiſon avec leurs cercles ; & contiennent même nombre de degrez.

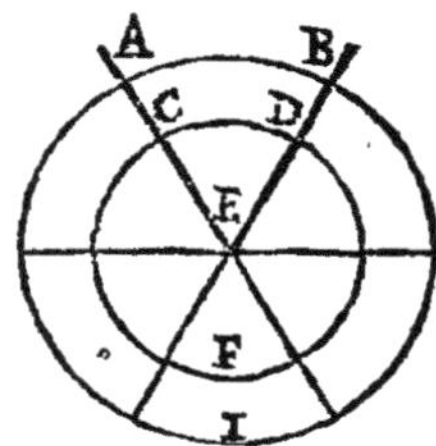


*Suppoſé les angles égaux A E B , C E D, poſez l'un ſur l'autre, comme n'en faiſant qu'un ſeul : les cercles A B I , C D F eſtant décrits du point E , il eſt évident que ſi par exemple l'arc A B eſt de 60 degrez , ſixiéme partie de 360, & que le reſte du cercle ſoit diviſé de 60 en 60 degrez, par des lignes menées au centre E ; le petit cercle ſera diviſé comme le grand* en ſix parties égales : *& que comme l'arc A B qui meſure l'angle A E B , ſera la ſixiéme partie de ſon cercle A B I , l'arc C D qui meſure l'angle C E D ſera auſſi de 60 degrez ſixiéme partie de ſon cercle C D F.*

## 14.

Dans les angles égaux, les arcs décrits d'une même ouverture de compas, sont égaux : & si les arcs sont égaux, les angles le sont aussi.

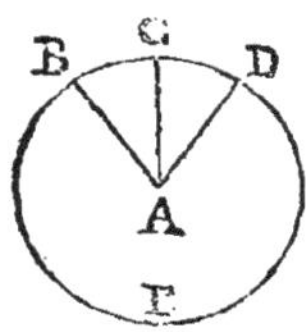

Si par exemple, les angles *B A C*, *C A D* sont égaux, ils sont mesurez par des arcs *B C*, *C D*, qui ont même raison avec leur cercle ; de sorte que si l'arc *B C* est de 40 degrez ; *C D* est aussi de 40 degrez ( suivant la precedente ) & ces degrez estant les parties égales d'un même cercle *B D E*, l'arc *B C* est égal à l'arc *C D*.

De plus il s'ensuit avec évidence, que ces arcs estant égaux les angles *B A C*, *C A D* qui en sont mesurez sont aussi égaux.

## 15.

Lors que deux lignes droites & paralleles se terminent sur une autre ligne droite, les angles qu'elles font de même part sont égaux.

On connoist naturellement que les lignes *A B*, *C D*, estant paralleles, elles sont inclinées l'une comme l'autre sur la ligne *G H* ; & que les angles qu'elles font de même part, par exemple les angles *A* & *C*, sont égaux ; & que si ces angles estoient inégaux, les lignes *A B*, *C D* seroient inclinées diversement & ne seroient pas paralleles. Il s'ensuit que

## 16.

Les lignes qui tombent sur une autre faisant les angles de même part égaux, sont paralleles.

## 17.

Deux costez d'un triangle pris ensemble, sont toûjours plus grands que le troisiéme.

Le plus court passage d'un point à un autre, est la ligne droite ; ainsi les côtez *A C*, *C B* qui font un angle, sont plus grands pris ensemble, que la seule base *A B*.

### 18.

Une ligne qui tombe fur une autre fait avec elle deux angles , lefquels pris enfemble , valent deux droits, *c'eft à dire*, 180 degrez.

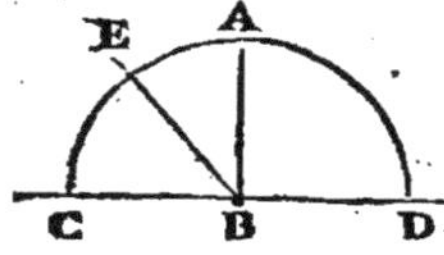

1. *Si la ligne A B eft perpendiculaire fur C D , les deux angles C B A , A B D , font droits ( par la 10 du 1. )*

2. *Suppofé la ligne B E , les deux angles C B E , E B D , qui ont un demi cercle pour mefure , c'eft à dire 180 degrez ( fuivant la 36 du 1, ) font égaux pris enfemble aux deux angles droits C B A , A B D , qui font mefurez par les mêmes 180 degrez.*

### 19.

Quand deux lignes droites fe coupent, les angles oppofez au fommet font égaux.

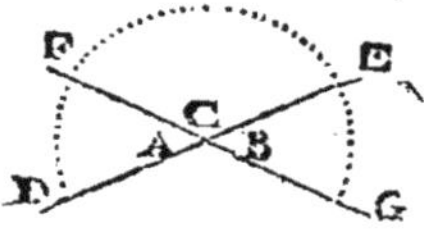

*Les lignes D E , F G fe coupent , je fais donc voir que les angles A & B , oppofez au fommet font égaux.*

*L'angle C vaut deux angles droits avec l'angle A comme avec l'angle B ( fuivant la precedente ) donc les angles A , & B fon égaux ( fuivant la 7. )*

### 20.

Une ligne droite qui coupe deux paralleles , fait les angles alternes égaux.

*La ligne A B coupant les paralleles H E , D F , nous difons que les angles alternes D , H font égaux.*

*L'angle C eft égal à l'angle D ( par la 15. ) il eft auffi égal à l'angle H fon oppofé au fommet ( par la precedente ) Donc ( par la 3 ) l'angle D eft égal à l'angle H fon alterne.*

De cette notion fe conclud la fuivante.

### 21.

Deux lignes droites font paralleles, fi une troisiéme venant à les traverser fait les angles alternes égaux.

**22.**

S'il se trouve dans un triangle, un angle & deux côtez égaux à un angle & deux côtez pris en même ordre dans un autre triangle, les deux triangles sont égaux & semblables ; c'est à dire que les côtez & les angles de l'un, sont égaux aux côtez & aux angles de l'autre.

*Premierement, que les côtez A B, A C du triangle A B C soient égaux aux côtez D E, D F du triangle D E F, & que l'angle C A B soit aussi égal à l'angle D, je dis que les deux triangles font égaux & semblables.*

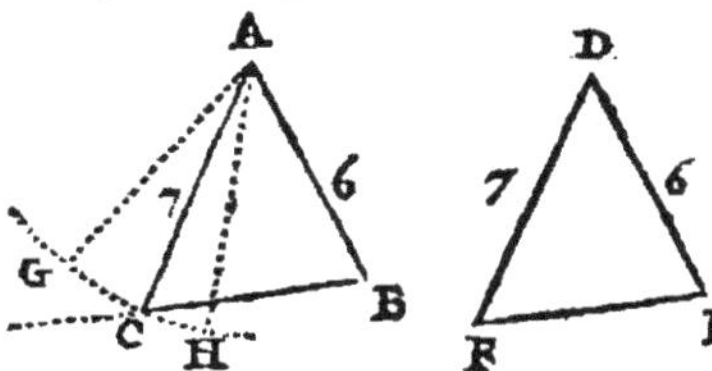

*Si l'angle D estoit posé sur l'angle C A B qui luy est égal, les jambes D E, D F tomberoient sur leurs égales A E, A C, & la base E F se trouveroit sur la base B C, ainsi les deux triangles A B C, D E F, conviendroient entr'eux. Donc ils sont égaux & semblables, ( suivant la 2. )*

*2. Supposé les côtez A B, A C égaux aux côtez D E, D F, & l'angle B égal à l'angle E, je dis encore, que les deux triangles sont égaux & semblables.* Que l'arc G H soit décrit du point A & de l'intervale A C, ou D F son égal.

*Si l'angle E estoit posé sur l'angle B, les lignes A B, D E estant égales, le point D, seroit sur le point A, & la ligne D F tomberoit précisément sur son égale A C, car plus haut comme en A G elle ne joindroit pas la base B C, ou en seroit coupée si elle se trouvoit plus bas comme en A H : ainsi les trois points D, E, F se trouveroient sur les trois points A B C. Donc les deux triangles font égaux & semblables.*

**23.**

Deux triangles qui ont les côtez égaux, sont é-quiangles, semblables & égaux.

*Que les côtez du triangle A B C soient égaux aux côtez du*

triangle D E F, je dis premierement que les deux triangles ont aussi les angles égaux, c'est à dire que les angles de l'un sont égaux aux angles de l'autre, & je le démontre.

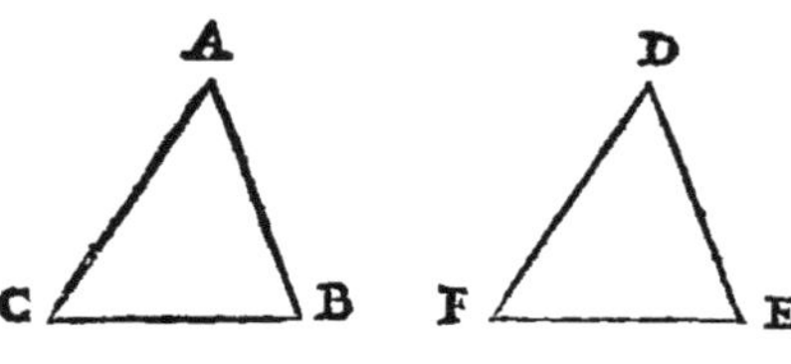

Si on suppose seulement les côtez A B, A C égaux aux côtez D E, D F ; mais l'angle A égal à l'angle D ; il s'enfuivra par la precedente que la base B C sera égale à la base E F : Or les bases B C, E F, sont établies égales ; donc les angles A & D sont égaux. Et la même démonstration se fera des autres angles.

2. Ces triangles ayant leurs côtez & leurs angles égaux, ils conviendront en toutes leurs parties si on les pose l'un sur l'autre ; Donc ils sont équiangles, égaux & semblables.

De cette notion on tire la suivante.

## 24.

Dans les triangles égaux & semblables, les angles égaux sont opposez aux côtez égaux.

## 25.

Dans le triangle isocele, les angles opposez aux côtez égaux, sont égaux.

Le triangle A B C est isocele, j'ay donc à faire voir que les angles A & B, opposez aux côtez égaux A C, B C, sont égaux.

Que la base A B soit divisée en deux également par la ligne D C les deux triangles E, F, seront équiangles ( par la 23 ) car les côtez de l'un seront égaux aux côtez de l'autre. Donc ( par la precedente ) les angles A & B opposez au côté commun D C, sont égaux.

D'où il s'enfuit que

## 26.

Si deux lignes A C, B C, s'inclinent l'une vers l'autre par des angles égaux sur une troisiéme, elles font un triangle isocele.

### 27.

Le côté prolongé d'un triangle, fait un angle exterieur qui eſt égal aux deux interieurs oppoſez.

*Que la baſe A B du triangle A B C ſoit prolongée vers G, je*
*dis que l'angle C B G qu'on appelle exterieur, eſt égal aux deux*
*interieurs oppoſez A & C.*

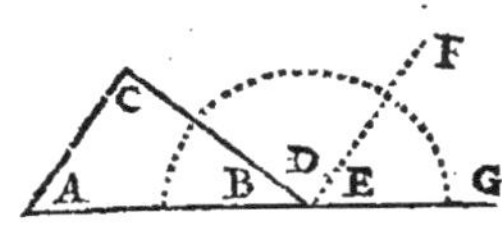

*J'ay tiré E F parallele à A C, ain-*
*ſi l'angle E eſt égal à l'angle A,*
*( par la 15 ) & ( par la 20 ) l'angle*
*D, l'eſt à ſon alterne C. Donc le ſeul*
*C B G eſt égal aux interieurs oppoſez*
*A & C. Il s'enſuit que*

### 28.

L'angle exterieur d'un triangle, eſt toûjours plus
grand que l'un ou l'autre des interieurs oppoſez.

### 29.

Les trois angles d'un triangle valent deux angles
droits ou 180 degrez.

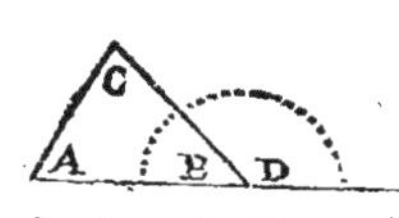

*Les angles A & C pris enſemble ſont é-*
*gaux à l'angle exterieur D, ( par la 27, )*
*les angles B, D, valent deux angles droits*
*ou 180. degrez ( par la 18 : ) Donc les an-*
*gles B, A, C, valent auſſi deux angles droits ou 180 degrez.*
Il s'enſuit que

### 30.

1. Les trois angles d'un triangle valent autant pris
enſemble, que les trois angles d'un autre triangle.

### 31.

2. Si deux triangles ont deux angles égaux, ils
ſont équiangles.

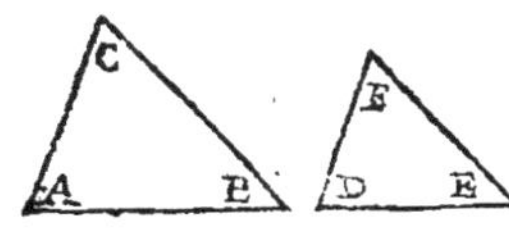

*C'eſt à dire par exemple, que ſi*
*les angles A & B du triangle A B C*
*ſont égaux aux angles D & E du*
*triangle D E F, l'angle C eſt auſſi*
*égal à l'angle F.*

### 32.

3. Si un triangle a un angle droit ou obtus, les deux autres font aigus.

### 33.

Le plus grand angle d'un triangle, eft oppofé au plus grand côté.

*Le côté A B du triangle A B C, eftant plus grand que le côté B C, je fais voir que l'angle A C B, eft plus grand que l'angle A.*

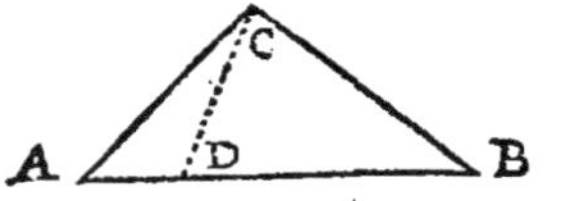

*J'ay coupé B D égale au côté B C, ainfi le triangle B C D, eft ifocele, & les angles C, D, font égaux ( par la 25. ) Or l'angle D qui eft exterieur eu égard au triangle A D C, eft plus grand que fon oppofé interieur A, ( par la 28 ) & l'angle C qui eft égal à l'angle D, ne fait que partie de l'angle A C B. Donc l'angle A C B eft plus grand que l'angle A.*

### 34.

Un triangle qui a un côté & deux angles égaux à ceux d'un autre, luy eft égal en toutes fes parties.

*Premierement, fuppofé qu'on trouve dans le triangle A, les angles B. C égaux aux angles E, F, du triangle D; on conclud ( par la 31 ) que les deux triangles font équiangles.*

 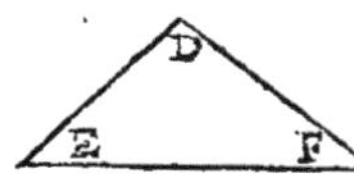

*2 Si l un des côtez, par exemple la bafe B C, eft égale à la bafe E F, il eft évident que les deux triangles con-viendront enfemble eftant pofés l'un fur l'autre; car fuppofé la bafe B C fur la bafe E F, les côtez A B, A C, fe trouveront auffi fur les côtez D E, D F; autrement 'es triangles ne feroient pas équiangles. Donc le triangle A eft en toutes fes parties, égal au triangle D ( fuivant la 2. )*

### 35.

Dans une figure de quatre côtez, les quatre angles pris enfemble, font égaux à quatre droits,

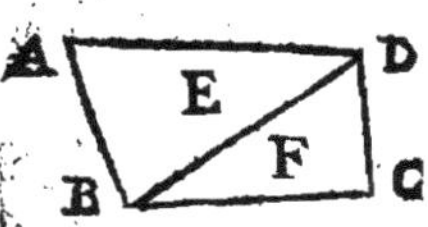

*Suppofé la diagonale B D , les angles du quadrilatere A C , font compofez de ceux des triangles E , F , lefquels pris enfemble valent quatre droits ( par la 29. )*

### 36.

Les lignes qui en conjoignent deux autres égales & paralleles , font égales & paralleles , faifant enfemble un parallelogramme.

*Par exemple , que les lignes A B , C D foient égales & paralleles , je trouve qu'A C , B D qui les conjoignent, font auffi égales & paralleles.*

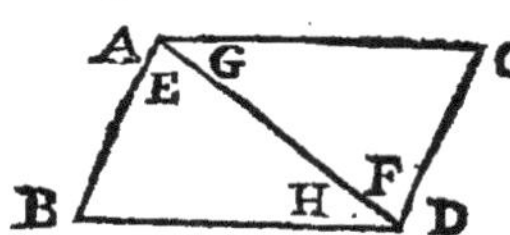

*1. Suppofé la ligne A D , les angles alternes E , F , font égaux ( par la 20. ) & les jambes de l'angle E eftant égales à celle de l'angle F , les triangles A C D , A B D font égaux & femblables ( par la 22. ) Les lignes A C , B D font donc égales , par la 24.*

*2. Puifque les triangles A C D , A B D , font femblables , ils ont ( fuivant la 24 ) les angles G , H , égaux ; lefquels eftant alternes , A C , B D font paralleles ( par la 21 ) & le plan A B C D eft un parallelograme ( fuivant la 29. du 1. )*

Il s'enfuit que

### 37.

Un parallelogramme eft coupé en deux également par fa diagonale.

### 38.

Un parallelogramme a fes angles & fes côtez oppofez égaux.

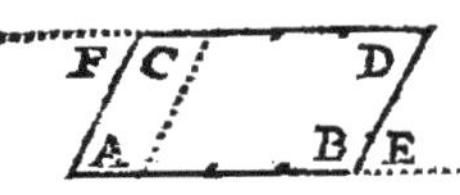

*Je dis que les angles oppofez A , D ; B, C ; du parallelogramme A D font égaux, comme auffi fes côtez oppofez A B , C D ; A C, B D. Que le côté C D , foit prolongé vers F , & A B vers E.*

*1. Les lignes A B , C D , A C , B D eftant paralleles , l'angle E eft égal à fon alterne D ( par la 20 ) il eft auffi égal à l'angle A qui eft de même part ( par la 15. ) Donc , ( par la 3 ) les angles A, D , font égaux. De plus , l'angle D eft égal à l'angle de même*

# CHAPITRE II.

*part F ; comme à l'angle E fon alterne ; ainfi les angles E , F , font égaux : les angles C , F valent deux angles droits , de même que les deux angles B, E , (par la 18 ;) Donc (par la 5) les angles oppofez , B , C , font auffi égaux.*

*2. Si la ligne A C couloit d'une même ouverture d'angles entre les parallèles C D , A B ; il eft évident que le point A , n'arriveroit pas pluftoft fur le point B , que toute la ligne A C , fe trouveroit fur fa parallele B D ; & que le point C , auroit fait autant de chemin dans la ligne C D , que le point A, en auroit fait dans la ligne A B. Donc les lignes A B , C D font égales , & ( par la 36 ) A C , B D , le font auffi.* Il s'enfuit que

## 39.

Un plan de quatre angles eft parallelogramme fi fes côtez oppofez font égaux.

## 40.

Les Parallelogrammes qui font fur une même bafe, & entre les mêmes parallèles, font égaux.

*Les parallelogrammes B C , A F , font fur une même bafe A B , & entre les mêmes parallèles A B , C F ; j'ay donc à faire voir qu'ils font égaux.*

*Dans les parallelogrammes , les coftez oppofez font égaux ( fuivant la 38 ) ainfi les lignes A C , A E font égales aux lignes B D , B F ; & A B l'eft à C D , de même qu'à E F ; de plus C D l'eft à E F ( par la 3 ) & C E à D F ( par la 4.)*

*Les lignes A C, C E , A E , eftant donc égales aux lignes B D , D F , F B ; les triangles A C E , B D F , font égaux ( par la 23 ) defquels fi on ôte le commun G , le quadrilatere H, reftera égal au quadrilatere I (par la 5;) Mais fi à ces quadrilateres on redonne le petit triangle O , le parallelogramme A E C D ; fera égal au parallelogramme A B E F.* De cette notion on conclud la fuivante.

## 41.

Les Parallelogrammes de même hauteur , faits fur des bafes égales , font égaux.

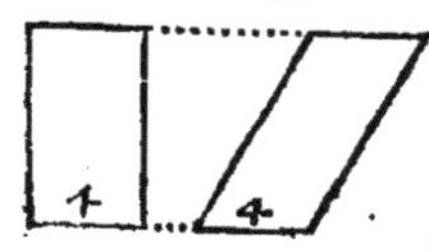

### 42.

Les triangles décrits fur une même bafe, & entre les mêmes paralleles, font égaux.

*Les triangles A B C, A B D, font fur une même bafe A B, & fe terminent entre les mêmes paralleles C F, A B : Ainfi il faut prouver leur égalité ; Pour cela, qu'on fuppofe B E parallele à A C, & B F parallele à A D.*

*Les parallelogrammes A B C E, A B D F, font égaux ( par la 40 ) les triangles propofez A B C , A B D , font leurs moitiés ( fuivant la 37. ) Donc ils font égaux ( par la 6 ) De plus il eft évident que*

### 43.

Les triangles de même hauteur faits fur des bafes égales font égaux.

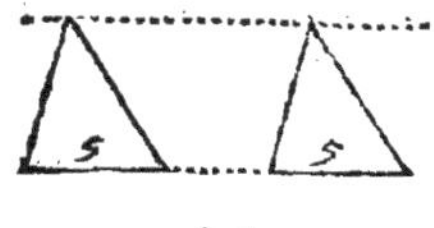

### 44.

Si un parallelogramme & un triangle font fur une même bafe & entre mêmes paralleles , le parallelogramme eft double du triangle.

*Par exemple, que les lignes A B, C E, foient paralleles, nous difons que le parallelogramme A B C D. eft double du triangle A B E. Tirez la diagonale B C ou la fuppofez.*

*Les triangles A B C , A B E font égaux ( par la 42 ) le parallelogramme A B C D eft double du triangle A B C ( par la 37. ) Donc il eft double de fon égal A B E.*

### 45.

Au triangle rectangle, le quarré du côté oppofé à l'angle droit, eft égal aux quarrez des deux autres côtez.

Et

Et la perpendiculaire abaiſſée de l'angle droit coupe le quarré oppoſé, en deux rectangles qui ſont entr'eux comme les deux autres quarrez, chaque rectangle eſtant égal à ſon quarré.

*L'angle B A C eſtant droit, on dit que le quarré B E eſt égal aux deux quarrez O, S; & ſuppoſé la perpendiculaire A H, je prouve premierement que le rectangle B H eſt égal au quarré O. Tirez les lignes C F, A D.*

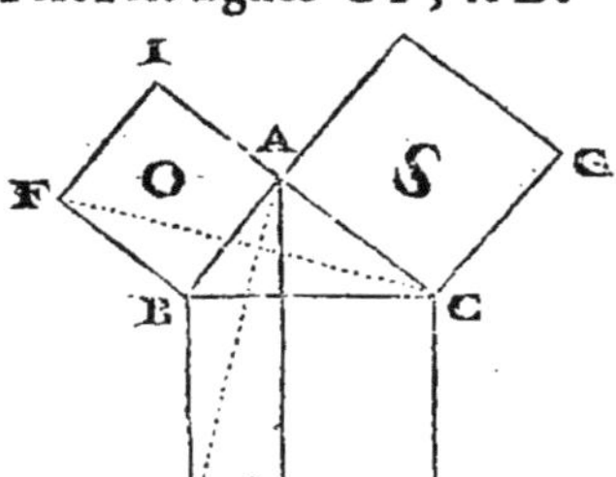

*Les triangles B F C, B D A ſont égaux (par la 22) ils ont les côtez F B, B C; A B, B D égaux; comme auſſi leurs angles F B C, A B D; leſquels ſont chacun compoſez d'un angle droit & du commun A B C.*

*Le quarré O, eſt double du triangle B F C, & le rectangle B H eſt double du triangle B A D ( par la precedente. ) Donc le quarré O, eſt égal au rectangle B H ( par la 6. )*

*On fera voir de même, que le quarré S, eſt égal au rectangle C H. Donc le quarré D C eſt égal aux deux O, S, & ces deux quarrez ſont entr'eux comme les deux rectangles B H, G H.*

Il s'enſuit que

### 46.

Si un triangle rectangle eſt iſocele, le quarré du côté oppoſé à l'angle droit, eſt double de chacun des quarrez faits ſur les côtez égaux.

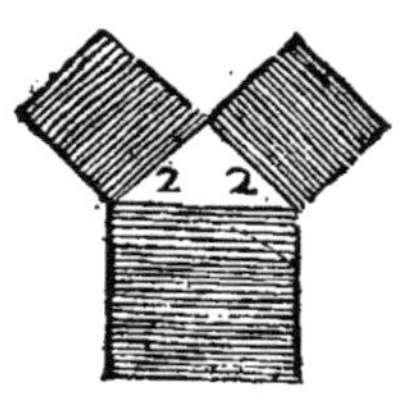


### 47.

Les triangles de hauteurs égales, ſont entr'eux comme leurs baſes.

C

Suppofé E F parallele à A D, on dit que le triangle A B E, eſt au triangle C D F, comme la baſe A B eſt à la baſe C D : c'eſt à dire, que ſi par exemple, la baſe A B eſt double ou triple de la baſe C D, le triangle A B E, eſt double ou triple du triangle C D F.

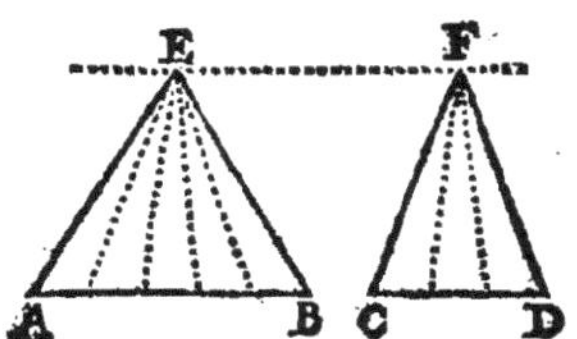

Suppoſé que la baſe A B ſoit de 5 pieds, la baſe C D de 3, & que de ces parties on ait mené des lignes aux angles E, F; ces lignes diviſeront les triangles propoſez en huit petits triangles qui ſeront égaux (ſuivant la 43.) Le premier A B E en contiendra cinq, & le deuxiéme C D F trois; donc les triangles A B E, C D F, ſont entr'eux, en raiſon de 5 à 3, comme leurs baſes A B, C D.

### 48.

Les parallelogrammes de même hauteur, ſont en même raiſon que leurs baſes.

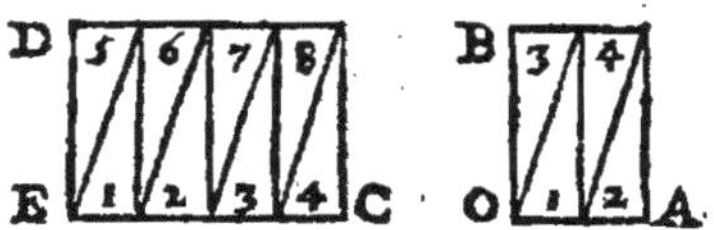

Le parallelogramme C D, compoſé de huit triangles égaux, eſt double du parallelogramme A B, compoſé de quatre; comme la baſe C E, de quatre parties égales, eſt double de la baſe A O de 2.

### 49.

Les trapezes de hauteurs égales, ſont entr'eux comme leurs baſes, quand leurs baſes ſont en même raiſon, que les côtez paralleles qui leurs ſont oppoſez.

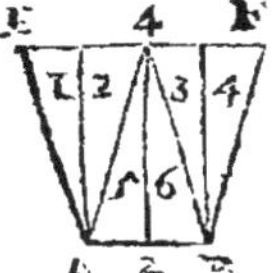 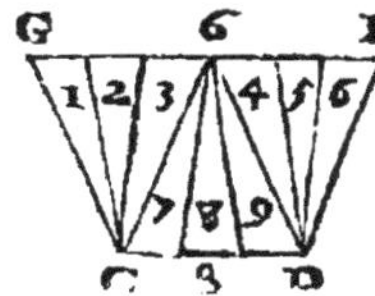

Les baſes A B, C D ſont entr'elles comme leurs côtez oppoſez paralleles E F, G H; car comme 4 à 6, 2 à 3: auſſi le premier trapeze de ſix triangles, eſt au deuxiéme de neuf, comme la baſe A B, à la baſe C D, 2 à 3; ſix eſtant deux tiers de neuf, comme deux ſont deux tiers de trois.

### 50.

Les trapezes de même hauteur, dont les bafes fe trouvent paralleles à leurs côtez oppofez, font entr'eux comme les fommes de leurs côtez paralleles.

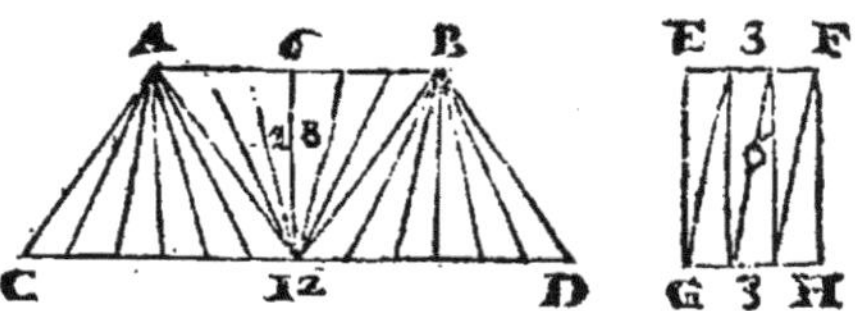

*La fomme des côtez paralleles A B, C D, eft 18, celle des côtez paralleles E F, G H, eft 6 ; & comme 18 eft triple de 6, auffi le trapeze A D compofé de 18 triangles, eft triple du trapeze E F, compofé de 6.*

### 51.

Si dans un triangle, une ligne eft parallele à un des côtez, elle divife les deux autres proportionnellement.

*Que la ligne E F, foit parallele au côté B C, on prouve que le côté A B, eft coupé en E ; comme le côté A C, l'eft en F ; c'eft à dire, que la raifon d'A E, à E B, eft femblable à celle d'A F, à F C. Suppofé les lignes C E, B F.*

*Les triangles E F B, E F C, font égaux ( par la 41, ) & ( par la 47, ) Comme A E eft à B E, le triangle A E F eft au triangle B E F ou C E F fon égal ; de plus, comme le triangle A E F au triangle C E F, A F eft à F C. Donc ( par la 10 ) c'eft à dire par la proportion d'égalité, il y a même raifon d'A E à E B, que d'A F à F C.*

Il s'enfuit que

### 52.

La ligne qui divife proportionnellement deux côtez d'un triangle, eft parallele au troifiéme.

### 53.

Les triangles équiangles, ont les côtez proportionnels.

*Si les triangles A B C , D C E font équiangles, ils ont les cô-
tez proportionnels ; c'eſt à dire, que les côtez du premier ſont
entr'eux, comme les côtez du deuxiéme, je le démontre.*

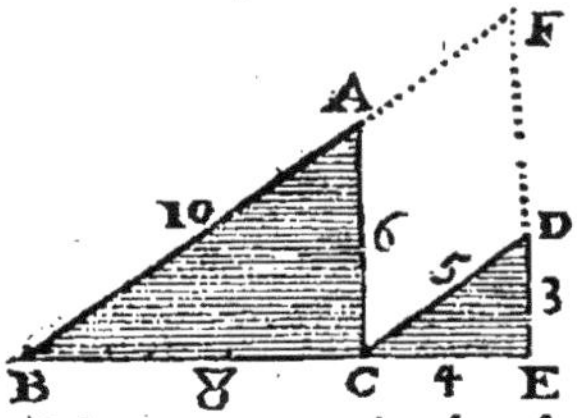

*Que les baſes B C, C E ne faſſent
qu'une ligne droite ; les angles A
B C , D C E eſtant égaux, de même que les angles A C B, D F C;
les côtez A B, C D, ſont parallelles ;
comme auſſi les côtez A C, D E :
( par la 16 ) & B A, E D, eſtant
prolongez en F ; A C D F eſt un pa-
rallelogramme qui a les côtez A F, F D, égaux à leurs oppoſez
C D, C A, ( par la 38.) Cela établi, venons à noſtre démonſtra-
tion.*

*1. Dans le triangle B E F, C D eſt parallele à B F. Donc
( par la 51 ) il y a même raiſon de D E à D F ou C A ſon égale, que de C E, à C B : & par échange ( c'eſt à dire par la 9 )
D E eſt à C E, comme A C à B C.*

*2. La ligne A C eſt parallele à E F ; ainſi, il y a même rai-
ſon d'A B, à A F, ou C D ſon égale; que de C B à C E : & par
échange B A eſt à B C, comme C D à C E.*

*Et enfin par égalité ( c'eſt à dire par la 10 ) A B eſt à A C,
comme D C à D E : Donc les triangles équiangles ont les côtez
proportionnels. Il s'enſuit que*

### 54.

Les triangles qui ont les côtez proportionnels,
font équiangles. *De plus*

### 55.

Les triangles qui ont les angles égaux , ou les
côtez proportionnels , font femblables.

### 56.

Le triangle rectangle fe divife en deux autres qui

luy ſont ſemblables, par la perpendiculaire tirée de l'angle droit ſur le côté oppoſé.

*Suppoſé que la ligne B D tirée de l'angle droit A B C, ſoit perpendiculaire au côté oppoſé A C, je prouve que les triangles A B D, B C D ſont ſemblables au triangle rectangle A B C.*

*1. Les triangles A B C, A B D ont l'angle A commun, & leurs angles A B C, A D B ſont droits : donc ( par la 31 ) ils ſont équiangles & ſemblables ( par la 55. )*

*2. Les triangles A B C, B C D, ſont auſſi ſemblables par la même raiſon, ils ont l'angle C commun, & chacun un angle droit.*

### 57.

Deux triangles ſont ſemblables quand ils ont un angle commun, & les côtez oppoſez à cet angle, paralleles.

*Que D E, ſoit parallele à B C, je dis que les triangles A D E, A B C ſont ſemblables.*

*Puiſque les lignes B C, D E ſont paralleles, l'angle D eſt égal à l'angle B; l'angle E, l'eſt à l'angle C, ( par la 15 ) l'angle A eſt commun; ainſi les triangles A B C, A D E ont les angles égaux, & ſont ſemblables ( par la 55 )*

### 58.

Deux triangles qui ont un angle égal, & les côtez de cet angle proportionnels, ſont ſemblables.

*Si A B eſt à A D, comme A C à A E, les triangles A B C, A D E ſont ſemblables, je le prouve.*

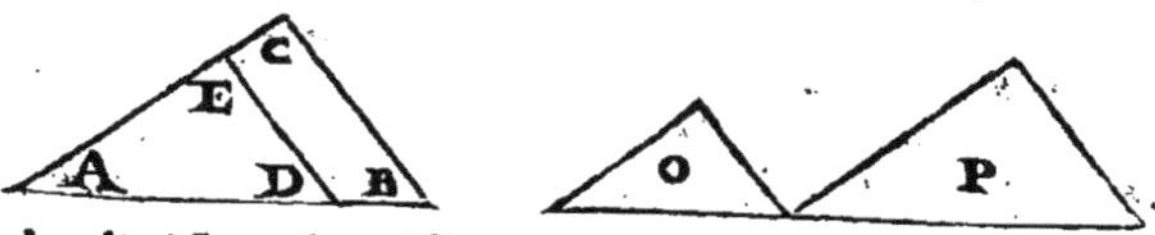

*Par la diviſion de raiſon ( c'eſt à dire par la 12 ) A D eſt à D B, ainſi qu'A E à E C; Donc D E eſt parallele à B C ( ſuivant la 52 ) & les triangles ſont ſemblables ( par la precedente. ) La même choſe doit s'entendre des triangles ſeparez O, & P.*

### 59.

Deux lignes qui ſe croiſent entre deux paralleles , font deux triangles ſemblables ; & ſi une des
croiſées eſt coupée en deux également par l'autre ,
ou que les deux paralleles ſoient égales , les triangles ſont ſemblables & égaux.

1. *Les lignes* AE , BD *ſe coupant entre les paralleles* AB ,
D E; *je dis que les triangles* ABF, CDE , *ſont ſemblables.*

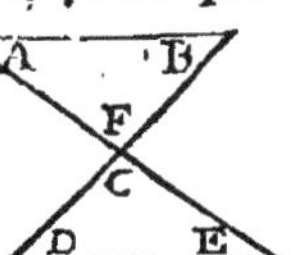

*Les angles oppoſez* C, F, *ſont égaux ( par
la* 19 ) *les alternes* A , E , *le ſont auſſi , de
même que les alternes* B , D ; ( *par la* 20. )
*Donc* ( *par la* 55 ) *les triangles* ABF , CDE
*ſont ſemblables.*

2. *Si* AE *eſt coupée en deux également par*
BD , *ou* B D *par* A E , *ou qu'* A B *ſoit égale à ſa parallele*
D E ; *les deux triangles ſont ſemblables & égaux* ( *par la* 34. )

### 60.

Si deux triangles égaux , ont un angle égal ; les
côtez qui font cet angle ſont reciproques.

*Les triangles* S , I , *eſtant égaux ; & leurs angles au point*
B *égaux; on prouve qu'* AB , *baſe du premier triangle, eſt à* DB
*côté du ſecond, comme* BE *baſe du ſecond , eſt à* BC *côté du*
*premier* *Que* A D, C E *ſoient deux lignes droites , & qu'el-*
*les faſſent avec la ligne* C D , *le triangle* O.

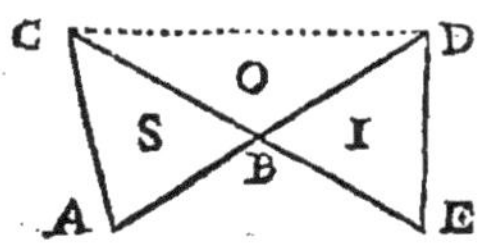

*Puis que les triangles* S , I , *ſont é-*
*gaux , ils ont même raiſon au triangle*
O , *c'eſt à dire qu'il y a même raiſon*
*du triangle* S *au triangle* O , *que du*
*triangle* I , *au même triangle* O ; *& ces*
*triangles eſtant entr'eux comme leurs*
*baſes* ( *ſuivant la* 47 , ) A B , *baſe du triangle* S , *eſt à* B D ,
*baſe du triangle* O ; *comme* B E , *baſe du triangle* I , *eſt à* B C ,
*baſe du même triangle* O *Donc les triangles propoſez* S , I , *ont*
*les côtez reciproques* ( *ſuivant la* 75 *du* I. ) *Il s'enſuit que*

### 61.

Deux triangles ſont égaux , s'ils ont un angle égal, & les côtez de cet angle, reciproques.

## 62.

Quatre lignes eſtant proportionnelles, le rectangle compris ſous les extrémes, eſt égal au rectangle compris ſous les moyennes.

*Qu'A B ſoit à B C, comme B D à B E; le rectangle A E compris ſous les extrémes A B, B E; eſt égal au rectangle B H, compris ſous les moyennes B C, B D : je le fais voir.*

Que les lignes A B C faſſent une ligne droite, de même que les lignes D B E; & que B F ſoit un rectangle produit par la continuité des lignes G E, H C.

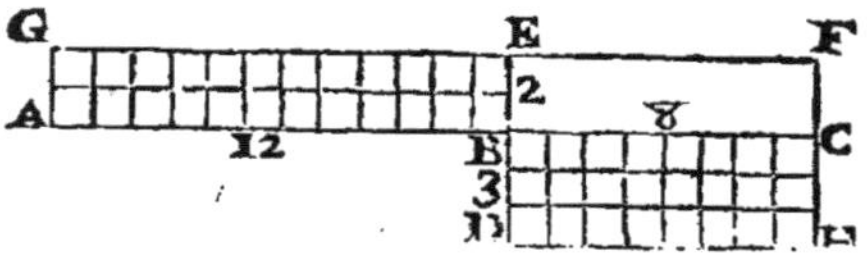

*Il y a même raiſon du rectangle A E au rectangle B F; que de la baſe A B à la baſe B C; Et du rectangle B H au rectangle B F, que de la baſe B D à la baſe B E (par la 48.) La raiſon de la baſe A B à la baſe B C, 12 à 8; eſt comme celle de la baſe B D à la baſe B E, 3 à 2: Ainſi, il y a même raiſon du rectangle A E au rectangle B F, que du rectangle B H, au même rectangle B F. Donc ( par la 6 ) les rectangles A E, B H ſont égaux. Auſſi contiennent-ils chacun vingt-quatre petits quarrez égaux.*

## 63.

Les rectangles égaux, ont les côtez reciproques.

*Les rectangles A E, D C ſont égaux, nous l'avons prouvé; & comme A B à B C, 12 à 8; B D à B E, 3 à 2; ou ce qui eſt la même choſe, comme A B à B D, 12 à 3; B C à B E, 8 à 2: ainſi l'antecedent de la premiere raiſon, & le conſequent de la ſeconde, ſe trouvent dans le premier rectangle A E : Donc les rectangles égaux A E, B H ont les côtez reciproques (ſuivant la 74 du 1.)*

## 64.

Trois lignes eſtant proportionnelles, le rectangle compris ſous les extrémes, eſt égal au quarré fait ſur la moyenne. Et ſi le quarré eſt égal au re-

&tangle, les lignes font proportionnelles.

1, *Que les lignes A , B , C , foient proportionnelles , le rectan-*
*gle B C, compris fous les extrémes A , C ; eft égal au quarré B E*
*fait fur la moyenne B , je le prouve.*

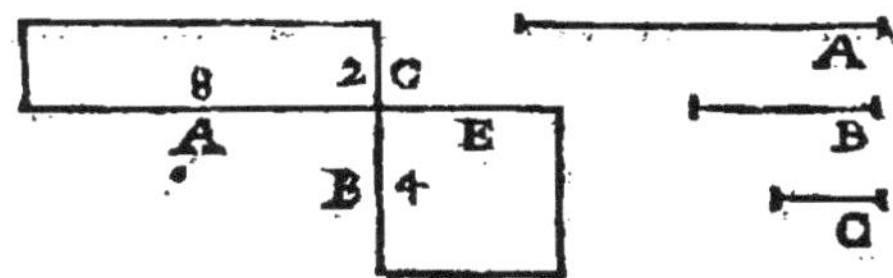

*Comme A à B ou E fon égale, ainfi B à C : Donc ( par la*
*62 ) le rectangle A C eft égal au quarré B E.*

2. *Le quarré & le rectangle eftant égaux , ils ont les côtez*
*reciproques ( par la 63. ) Ainfi comme A à E ou B fon égale,*
*B à C.*

## 65.

Les complements ou fupplemens d'un parallelogramme font égaux.

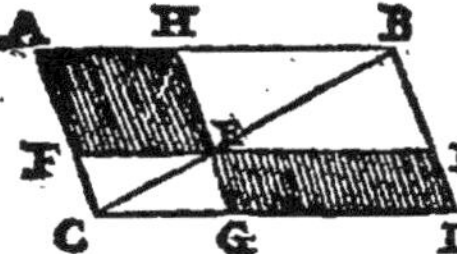

*Que les fupplemens F H , G I , foient égaux , je le démontre.*
*Les trois parallelogrammes A D , H I,*
*F G, font coupez chacun en deux trian-*
*gles égaux par la diagonale B C ( fui-*
*vant la 37. ) Donc fi des triangles é-*
*gaux A B C, B C D, on fouftrait les*
*égaux B H E, B I E ; C E F, C E G :*
*Les fupplemens F H , G I , refteront égaux ( par la 5. )*

## 66.

Les triangles femblables font en raifon doublée ,
ou ce qui eft la même chofe , ils font entr'eux comme les quarrez de leurs côtez homologues.

*Suppofé les triangles femblables A B C , D E F , on dit qu'ils*
*font en raifon doublée de leurs côtez homologues B C , E F ; de*
*forte que fi une ligne G H eft à E F, comme E F à B C ; A B C*
*fera au triangle D E F, comme la bafe B C , à la troifiéme pro-*
*portionnelle G H. Que B I foit coupée égale à G H.*

*Les angles B , E , font égaux , puifque les triangles A B C , D E*
*F font femblables ; & A B eft à D E comme B C à E F ( par la*
*53. ) De plus, comme B C à E F, E F à G H ou B I fon égale,*

*ainſi, comme A B à D E, E F à B I ( par la 10. ) Les triangles A B I, D E F ont donc les côtez reciproques autour des angles égaux B, E; & ( par la 61 ) ils ſont égaux. Mais le triangle A B C a même raiſon à A B I, que B C à B I ou G H ſon égale ( par la 47. ) Donc A B C eſt à A B I ou D E F ſon égal, comme B C à G H; de ſorte que ſi B C eſtoit double, moitié ou triple de G H; le triangle A B C ſeroit double, moitié, ou triple du triangle D E F: B C eſt quadruple de G H, donc A B C eſt quadruple du triangle D E F, de même que le quarré B L eſt quadruple du quarré E M.*

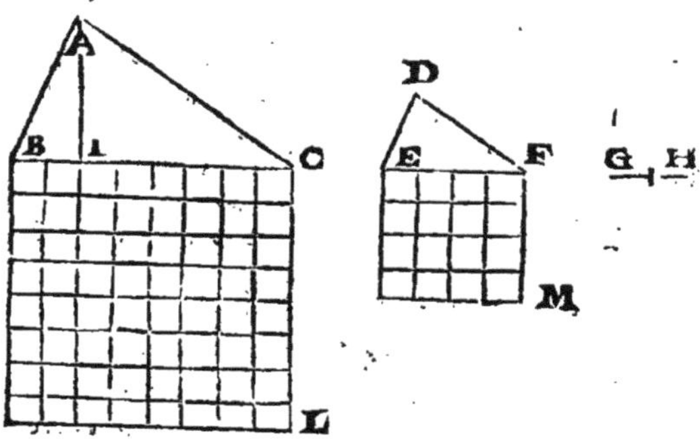

*Les 16 petits quarrez égaux compris dans le quarré E M, & le 64 compris dans le quarré B L; font voir que le quarré B L eſt quadruple du quarré E M, 16 eſtant le quart de 64.*

## 67.

Si trois triangles ont leurs baſes proportionnelles, & que le premier & le troiſiémo ſoient de même hauteur; le deuxiéme ſera égal au dernier s'il eſt ſemblable au premier: mais au contraire, s'il eſt ſemblable au dernier, il ſera égal au premier.

*Suppoſé les trois baſes proportionnelles A B C D, & les triangles A B E, C D G de même hauteur; je dis premierement que le triangle F conſtruit ſur la moyenne, eſt égal au triangle G, parce qu'il eſt ſemblable au triangle E.*

*Puis que les triangles A B E, B C F ſont ſemblables, ils ſont en raiſon doublée de leurs baſes, c'eſt à dire, qu'il y a même raiſon du trian-*

gle *A B E* au triangle *B C F*, que de la baſe *A B* à la troiſiéme
proportionnelle *C D* ( ſuivant la precedente. ) Or il y a même
raiſon du triangle *A B E* au triangle *C D G*, que de la baſe
*A B* à la baſe *C D* ( par la 47. ) Ainſi le triangle *A B E*, a
même raiſon au triangle *B C F*, qu'au triangle *C D G*. Donc
( par la 6 ) les triangles *B C F*, *C D G* ſont égaux.

Secondement je prouve que le triangle *F*, qui eſt ſemblable au
triangle *G*, eſt égal au triangle *E*.

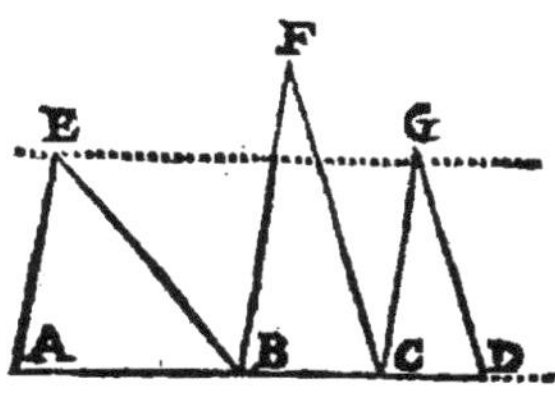

Le triangle *C D G* eſt à ſon
ſemblable *B C F*, comme ſa
baſe *C D* à la troiſiéme proportionnelle *A B* ; & comme
*C D* à *A B*, le triangle *C D G*
au triangle *A B E* ( ſuivant
la 47. ) Donc le triangle *G*
a même raiſon au triangle *F*,
qu'au triangle *E* ; Donc les
triangles *A B E*, *B C F* ſont égaux.

68.

Les Poligones ſemblables, ſe diviſent en des
triangles ſemblables.

Que les poligones *B E*, *G K* ſoient ſemblables, je dis que les
triangles de l'un, ſont ſemblables aux triangles de l'autre.

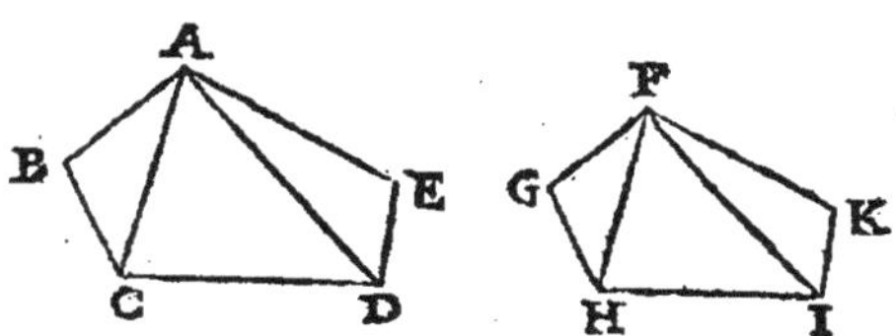

Les poligones eſtant ſemblables, les angles *B*, *G* ſont égaux,
& *A B* eſt à *B C*, comme *F G* à *G H* ( ſuivant la 72 du 1. )
Donc les triangles *A B C*, *F G H* ſont ſemblables ( par la 58 )
& *A C* eſt à *C B* comme *F H* à *G H*. De plus comme *B C*, à
*C D*, *G H* à *H I*; donc par égalité, comme *A C* à *C D*, *F H*
à *H I*; & les angles égaux *B C A*, *G H F*, eſtant ſouſtraits des
égaux *B C D*, *G H I*; les angles *A C D*, *F H I*, reſtent égaux.
Donc les triangles *A C D*, *F H I* ſont encore ſemblables, ( par
la même 58. ) Et par conſequent, comme *A D* à *D C*, *F I* à
*I H*; mais comme *C D* à *D E*, *H I* à *I K*; donc par égalité

comme *A D* à *D E*, *F I* à *I K* ; & les angles *A D E*, *F I K* eſtant égaux, puiſqu'ils reſtent des égaux *C D E*, *H I K*, deſquels ſont ſouſtraits les égaux *A D C*, *F I H* ; les triangles *A D E*, *F I K* ſont auſſi ſemblables.

## 69.

Les poligones ſemblables ſont en raiſon doublée, ou ce qui eſt le même, il ſont entr'eux comme les quarrez de leurs côtez homologues.

Les Poligones *A B C D E*, *F G H I K* ſont ſemblables, il faut donc prouver qu'il ſont en raiſon doub'ée de leurs côtez homologues, par exemple de leurs baſes *C D*, *H I*. Que la ligne *L*, ſoit à *I F*, comme *I F* à *D A*.

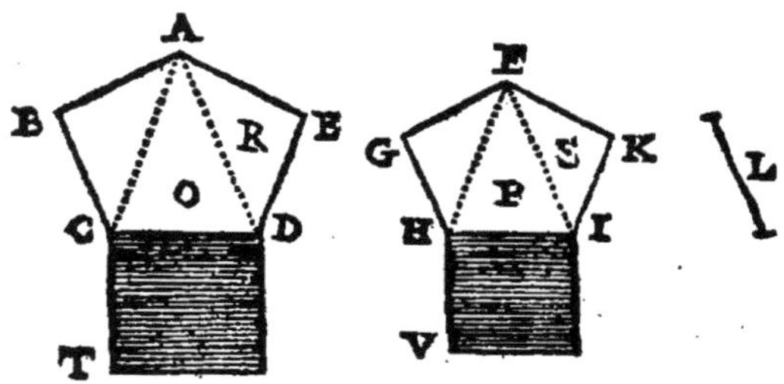

Les triangles *O*, *R*, ſont ſemblables aux triangles *P*, *S* ( par la precedente. ) Les triangles *R*, *S*, eſtant ſemblables, ils ſont en raiſon doublée de leurs côtez homologues ; c'eſt à dire, que le triangle *R* eſt au triangle *S*, comme ſon côté *A D* eſt à la troiſiéme proportionnelle *L* ( par la 66. ) Par la même raiſon le triangle *O* eſt au triangle *P*, comme le même côté *A D* eſt à la même troiſiéme proportionnelle *L*. Il y a donc même raiſon du triangle *R* au triangle *S*, que du triangle *O* au triangle *P* ; & en compoſant, comme le triangle *O* eſt au triangle *P*, les deux triangles *O R*, c'eſt à dire, le quadrilatere *A C D E*, eſt aux deux triangles *P*, *S*, c'eſt à dire au quadrilatere *F H I K* ( par la 11. )

La même demonſtration ſe fera des quadrilateres *A B C D*, *F G H I*, & enfin ( par la même 11 ) on conclura que les poligones *B E*, *G K*, ſont entr'eux comme les triangles *O*, *P*, leſquels eſtant en raiſon doublée de leurs baſes *C D*, *H I* ; les poligones *B E*, *G K*, ſont auſſi en raiſon doublée des mêmes baſes.

De plus les quarrez *D T*, *I V*, ſont entr'eux comme les trian-

gles O , P , ( par la 66. ) *Donc les poligones* BE , GK *qui sont
entr'eux comme ces triangles , sont entr'eux comme les quarrez.*

### 70.

Les parties d'un poligone sont entr'elles , comme
les parties d'un autre poligone semblable.

*Les poligones* BO , DP *sont semblables , je dis donc que les
triangles* G , H , I , *du premier sont entr'eux comme sont les
triangles du deuxiéme,* L , M , N.

*Puisque les poligones sont semblables , leurs triangles sont aus-
si semblables ; ainsi les triangles* G , L , *sont en raison doublée
de leurs côtez homologues* AE , CE ( *suivant la* 66 : ) *les triangles* H , M , *sont aussi en raison doublée des mêmes côtez* AE ,
CF ; *Donc il y a même raison du triangle* G *au triangle* L , *que
du triangle* H *au triangle* M ; & ( *par échange* ) *le triangle*
G *est au triangle* H , *comme le triange* L *au triangle* M. *Par la
même raison le triangle* H , *est au triangle* I , *comme le triangle* M *au triangle* N.

*De plus ( par égalité )* G *est à* I , *comme* L *à* N ; & ( *en composant ) comme le triangle* G *est au quadrilatere* H I , *le triangle*
L *est au quadrilatere* M N.

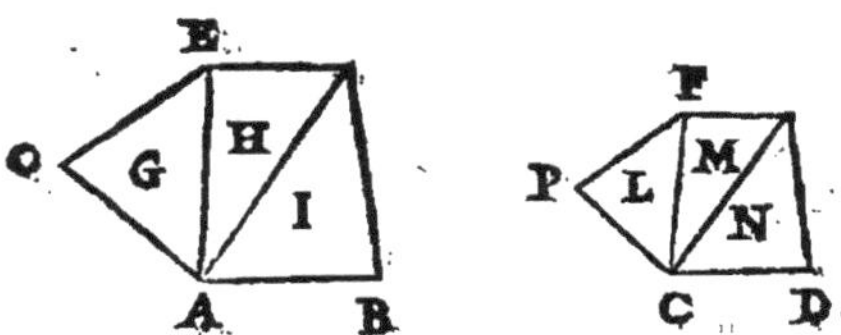


### 71.

Si on décrit des poligones semblables sûr les côtez d'un triangle rectangle le plus grand , c'est à
dire , celuy qui aura pour base le côté opposé à l'angle droit sera égal aux deux autres.

*L'angle* C , *du triangle* ABC *est droit , ainsi j'ay à prouver
que le poligone* F , *est égal aux deux poligones* D , E , *qui luy
sont semblables.*

*Les poligones semblables* D , E , F , *sont entr'eux comme les
quarrez de leurs bases ou côtez homologues* AB , BC , CA ,

*( par la 69 ) le plus grand quarré G, est égal aux deux petits
H, I ( par la 45.) Donc le plus grand poligone F, est égal
aux deux petits D, E.*

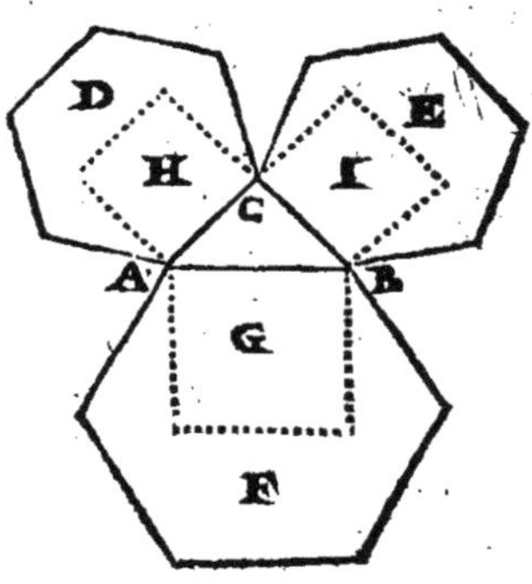

### 72.

Une ligne droite touche un cercle & ne le coupe pas, si elle est perpendiculaire à l'extremité du
diametre.

*La droite A B estant perpendiculaire à l'extremité du dia-
mettre A O, il est évident qu'elle touche le cercle, mais qu'elle
ne le coupe pas, même estant continuée vers E, c'est ce qu'il
faut faire voir; & pour cela qu'on prenne dans cette ligne A B,
un point comme on voudra, par exemple, le point D, & qu'on
tire au centre la ligne droite C D.*

*Puisque l'angle B A C est droit, l'angle
A D C sera aigu ( par la 32 ) & la ligne
C D opposée à l'angle droit, sera plus
grande que le rayon A C opposé à l'angle
aigu, ( par la 33. ) Donc le point D a esté
pris hors le cercle ( suivant la 1. ) Or la
même demonstration se fera de tous autres
points de la touchante B E, si prés qu'on le puisse prendre du
point A : Donc la droite B E, n'entre pas dans le cercle. De plus
il s'ensuit que*

### 73.

Le cercle n'est touché d'une ligne droite qu'à un
seul point, & la perpendiculaire tirée de ce point
passe par le centre du cercle.

### 74.

Le rayon divise la circonference du cercle en six parties égales, chacune de 60 degrez.

*Que la ligne A C soit tirée égale au rayon B C, je dis que l'arc A C, sera la sixiéme partie de la circonference du cercle : c'est à dire qu'il sera de 60 degrez, sixiéme partie de 360.*

*Supposé le rayon A B. Le triangle A B C est équilateral, & ses trois angles qui pris ensemble valent 180 degrez ( suivant la 29 ) sont chacun de 60 : Donc l'arc A C qui est la mesure de l'angle B, est de 60 degrez.*

### 75.

L'angle du centre est double d'un angle de la circonference qui a le même arc pour base.

*1. Dans le cercle S , l'angle du centre C A D , & l'angle C B D de la circonference , ont un même arc C D pour base ; j'ay donc à prouver que le premier est double du deuxiéme.*

*Les droites A B , A C sont égales , ainsi le triangle A B C est isocele , & ces angles B , C , sont égaux ( par la 25 ) l'angle A est égal aux deux B & C ( par la 27 ) Donc il est double du seul B.*

*2. Dans le cercle T , l'angle C A E est encore double de l'angle C B E , car supposé la ligne B A D traversant le centre A , l'angle C A D est double de C B D , & D A E l'est de l'angle D B E , par le cas precedent.*

*Enfin l'angle du centre F G H est aussi double de l'angle*

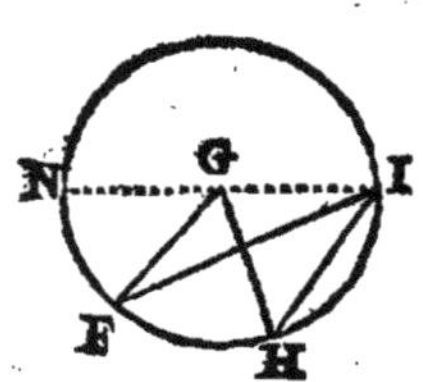

*F I H, qui est à la circonference, car*
*supposé la ligne I G N, l'angle N G H*
*sera double de l'angle N I H; & l'angle*
*N G F le sera de l'angle N I F; ( par le*
*premier cas ) si donc vous ôtez l'angle*
*N G F de l'angle N G H, & l'angle*
*N I F de l'angle N I H; restera l'angle*
*F G H double de l'angle F I H.*

## 76.

Les angles qui sont dans un même segment de cercle, ou dans des segments égaux ou semblables, sont égaux.

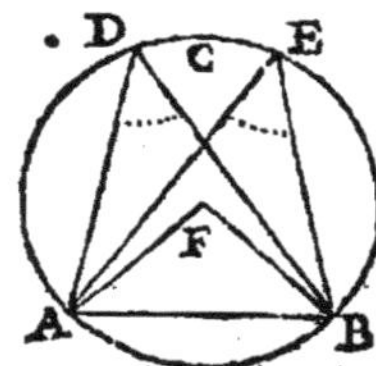

*Les angles A D B, A E B compris dans*
*le même segment A C B sont chacun moi-*
*tié de l'angle du centre A F B, ( par la*
*precedente. ) Donc ils sont égaux ( par la*
*6. ) Et la même chose est évidente à l'é-*
*gard des angles qui sont dans des segments*
*égaux.*

*Mais supposé les deux cercles concentri-*
*ques I K M, N O P; les arcs N O, I K;*
*estans compris dans l'angle commun I R K,*
*le premier est à son cercle, ce que le deu-*
*xiéme est au sien: ( par la 13. ) Ainsi les*
*segments décrits sur les deux cordes I K,*
*N O sont semblables quoy qu'inégaux.*

Or, que les angles qui sont dans le grand segment I M K, comme ceux qui sont dans le petit N P O, soient égaux; il est évident ( par la 6 ) puisque chacun de ces angles, est moitié de l'angle R qui est au centre.

## 77.

L'angle inscrit dans le demicercle est droit.

*L'angle A C B est dans un demi cer-*
*cle, je dis donc qu'il est droit & je le*
*prouve. Que la ligne D E soit abaissée*
*perpendiculairement du centre D, les*
*angles au point D seront droits.*

*L'angle droit A D E est double de l'an-*
*gle A E C; l'angle droit B D E, est aussi*

*double de l'angle B C E ( par la 75. ) Donc les angles A C E,
B C E font chacun demi droit, & l'angle A C B qui en eft compofé eft droit.*

### 78.

Un quadrilatere infcrit dans un cercle, a fes angles oppofez égaux à deux droits.

*Que les angles oppofez B A D,
B C D du quadrilatere A B C D foient
égaux à deux droits, Voicy comme on
le démontre.*

*Suppofé les lignes droites A C,
B D, l'angle P eft égal à l'angle O;
& l'angle S, l'eft à l'angle R ( par
la 76. ) L'angle B A D, vaut deux
angles droits avec les angles O, R
( par la 29. ) Donc il vaut deux angles droits avec leurs é-
gaux S, P, ou le feul B C D.*

### 79.

La tangente & la fecante font au point de l'at-
touchement, des angles égaux à ceux des fegments
alternes.

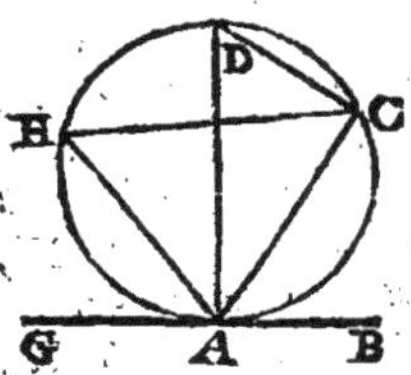

*1. Que la ligne G B, touche le cercle
au point A, on prouve que l'angle B A C
fait de la touchante A B & de la fecante
A C, eft égal à l'angle du fegment alterne A H C. Suppofé le diametre A D,
il fera perpendiculaire à la touchante A
B ( fuivant la 73. )*

*L'angle A C D eft droit, ( par la 77 )
& l'angle D A C qui avec l'angle D vaut un droit ( par la
29, ) vaut auffi un droit avec l'angle B A C; puifque A D
eft perpendiculaire fur A B: Donc l'angle B A C eft égal à
l'angle D ( fuivant la 7, ) & par confequent à l'angle H qui
eft égal à l'angle D ( par la 76. )*

*2. Ie prouve que l'angle G A C, eft auf-
fi égal à l'angle du fegment alterne A E C.*

*L'angle D avec l'angle E, vaut deux
angles droits ( par la 78 ) de même que
l'angle B A C avec l'angle C A G ( par
la 18. ) Les angles A D C, B A C, font
égaux, nous venons de le prouver : donc
les angles G A C, A E C, le font auffi.*                      80.

## 80.

### Les arcs égaux, ont des cordes égales.

*Les arcs B C, C D, font fuppofez égaux, je dis donc que leurs cordes qui font les droites B C, C D font égales. Soit tiré du centre A les rayons A B, A C, A D.*

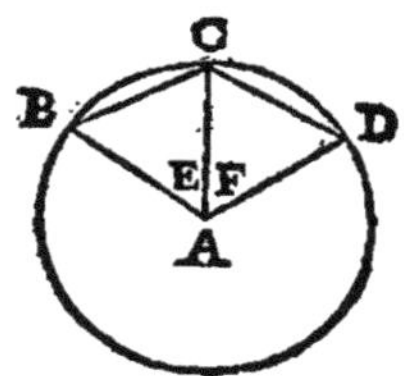

*Puis que les arcs B C, C D font égaux, les angles E, F, faits au centre du cercle font égaux ( par la 14. ) Les rayons A B, A C, A D font auffi égaux ; Donc les triangles A B C, A C D ont les côtez égaux ( par la 22 ) & ( par la 24. ) Les cordes B C, C D, font égales, ce qui eftoit à prouver.*

## 81.

### Le rayon qui coupe une corde en deux également, coupe l'arc de même.

*Si le point E eftant le centre de l'arc A D B, le rayon D E coupe la corde A B en deux parties égales ; je dis qu'il coupe auffi l'arc en deux également en D, & je le fais voir.*

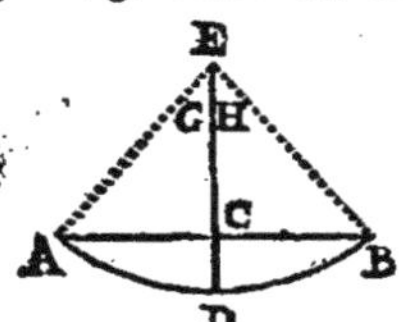

*Suppofé les rayons A E, B E, les côtez du triangle A C E, font égaux aux côtez du triangle B C E ; Les triangles A C E, B C E, font donc femblables ( par la 23 ) & ont les angles G, H, égaux ( par la 24. ) Donc les arcs A D, B D qui font leurs mefures font égaux.*

Il s'enfuit auffi que

## 82.

### La ligne qui coupe en deux également l'arc & fa corde, eft un rayon du cercle.

## 83.

### La perpendiculaire qui coupe une corde en deux également, paffe par le centre de l'arc.

*Si la perpendiculaire C E coupe la corde A B en deux parties*

D

égales, je dis qu'elle passe par le centre de l'arc *A B*. Tirez les droites A D, B D.

Les lignes *A C*, *C B*, estant égales ; *C D* commune, les angles au point *C*, droits ; les triangles *A C D*, *B C D*, sont égaux & semblables ( par la 22, ) ainsi les cordes *A D*, *B D* sont égales, & ont leurs arcs égaux ( par la 80. ) Donc l'arc *A D B* est coupé en deux parties égales, de même que sa corde *A B*, & la perpendiculaire *D E* passe par le centre de l'arc ( suivant la 82. )

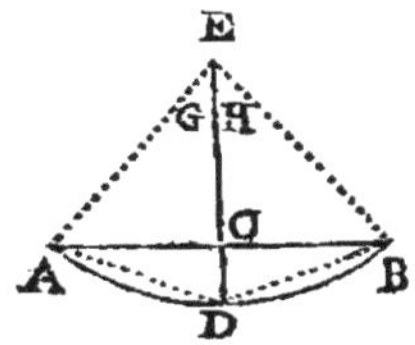

## 84.

Si deux cercles égaux se croisent, la ligne droite menée par les points communs de leurs circonferences, coupera en deux également & par des angles droits, la droite menée d'un centre à l'autre.

Que les points *A*, *B*, soient les centres des cercles égaux *H*, *I* ; je prouve que la droite *C D*, coupe la droite *A B* en deux parties égales & à angles égaux.

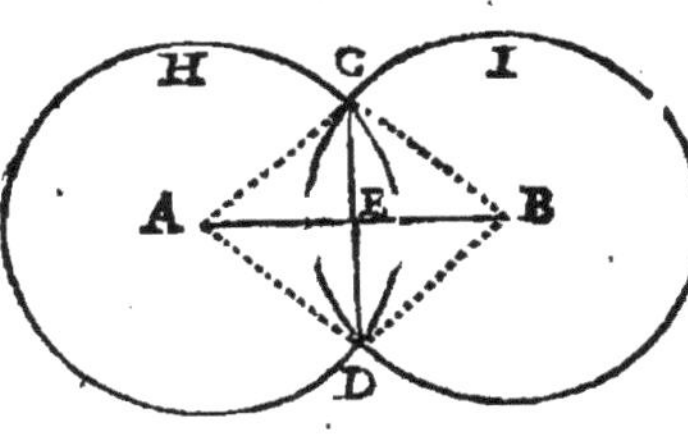

Les triangles *A C D*, *B C D*, ont les côtez *A C*, *A D*, *B C*, *B D*, égaux, & *C D* commun ; donc ils sont semblables ( par la 23 ) & leurs angles *A C D*, *B C D*, sont égaux ( par la 24. ) De plus les rayons *A C*, *C B* estant égaux, & la ligne *C E* commune aux angles égaux *A C E*, *B C E* ; les triangles *A C E*, *B C E* sont aussi égaux en toutes leurs parties ( par la 22. ) Donc *A E*, *E B* sont égales ; & les angles en *E* sont égaux ( par la 24 ) & droits ( par la 9 du I. )

Pour venir à la pratique, il faut d'abord avoir une Regle, un Compas, & un Rapporteur, qui est un demicercle de cuivre ou de corne, divisé en 180 degrez.

## CHAPITRE TROISIE'ME.

### *PRATIQUE,*
### Des Lignes, des Angles, & des Figures.

## PROPOSITION I.

Couper une ligne droite en deux parties égales.

*La ligne A B est proposée pour estre coupée.*

DEs points A & B comme de deux centres, & d'une même ouverture de compas, décrivez des arcs qui se coupent.

Par leurs coupes G, H, menez une ligne droite, elle coupera la donnée en deux parties égales. (*suivant la 84 du 2.*)

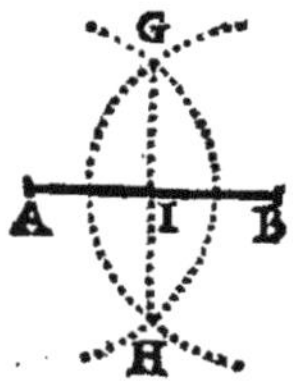 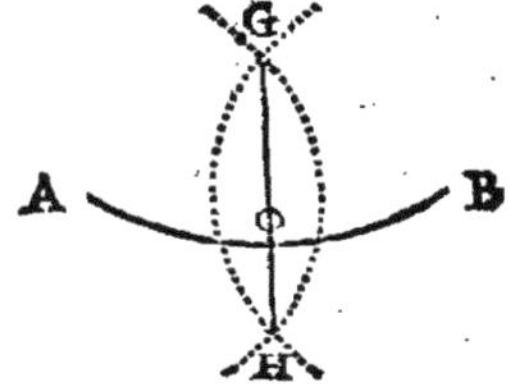

## PROP. II.

Couper un Arc en deux également.

*L'Arc A O B est proposé.*

DEs points A & B, & d'une même ouverture de compas, décrivez deux arcs qui se coupent, & par leurs coupes G, H, menez la droite G H, *elle* coupera l'arc proposé en deux également en O.

*Que la droite G H coupe l'arc A B en deux également en O.*

D ij

*je le prouve.* Tirez les droites A G , B G , B H , A H ;
A O , B O.

*Les triangles G A H , G B H , ont le côté G H commun, &*
*les côtez A G, B G ; A H , B H, égaux; ( par la 1. du 2 )*
*ainsi ces deux triangles sont semblables ( par la 23 du 2; ) &*
*( par la 24 du 2 ) leurs angles au point G sont égaux.*

*Or les lignes A G , B G , estant égales , les angles A G O ,*
*B G O égaux , & la droite G O commune ; les triangles A*
*G O , B G O sont aussi égaux & semblables ( par la 22 du 2. )*
*Donc les cordes A O , B O, sont égales , & ( par la 80 du 2 )*
*les arcs A O , B O, sont égaux. Ce qui estoit à prouver.*

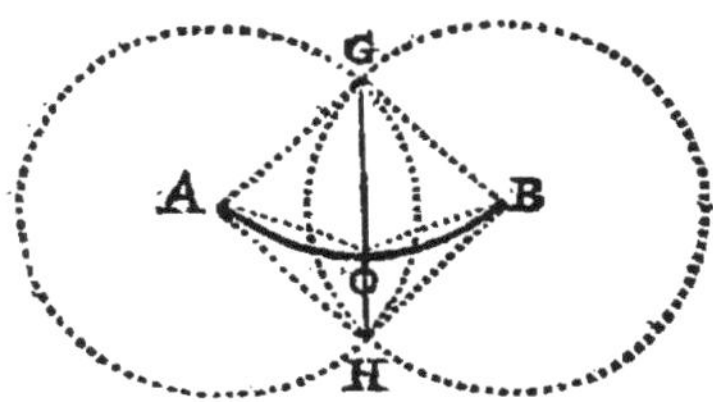

# PROP.　III.

Couper un angle rectiligne en deux également.

*L'Angle B A C est proposé.*

D U point A , pris comme centre , décrivez à volonté l'arc D E.

Des points D , E , & d'une même ouverture de
compas , décrivez les petits arcs qui se coupent
en O.

Menez la ligne A O , elle coupera l'angle en
deux également.

*Tirez les lignes D O , E O.*

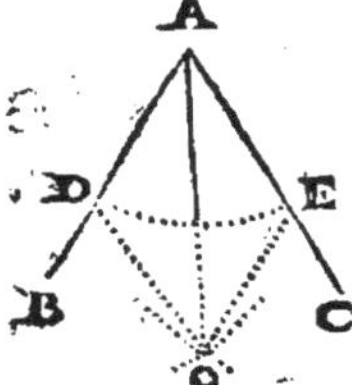

*Les lignes A D , A E sont égales ; D O ,*
*E O , le sont aussi ( par la 1 du 2. ) A O*
*est commune aux deux triangles A D O , A*
*E O ; & ( par la 23 du 2 , ) ces triangles sont*
*semblables. ( Par la 24 du 2 , ) leurs angles*
*au point A , opposez aux côtez égaux D O ,*
*E O , sont égaux. Donc l'angle proposé est*
*coupé en deux également.*

## PROP. IV.

*D'un point donné dans une ligne droite, élever
une perpendiculaire.*

*On veut élever au point C, une ligne perpendicu-
laire sur A B.*

POſez une des pointes du compas en C, & de
l'autre coupez comme il vous plaira, les parties
égales C D, C E.

Des points D, E, faites la ſection F, je veux
dire, de ces points D E, comme de deux centres
& d'une même ouverture de compas, décrivez les
arcs qui ſe coupent en F.

Menez C F, elle ſera perpendiculaire ſur A B.
*Tirez D F, E F.*

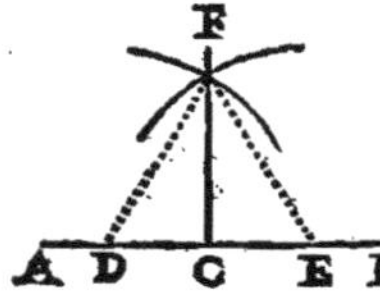

*Les lignes C D, C E, ſont égales; D F,
E F, le ſont auſſi; C F, eſt commun; donc
( par la 23 du 2, ) les triangles C D F,
C E F, ſont ſemblables, & ont les angles
au point C égaux & droits ( par la 9 du 1.)
Donc ( ſuivant la 10 du 1.) la ligne C F
eſt perpendiculaire.*

## PROP. V.

*Elever une perpendiculaire à l'extremité d'une ligne.*

*La ligne droite G H eſtant propoſée, on veut élever
une perpendiculaire à ſon extrémité G.*

MArquez à volonté un
point O, au deſſus de G H.
De ce point, & de l'intervale
O G, faites le demi cercle I G L.
Menez L O I, puis la requiſe
G I.

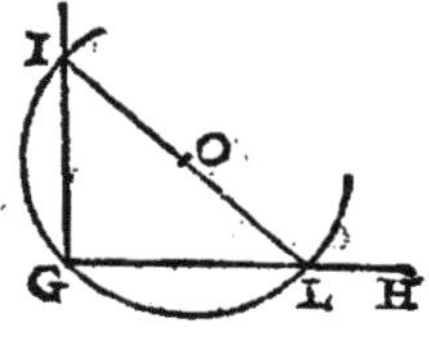

*L'angle I G L eſt décrit dans le demicercle I G L, donc il
eſt droit ( par la 77 du 2. )*

D iij

## PROP. VI.

Abaiffer une perpendiculaire fur une ligne droite.

*On veut abaiffer du point C, une perpendiculaire fur la droite A B.*

**M**Ettez une des pointes du compas au point C, & de l'autre décrivez un arc qui coupe la ligne A B, *par exemple*, en D, E.

De ces points D, E, faites la fection F.

Menez la requife C O, vers le point F.

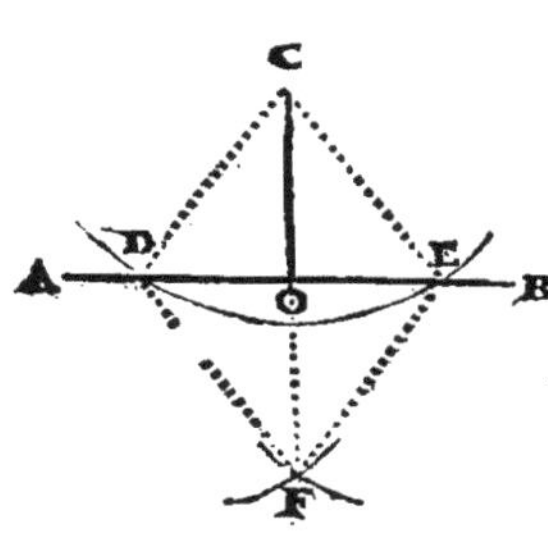

*Suppofé les lignes C D, C E, DF, E F, O F. Les triangles C D F, C E F font équiangles ( par la 23 du 2, ) & les angles au point C, font égaux ( par la 24 du 2. ) De plus les triangles O C D, O C E font auffi équiangles eftant femblables ( par la 22 du 2; ) car les lignes C D, C E, font égales; C O, eft commune, & les angles au point C font égaux. Donc ( par la 24 du 2) les angles C O D, C O E font égaux, & droits & la ligne C O eft perpendiculaire. ( fuivant la 10 du 1. )*

## PROP. VII.

Elever fur un angle rectiligne, une ligne droite qui faffe des angles égaux de part & d'autre.

*L'angle A eft propofé.*

**D**U point A, décrivez comme il vous plaira, l'arc B C.

Des points B, C, faites la fection D.

Tirez la demandée A D.

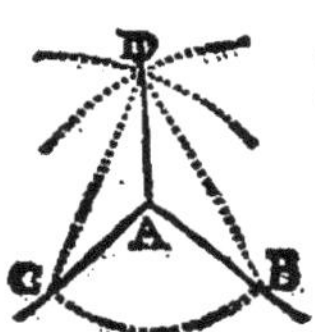

*Les triangles A C D, A B D font équiangles ( par la 23 du 2. ) Donc les angles C A D, B A D font égaux.*

## PROP. VIII.

*Par un point proposé, mener une ligne parallele à une autre.*

*On veut mener par le point A, une ligne qui soit parallele à la ligne B C.*

DU point A, prenez avec le compas, la distance A E, en décrivant un arc qui rase la ligne BC.

De la même ouverture de compas & d'un autre point comme H pris à volonté dans la ligne B C, décrivez l'arc L I.

Menez la demandée D F, de maniere que passant par le point proposé A, elle touche l'arc I L sans le couper.

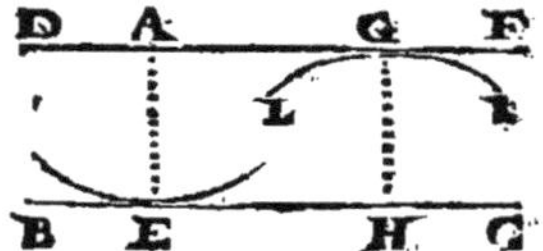

*Que la ligne D F soit parallele à la ligne B C, il est évident ( par la 1 du 2. )*

## PROP. IX.

Faire un angle égal à un autre.

*On veut faire sur la ligne A B, & au point A, angle égal à l'angle C D E.*

DE l'angle D, décrivez à la premiere ouverture de compas, l'arc F G.

De la même ouverture de compas, & du point A, décrivez aussi l'arc N M.

Coupez l'arc N O égal à l'arc F G.

Menez A O, & l'angle B A O sera égal au proposé C D E ( *suivant la* 14 *du* 2. )

C iiij

## PROP. X.

Trouver la valeur d'un angle , par le moyen d'un
Rapporteur ou demi cercle.

*L'angle A B C est proposé à mesurer.*

Ppliquez sur A B , la regle du Rapporteur , en
sorte que le centre du demicercle se trouve
précisément sur la pointede l'angle B , & le nombre
des degrez qui se trouveront compris dans l'arc.
D E , sera la valeur de l'angle A B C.

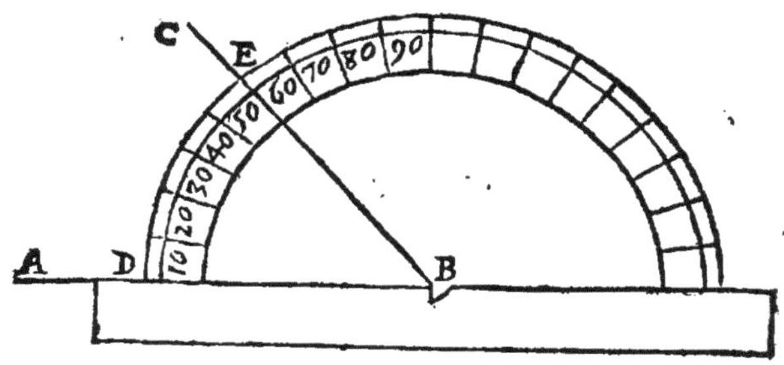


## PROP. XI.

Faire un angle de tel nombre de degrez qu'on
voudra , *par exemple ,*

*Soit proposé de faire un angle de 50 degrez sur A B ,
& au point B.*

Ppliquez le Rapporteur ou demicercle , comme je viens de dire dans la Proposition precedente , & à 50 degrez , à compter du point D , marquez le point E ; puis menez B E. qui fera l'angle demandé A B C.

## PROP. XII.

Décrire un triangle équilateral sur une base donnée.

*On propose pour base la ligne A B.*

DEs points A & B , décrivez les arcs A C , B C.
Menez les droites A C , B C , & vous aurez le requis. ( *par la* 1. *du* 2. )

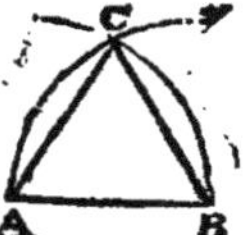

## PROP. XIII.

Construire un quarré sur une base donnée.

*On propose pour base la ligne A B.*

ELevez la perpendiculaire A C ( *par la* 5, ) & la coupez égale à A B.
Des points B & C , & de l'intervale A B , faites la section D.
Menez les lignes C D , B D , & vous aurez un quarré.

*Les quatre côtez ont esté coupez égaux, & ils sont parallèles ( par la 39 du 2. ) L'angle A est fait droit, & son opposé D l'est aussi ( par la 38 du 2. ) De même, les angles B, C, sont égaux & droits, les quatre angles A , B , C , D , valant quatre droits ( par la 35 du 2.) Donc ( suivant la 27 du 1 ) C B est un quarré parfait.*

## PROP. XIV.

Inscrire un triangle équilateral dans un cercle.

*Le cercle A F est proposé.*

DU point A , pris à volonté dans la circonference, & de l'intervale du rayon A B , décrivez l'arc C B D.

Menez la droite C D, elle fera la bafe du triangle demandé.

*L'arc A C eft une fixiéme partie de la circonference ( fui-
vant la 74 du 2. ) & le double C A D en eft le tiers.*

## PROP. XV.

### Infcrire un Exagone regulier.

PRenez le demi diamettre A B , il divifera la
circonférence du cercle en fix parties égales
( *fuivant la 74. du 2.* )

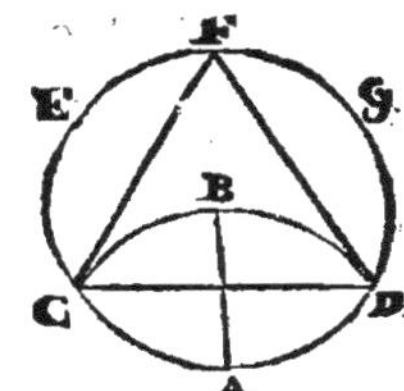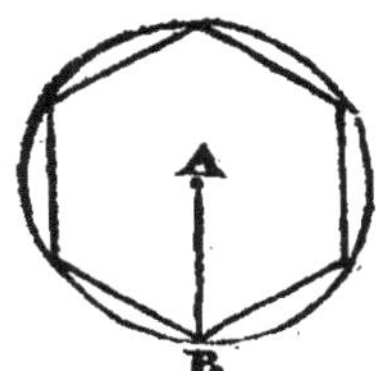

## PROP. XVI.

### Infcrire un Quarré.

TIrez par le centre O, le diamettre B D.
Des points B , D , décrivez deux arcs F G ,
E H, qui fe coupent.

Par leurs coupes ou fe&ions, menez la droite
A C, qui paffera par le centre O en faifant quatre angle droits avec le diamettre B D, ( *fuivant la
84 du 2.* )

Décrivez le quarré A B C D , il aura les quatre
côtez égaux, & les quatre angles droits.

*Les arcs A B , B C , C D , D A , font égaux ( fuivant la
14 du 2 ; ) ainfi ( par la 80 du 2 ) le quarré a fes quatre côtez égaux ; & fes quatre angles font droits ( par la 77 du 2. )*

## PROP. XVII.

### Inscrire un octogone regulier.

Tirez les diametres **AB**, **CD**, coupant le cercle en quatre parties égales (*par la precedente.*) Coupez chaque quart de cercle en deux également (*par la 2,*) & tirez les côtez de l'octogone **A E C**, &c.

*L'égalité des côtez est évidente ( par la 80 du 2 ) & celle des angles ( par la 76 du même 2. )*

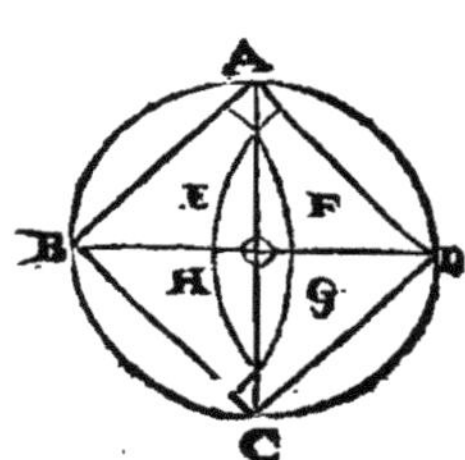
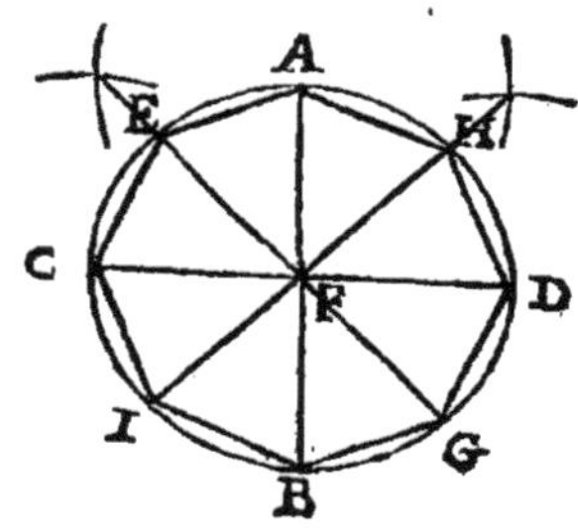

## PROP. XVIII.

### Inscrire tel Poligone regulier qu'on voudra, par le moyen du Rapporteur.

*On veut inscrire un Pentagone dans le cercle A B C.*

Divisez le nombre des degrez du cercle entier par le nombre des côtez du poligone, c'est à dire, divisez 360 par 5, & le quotien 72, sera l'angle du centre **A B C** que vous ferez ( *par la* 11 ) pour avoir un arc dont la corde **A C**, soit un des côtez du Pentagone demandé.

## PROP. XIX.

Conſtruire un Exagone regulier ſur une baſe donnée.

*La baſe A B eſt dannée.*

**D**Es points A, B , décrivez les arcs B C, A C.

Du point C , faites le cercle A B F, il contiendra ſix fois A B ( *ſuivant la 74. du 2.* )

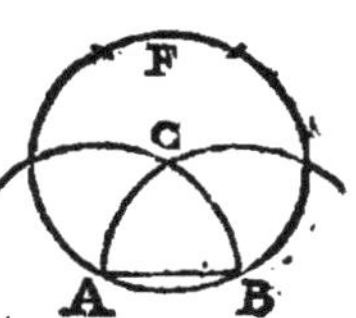

## PROP. XX.

Décrire un Dodecagone regulier dont un des côtez eſt propoſé.

*La droite A B eſt le côté propoſé.*

**D**U milieu d'A B , élevez la perpendiculaire C D ( *par la 4.* )

Du point B, décrivez l'arc A E , & du point E l'arc A D.

Le point D ſera le centre du Dodecagone.

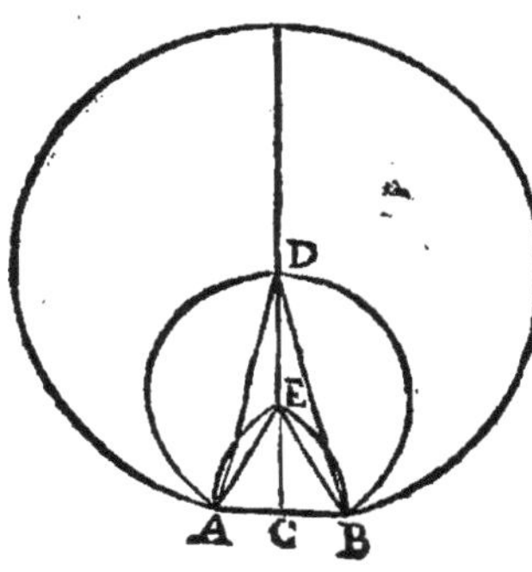

*L'angle A D B eſt moitié de l'angle A E B ( par la 75 du 2. ) A E B eſt l'angle du centre d'un Exagone ( par la precedente. ) Donc l'angle A D B eſt l'angle du centre d'un Dodecagone : car l'angle A E B eſtant de 60 degrez, l'angle A D B eſt de 30 ; & douze fois 30, font 360. valeur de toute la circonference du cercle.*

## PROP. XXI.

### Sur une bafe donnée décrire un Octogone.

#### *La bafe A B eft donnée.*

Coupez A B en deux au point C (*par la 1.*)
Elevez la perpendiculaire C E (*par la 4.*)
Du point C, décrivez le demicercle A D B.
Du point D, décrivez le cercle A E B, & du point E, le cercle demandé qui contiendra huit fois A B.

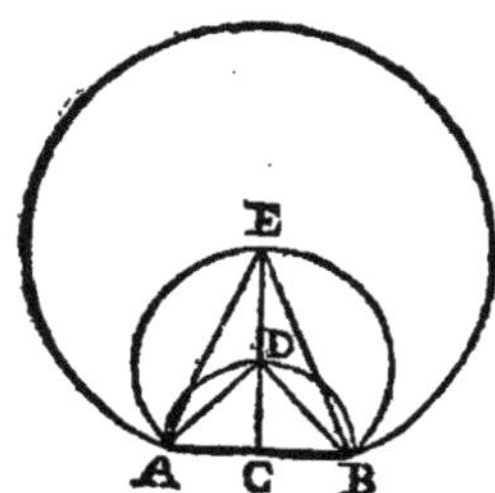

*L'angle A D B eft droit ( par la 77 du 2 ) & l'angle A E B eft demi-droit ( fuivant la 75 du 2. ) L'angle droit vaut 90 degrez ( fuivant la 18 du 2; ) & le demi droit 45, qui eft la valeur de l'angle au centre d'un Octogone, huit fois 45 faifant 360.*

## PROP. XXII.

### Sur une bafe donnée décrire tel Poligone regulier qu'on voudra.

#### *On veut faire un Pentagone regulier fur la bafe A B.*

Divifez 360, par le nombre des côtez du Poligone à faire, c'eft à dire par 5 ; & le quotien 72 fera la valeur de l'angle, au centre d'un Pentagone, ( *fuivant la 18.* )

Tirez ce nombre 72 de 180, reftera 108 pour angle de la figure B A C, que vous ferez par la Pratique 11.

Coupez cet angle B A C en deux, par la ligne A E ( *prop. 3.* )

Faites l'angle ABE égal à l'angle BAE ( *par l.*
*9,* ) & le point E fera le centre du cercle dans lequel vous ferez le Pentagone demandé.

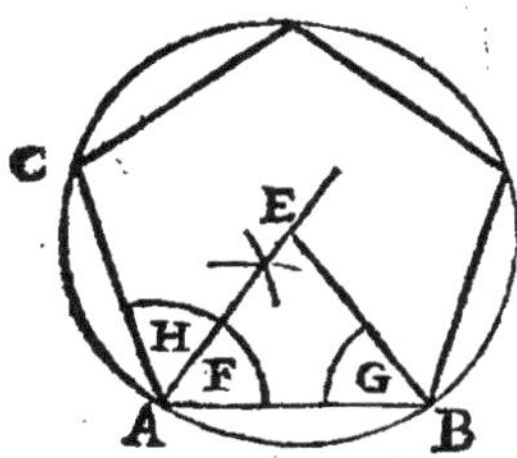

*Les angles F , G , font faits é-*
*gaux : donc ( par la 26 du 2 ) les*
*lignes AE , BE font égales ; & le*
*cercle décrit du point E, & de l'in-*
*tervale EA , paſſe par le point B.*
*Cela connu, je n'ay qu'à faire voir*
*comme l'angle AEB eſt de 72. de-*
*grez.*

*L'angle G qui eſt égal à l'angle*
*F , eſt auſſi égal à l'angle H; Les*
*deux angles H , F , ou le ſeul CAB a eſté fait de 108 degrez ;*
*ainſi les deux F , G , valent 108 degrez ; leſquels ſouſtraits*
*de 180 que valent tous les trois angles du triangle ABE,*
*( par la 29 du 2 ) reſte 72 pour l'angle AEB.*

## PROP. XXIII.

Inſcrire un Eptagone dans un cercle.

*Le cercle BDE eſt propoſé.*

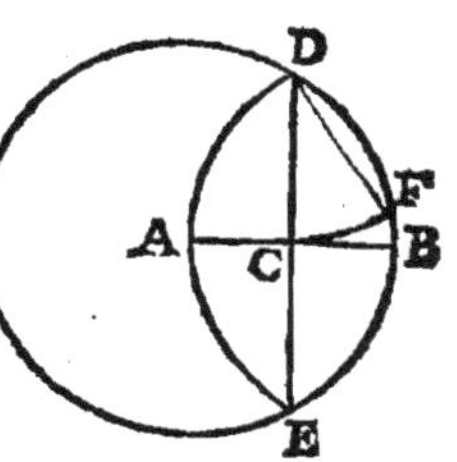

**M** Enez le rayon AB, & du
point B , décrivez l'arc
DAE.

Tirez la droite DE , & ſa
moitié CD ou ſon égale DF,
ſera à peu prés la longueur
d'un des côtez de l'Eptagone.

*Nous voirons cette Propoſition & les deux ſui-*
*vantes au Chapitre 8.*

## PROP. XXIV.

Inſcrire un Eneagone.

**M** Enez le rayon AB.
De l'extremité B , & de l'intervale BA,
décrivez l'arc DAC.

Tirez la droite C D, &
la prolongez vers F.

Coupez E F égale à A B.

Du point E , décrivez
l'arc F G , & du point F,
l'arc E G.

Menez A G , & l'arc D H,
sera à peu prés la neuviéme partie de la circonfe-
rence du cercle.

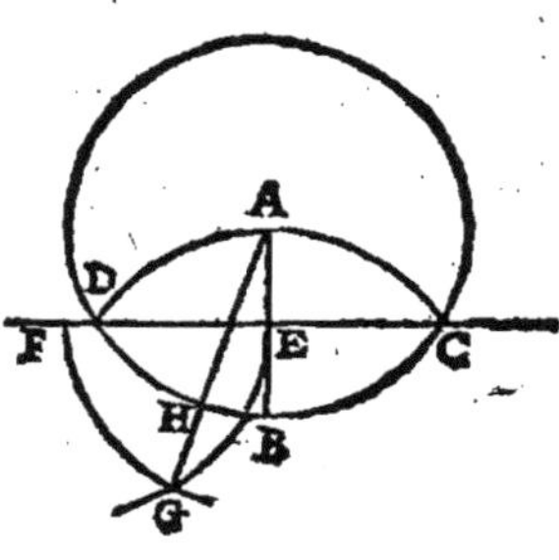

## PROP. XXV.

Sur une base donnée, décrire un Eneagone regulier.

*La ligne A B est une base proposée.*

Coupez A B en deux égale-
ment au point C.

Elevez la perpendiculaire C F.

Du point B , décrivez l'arc
A D.

Coupez l'arc A D en deux
parties égales en E.

Du point D , décrivez l'arc
E F ; & le point F, sera à peu prés le centre de
l'Eneagone.

## PROP. XXVI.

Décrire un Triangle semblable & égal à un autre.

*On veut faire un triangle égal & semblable au*
*triangle A B C.*

Tirez D E , égale à la base A B.

Du point D , & de l'intervale A C, décrivez
l'arc L M.

Du point E , & de l'intervale B C , décrivez
l'arc G H.

De la fection F, menez les lignes D F, E F, &
vous aurez le requis (*par la 23 du 2*)

## PROP. XXVII.

Décrire fur une bafe donnée , un triangle femblable
à un autre.

*On propofe à faire fur A B, un triangle femblable
au triangle C D E.*

Faites l'angle A égal à l'angle C, & l'angle B
égal à l'angle D ( *par la 9.* ) Le troifiéme F fera
égal au troifiéme E ( *par la 31 du 2,* ) & ( *par la 55
du 2* ) les deux triangles feront femblables.

## PROP. XXVIII.

Décrire une figure rectiligne égale & femblable à
une autre.

*On veut faire une figure comme la propofée O.*

Tirez E F égale à la bafe A B.
Faites le triangle E F H femblable au triangle
A B D (*par la 26.*)

Faites

Faites de même, le triangle E F G, semblable au triangle A B C, & tirez G H.

Enfin, faites le triangle E F L semblable au triangle A B I, & ayant tiré G L, la figure S, sera égale & semblable à la figure O.

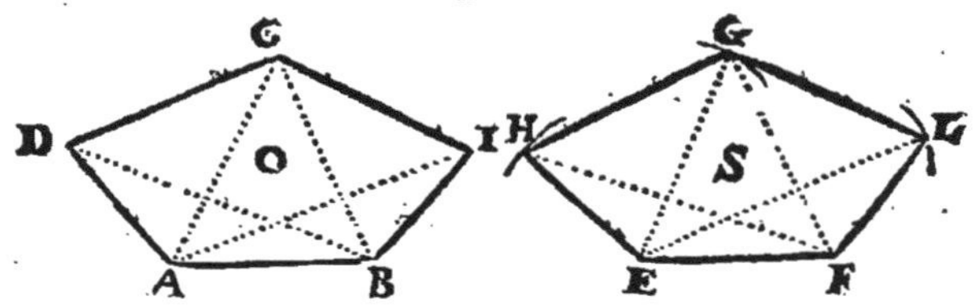

*Les triangles* E F H, E F G, *font faits égaux & semblables aux triangles* A B D, A B C; *ainsi ôtant des angles égaux* D A B, H E F, *les égaux* B A C, F E G; *les angles* D A C, H E G, *restent égaux; & puisque les côtez* A D, A C *font égaux aux côtez* E H, E G, *les triangles* A D C, E H G *font aussi égaux & semblables ( par la 22 du 2. )*

*Par la même raison les triangles* A C I, B I C, *font égaux & semblables aux triangles* E G L, F L G. *Donc les figures* O, S *font égales & semblables, ( par la 68 du 2. )*

## PROP. XXIX.

Décrire fur une bafe donnée, une figure femblable à une autre.

*On veut faire fur* A B *une figure femblable à la figure* M I.

**M**Enez la diagonale C E, & faites fur la bafe A B, le triangle L femblable au triangle M. ( *par la 27.* )

Faites auffi fur B G, le triangle N, femblable au triangle I. Et le quadrilatere L N fera femblable au quadrilatere M I ( *par la 68 du 2.* )

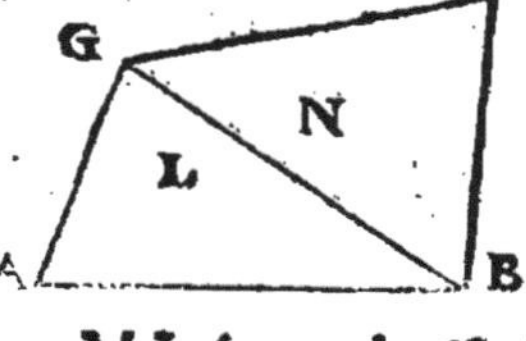
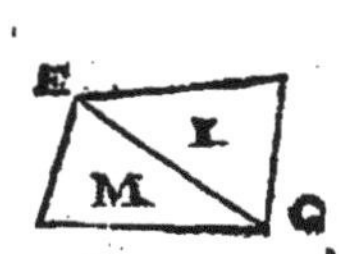

## PROP. XXX.

Conſtruire une figure ſemblable à une autre, par le moyen d'une échelle.

*On veut faire avec l'échelle O , une figure ſembla-ble à la figure F C , qui a eſté meſurée par l'échelle P.*

**L**A baſe F C contient 9 parties de ſon échelle P. Prenez auſſi 9 parties ſur l'échelle O, & les donnez à la baſe A B, ainſi du reſte ( *ſuivant la* 28. )

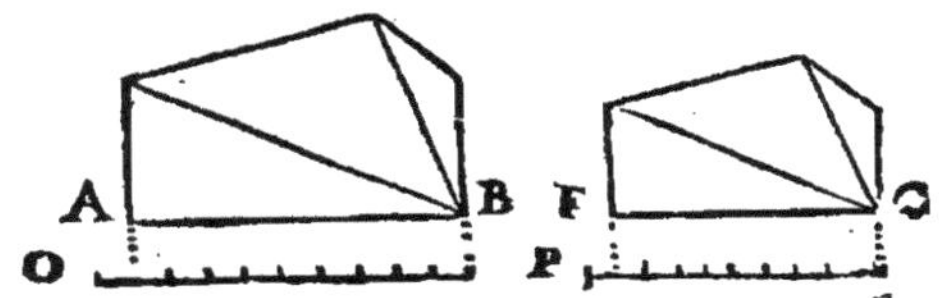

## PROP. XXXI.

Trouver le centre d'un cercle.

*On propoſe de trouver le centre du cercle A B C.*

**T**Irez comme il vous plaira la droite A B, & la coupez en deux également par la perpendicu-laire C E ( *ſuivant la* 1. )

Coupez C E auſſi en deux parties égales , & le milieu O , ſera le centre du cercle.

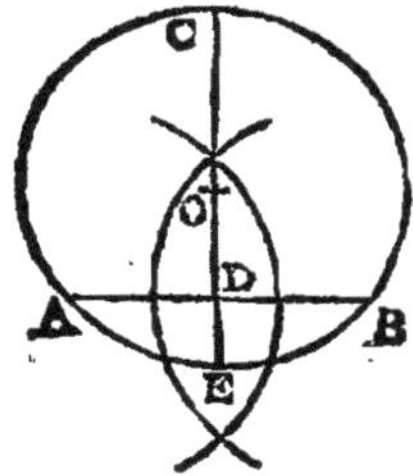

*La perpendiculaire C E paſſe par le centre du cercle ( ſuivant la 8; du 2 , ) & le centre ne peut eſtre ailleurs qu'au point O , milieu de cette ligne.*

## PROP. XXXII.

### Achever un cercle commencé dont on n'a pas le centre.

*L'arc A B C est le commencement d'un cercle qu'il faut achever.*

POsez dans l'arc proposé, trois points comme il vous plaira, par exemple, les points A, B, C.

Des points A & B, & d'une même ouverture de compas, décrivez les arcs qui se coupent en D, E, & menez la droite D E.

Décrivez deux autres arcs des points B & C; & par leurs sections P, G, menez la droite P G.

Du point I où se coupent les droites P G, D E, & de l'intervale I A, achevez le cercle commencé.

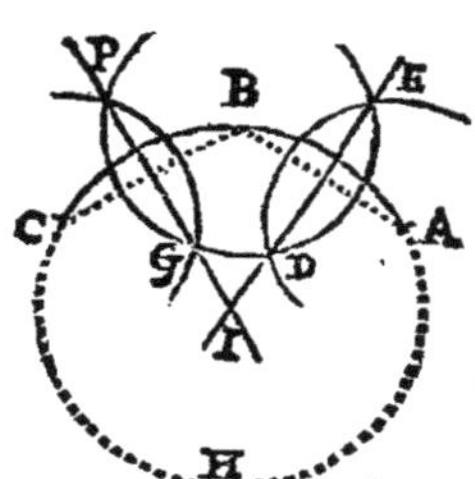

*Supposé les droites A B, B C, elles sont coupées chacune en deux également & à angles droits par les droites P I, E I ( suivant la 84 du 2; ) ces lignes P I, E I passent chacune par le centre de l'arc A B C ( par la 83 du 2. ) Donc le centre est au point commun I, & l'arc A H C qui en est décrit, fait un cercle parfait avec l'arc A B C.*

## PROP. XXXIII.

Trouver le milieu de trois points, ou décrire un cercle par trois points qui ne soient pas dans une ligne droite.

*Les points A, B, C, sont proposez, par lesquels une ligne droite ne peut estre menée.*

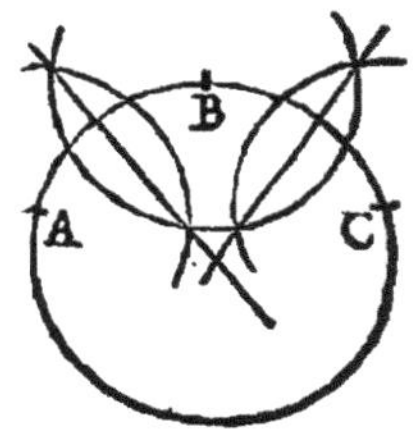

**C**Herchez le centre de ces points par la precedente.

## PROP. XXXIV.

Mener une ligne droite qui touche un cercle par un point donné.

*On propose de tirer par le point A, une ligne qui touche le cercle sans le couper.*

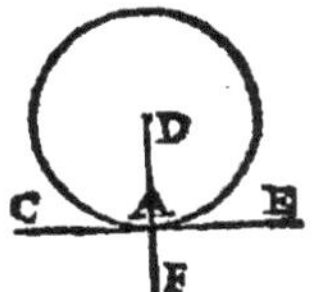

**D**U centre du cercle, menez D F par le point A.
Elevez la perpendiculaire A E, sur D F, elle sera la touchante demandée, ( *suivant la 72 du 2* )

## PROP. XXXV.

Trouver le point où un cercle est touché d'une ligne droite.

*On cherche le point où la droite C E, touche le cercle qui est dessus.*

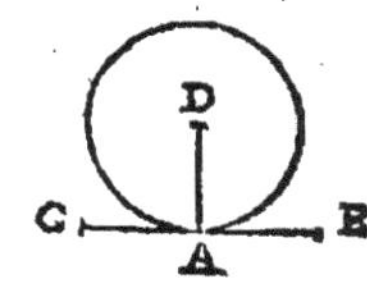

**D**U centre du cercle D, abaissez sur C E, la perpendiculaire D A (*par la 6;*) & le point A sera le demandé, (*Voyez la 73. du 2.*)

## PROP. XXXVI.

Décrire fur une ligne droite , un fegment de cercle capable d'un angle égal à un angle donné.

*On veut décrire fur la droite , A B , un fegment de
cercle qui puiffe comprendre un angle égal
à l'angle C.*

**F**Aites l'angle B A D égal à l'angle C. (*prop. 9.*)
Elevez fur A D , la perpendiculaire A G. (*prop.
4 , ou 5* )
Coupez A B en deux , & du milieu H , élevez
la perpendiculaire H F.
Du point F , décrivez l'arc A G B , & menez
B G. Je dis que l'angle G , compris dans le fegment
A B G eft égal au donné C. *Tirez B F.*

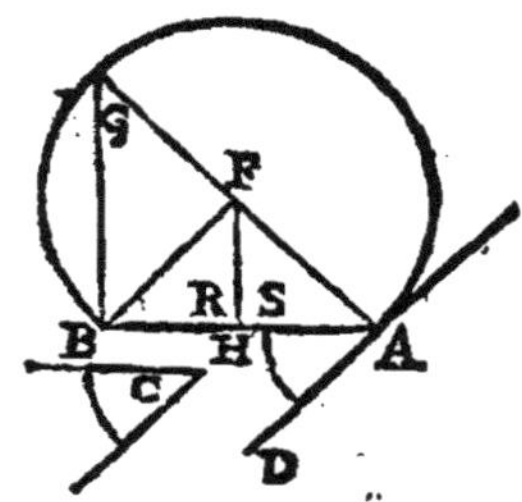
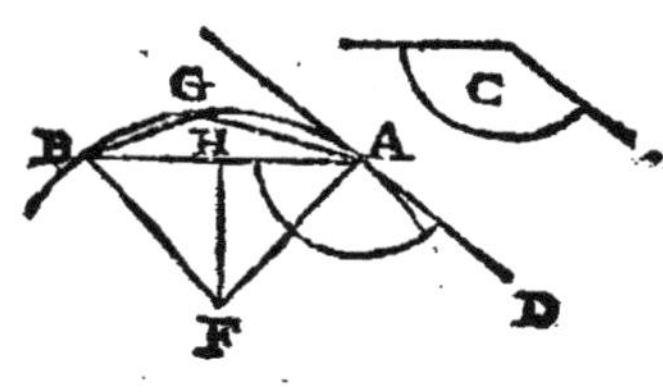

*Premierement , les triangles H B F , H A F , ont le côté F H
commun ; les bafes B H , H A , égales & les angles d'entre
deux égaux puifqu'ils font droits : donc ( par la 22 du 2 ) F
A , F B , font égales ; le cercle décrit du point F , & de l'intervale F A paffe par le point B , & le fegment A G B eft décrit fur A B.*

*2. La ligne A D touche le cercle au point A ( par la 73 du 2 ; )
& ( fuivant la 79 du 2 ) l'angle G eft égal à l'angle B A D ,
& par confequent à l'angle C.*

## PROP. XXXVII.

Décrire fur une ligne , un Poligone regulier dont l'angle du centre eft donné.

*L'angle C, eft l'angle du centre d'un Pentagone qu'on veut faire fur la ligne A B.*

Faites l'angle A B D , égal au donné C ( *prop. 9.* )
Coupez cet angle en deux par la ligne B E ( *prop. 3.* )
Elevez fur B E , la perpendiculaire B F ( *prop. 5.* )
Faites l'angle A égal à l'angle B.
Du Point F , décrivez le cercle A B G , il contiendra cinq fois la ligne A B.

*Pour le prouver je n'ay qu'à faire voir que l'angle du centre A F B eft égal au propofé C.*

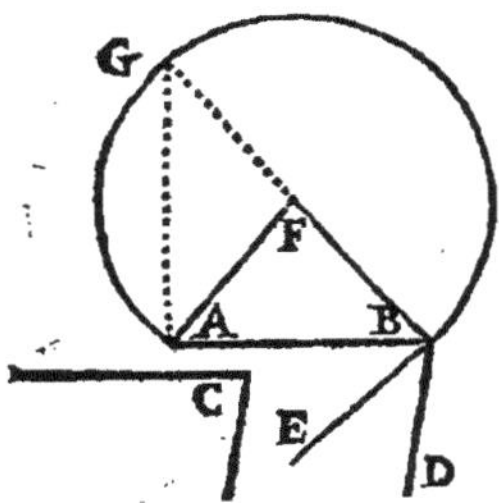

*Suppofé l'angle G , il eft moitié de l'angle F , ( par la 75 du 2. ) L'angle A B E eft auffi moitié de l'angle A B D par la conftruction ; ces angles G , & A B E font égaux ( par la 79. du 2. ) Donc l'angle F , eft égal à l'angle A B D , & par confequent à l'angle C , auquel A B D eft fait égal.*

## PROP. XXXVIII.

Couper d'un cercle , un fegment capable d'un angle égal à un angle donné.

*On veut couper du cercle E , un fegment capable d'un angle égal à l'angle D.*

Tirez le rayon A B , & la perpendiculaire A F.
Faites l'angle F A C égal à l'angle D , & le fegment A E C fera le demandé.

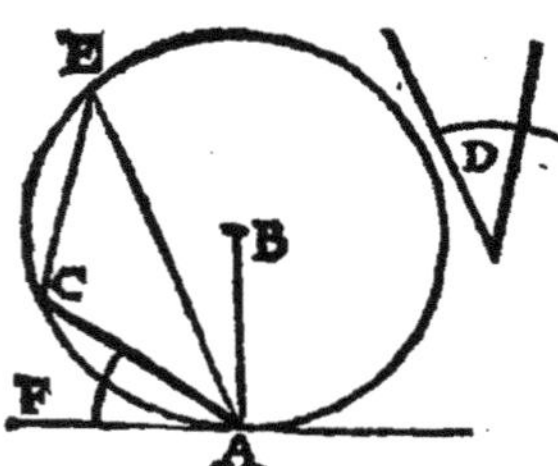

*Ayant pris un point à volonté
dans l'arc A E C , par exemple le
point E , si vous faites l'angle
A E C, il sera égal à l'angle C A F,
( suivant la 79 du 2 ) & par consequent au donné D.*

## PROP. XXXIX.

Inscrire dans un cercle, un triangle semblable à un
autre.

*On propose d'inscrire dans le cercle P , un triangle sem-
blable au triangle O.*

**P**Ar un point comme A , menez la touchante
G H ( *prop.* 34. )

Faites l'angle G A B égal à l'angle E , & l'angle
H A C égal à l'angle D.

Tirez la droite B C , & le triangle A B C sera
semblable au triangle O.

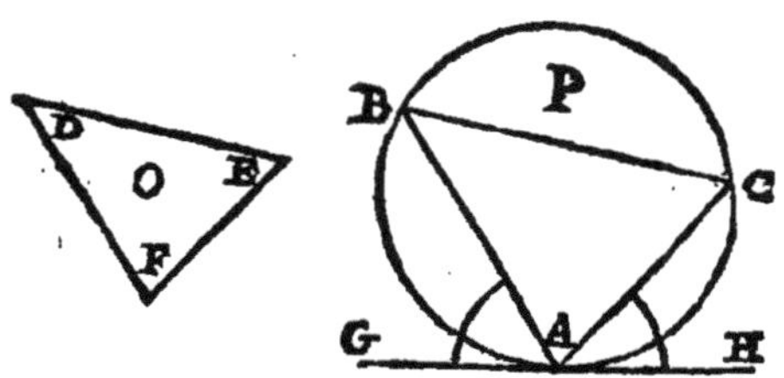

*L'angle C est égal à l'angle B A G ou E ; l'angle B l'est
à l'angle C A H ou D, ( par la 79 du 2. ) Et l'angle A l'est
à l'angle F ( par la 31 du 2. ) Donc le triangle inscrit est
semblable au proposé O ( par la 55 du 2. )*

E iiij

## PROP. XL.

Inscrire un cercle dans un triangle.

*Le triangle A B C est proposé.*

COupez les angles A B C , A C B chacun en deux également tirant les lignes B D , C D , ( *prop. 3.* )

De la section D , abaissez la perpendiculaire D F ( *prop. 6.* ) elle sera le rayon du cercle. *Tirez D G, perpendiculaire sur A B , & D E perpendiculaire sur A C.*

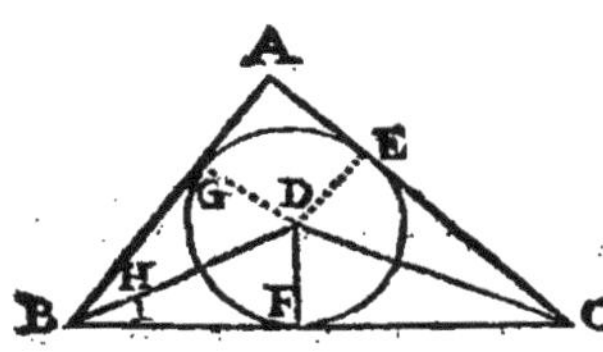

*Dans les triangles B D G , B D F, les angles G , F , sont égaux puisqu'ils sont droits ; les angles H , I sont aussi égaux, l'angle G B F estant coupé en deux également ; le côté B D est commun : Donc ( par la 34 du 2. ) ces triangles sont égaux en toutes leurs parties, & D G est égal à D F ( par la 24 du 2. )*

*Par la même raison D E est égal à D F : Donc le cercle décrit du point D , & de l'intervale D F , passe par les points G , E , & touche les trois côtez du triangle sans les couper ( par la 72 du 2. )*

## PROP. XLI.

Décrire un cercle autour d'un triangle.

*Le triangle D est proposé.*

CHerchez le centre des trois points A , B , C. ( *prop. 33.* )

## PROP. XLII.

Décrire autour d'un cercle, un triangle femblable
à un triangle donné.

*On propofe de faire autour du cercle FIH, un trian-*
*gle femblable au triangle B.*

Continuez la bafe A C de part & d'autre.
Menez le rayon G F, & faites l'angle S égal
à l'angle C.

Faites auffi l'angle G égal à l'angle A.

Menez par les points F, I, H, les tangentes L M,
M N, L N, (*prop.* 34.) elles feront le triangle demandé.

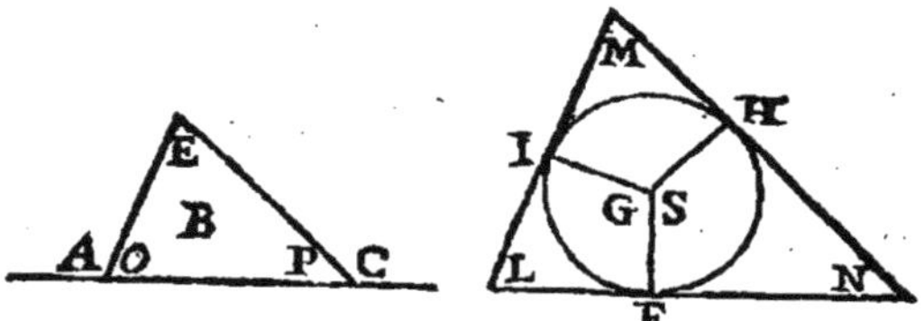

*Les angles du quadrilatere F S H N font égaux à quatre*
*droits ( par la 35 du 2 ) les angles S F N, S H N, font*
*faits droits; donc les oppofez S, N, pris enfemble valent deux*
*droits.*

*Les angles P, C, font auffi égaux à deux droits ( par la*
*18 du 2 ) & l'angle S eft fait égal à l'angle C. Donc l'an-*
*gle N eft égal à l'angle P.*

*Par la même raifon, l'angle L eft égal à l'angle O ; & l'an-*
*gle M l'eft à l'angle E, ( par la 31 du 2. ) Donc ( par la 55*
*du 2 ) le triangle L M N eft femblable au triangle B.*

## PROP. XLIII.

Autour d'un cercle circonfcrire un quarré.

*Le cercle A B C eft propofé.*

Tirez les diametres A B, C D, fe coupant à angles droits.

Par les points A, B, C, D, menez HE, GF,
EF, GH, paralleles aux diametres AB, CD,
(*prop.* 8, ) & vous aurez le quarré demandé ayant
ses côtez égaux, ses angles droits, & touchant de
ses quatre côtez, le cercle donné sans le couper en
aucun endroit.

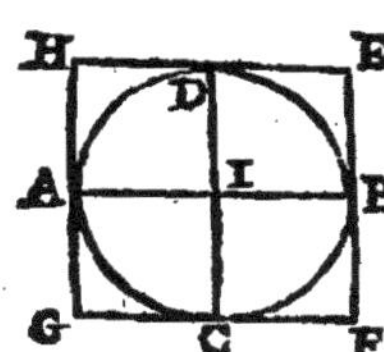

*Les côtez E H, G F, font égaux au
diametre A B; E F, G H, le font au
diametre C D, ( par la 38 du 2, )
les diametres font égaux : donc les quatre côtez du quarré font égaux.*

*Les angles au centre I font droits, &
leurs oppofez E, F, G, H, le font auffi
( par la 38 du 2. )*

*L'angle H D I eft droit comme fon alterne I ( par la 20
du 2. ) Donc E H touche le cercle fans le couper ( fuivant la
72 du 2. ) La même demonftration fe fera des autres côtez.*

## PROP. XLIV.

Autour d'un cercle circonfcrire un Poligone regulier.

*On propofe de faire un Pentagone regulier autour du
cercle A B D.*

DEcrivez dans le cercle un Pentagone ACD,
( *prop.* 18. )

Coupez A B en deux tirant le rayon F H.

Menez A P perpendiculaire fur A F ( *prop.* 5. )

Décrivez le cercle P O S, & continuez P A jufqu'en G.

La droite P G fera un des côtez du Pentagone
demandé.

*Les triangles N A F, N B F, ont leurs côtez égaux, ainfi
ils font femblables ( par la 23 du 2, ) & leurs angles L, M,
font égaux ( par la 24 du 2. )*

*Dans les triangles A F P, A F G, les angles au point A
font droits, le côté A F eft commun, & les côtez F P, F G,*

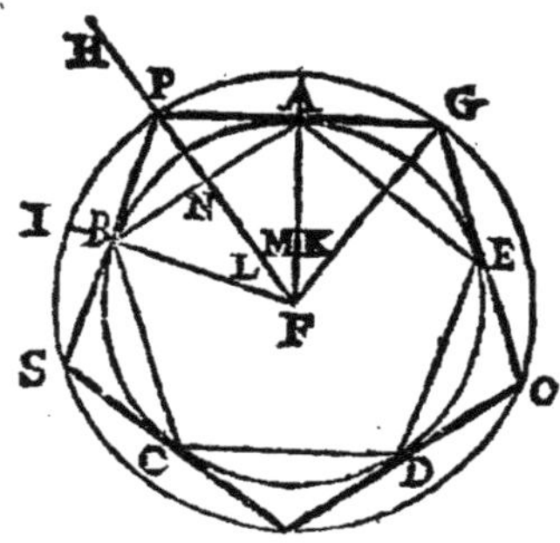

*font coupez égaux; Donc A P, A G, le font auffi ( par la 22 du 2. ) & l'angle K eft égal à l'angle M , & par confequent à l'angle L.*

*Les trois angles au centre F eftant égaux , l'angle P F G compofé de deux eft égal à l'angle BFA auffi compofé de deux ; & l'arc P G eft la cinquiéme partie de fon cercle , comme l'arc A B eft la cinquiéme partie du fien ( par la 13 du 2 ; ) le refte eft évident.*

## PROP. XLV.

Divifer une ligne droite en tant de parties égales qu'on voudra.

*On veut divifer la ligne A B en trois parties égales.*

DU point A, décrivez l'arc B C, de telle grandeur qu'il vous plaira.

Du point B, décrivez auffi l'arc A D, & le coupez égal à l'arc B C.

Du point A , & de la premiere ouverture de compas , portez fur A C , trois parties égales A e f g.

De la même ouverture de compas & du point B, portez auffi fur B D les trois parties B h j o.

Menez les lignes f h, e j, elles diviferont A B comme il eft demandé.

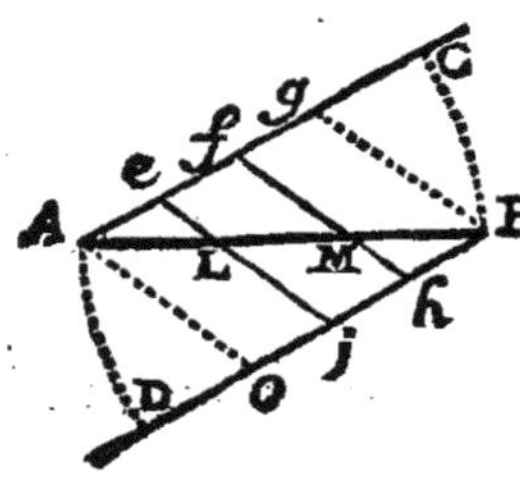

*Nous avons fait les angles alternes C A B, D B A, égaux , ainfi ( par la 21 du 2 ) les lignes A C , B D font paralleles; A e, O j, font donc égales & paralleles , & A O, e j, qui les conjoignent font auffi paralleles ( fuivant la 36 du 2. ) La même demonftration fe fera des lignes e j, f h, g B.*

*Les lignes* B g, M f, L e, *eſtant paralleles,* A B *eſt diviſée comme* A g, ( ſuivant la 51 du 2, ) *les parties d'* A g, *ſont coupées égales. Donc les parties d'* A B, *le ſont auſſi.*

## PROP. XLVI.

### Autre maniere de diviſer une ligne.

*On veut diviſer* A B *en quatre parties égales.*

MEnez la ligne C D parallele à A B. Du point C, & à la premiere ouverture de compas, portez ſur C D, quatre parties égales 1, 2, 3, 4.

Tirez A C, B D, & les continuez juſqu'à leur rencontre en E.

Menez du point E, des lignes par les diviſions 1, 2, 3, elles diviſeront A B, en quatre parties égales.

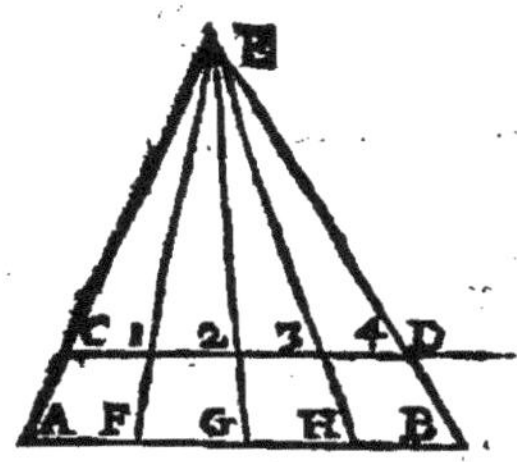

*Les lignes* C D, A B, *eſtant paralleles, les triangles* C D E, A B E, *ſont ſemblables* ( par la 57 du 2 ) & *ſont diviſez l'un comme l'autre par des triangles ſemblables* ( ſuivant la même 57 ) *les baſes des triangles ſur* C D, *ſont coupées égales : Donc* ( ſuivant la 70 du 2 ) *les baſes des triangles ſur* A B *ſont auſſi égales : Donc* A B *eſt diviſée comme* C D *en quatre parties égales.*

## PROP. XLVII.

Faire diverſes Echelles ſemblables ſur des longueurs inégales.

*On veut faire trois Echelles chacune de ſoixante parties égales, la premiere de la longueur* D, *la deuxiéme de la longueur* E, & *la troiſiéme de la longueur* G.

TIrez une ligne A O de telle longueur qu'il vous plaira.

Portez sur cette ligne A O , & à la premiere ouverture de compas, dix petites parties égales A C.

Portez A C, six fois sur la même ligne A O ,
& sur ces six parties A B, faites le triangle équilateral A B F ( *prop. 12.* )

Prolongez F A vers R , & F B, vers Y.

Menez du point F, des lignes par toutes les divisions d'A B.

Enfin, coupez FL, FI, égales à D; FM, FN,
égales à E ; FP, FS égales à G; & les lignes LI,
MN, PS seront les échelles demandées.

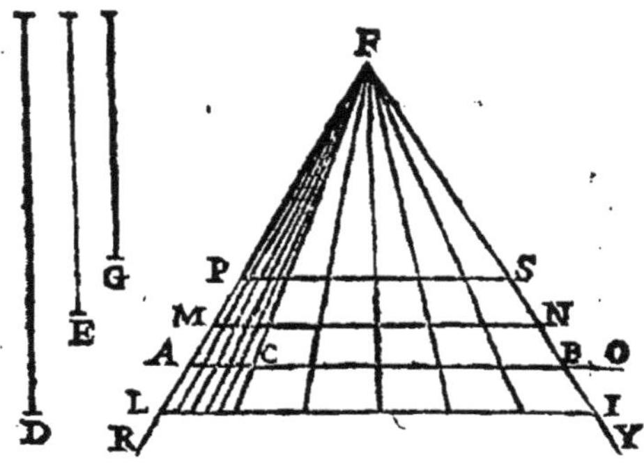

*Le triangle ABF est fait équilateral, & le triangle LIF,
luy est semblable ( par la 58 du 2. ) Donc comme AB est égal
à AF, aussi LI est égale à LF ou D: & cette ligne LI est
divisée comme AB, (suivant la precedente) ainsi des autres.*

## PROP. XLVIII.

Diviser une ligne en plusieurs parties qui soient
entr'elles , comme les parties d'une autre
ligne, *par exemple,*

*On veut diviser A B en quatre parties qui soient en-
tr'elles comme les quatre parties de la ligne C D.*

Menez comme vous voudrez la ligne A H,
faisant un angle avec A B.

Coupez les parties A I L M H, égales aux parties C E F G D.

Tirez B H, ses paralleles M N, L O, I P, & A B sera divisée comme A H ou C D son égale (*suivant la 51 du 2.*)

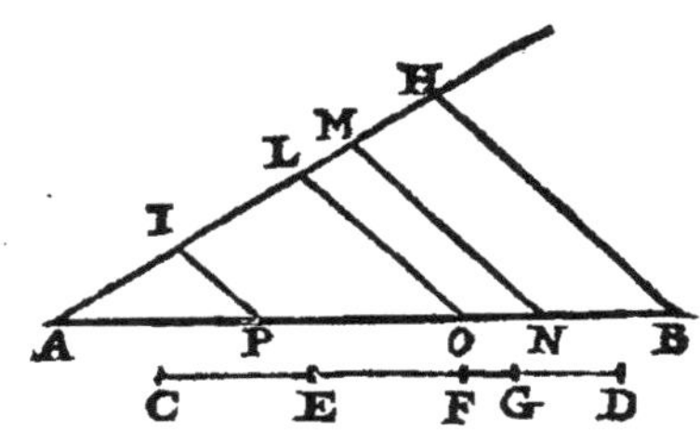

## PROP. XLIX.

A deux lignes données, trouver une troisiéme proportionnelle.

*On demande une ligne qui soit à la ligne B, comme la ligne B, est à la ligne A.*

F Aites comme il vous plaira, l'angle D N E.
Coupez N H égale à la ligne A, & N O égale à la ligne B.

Coupez encore D H égale à N O, & menez D E parallele à H O.

La ligne E O sera la troisiéme demandée.

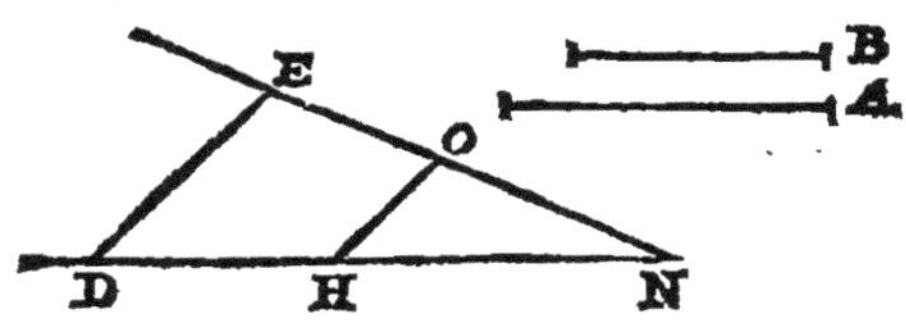

*Les lignes D E, H O estant paralleles, il y a même raison d'N H à D H, ou d'A à B leurs égales ; que d'N O ou B son égale à O E. (par la 51 du 2.)*

## PROP. L.

**A trois lignes données trouver une quatriéme proportionnelle.**

*On propose les lignes A , B , C , ausquelles il faut trouver une quatriéme proportionnelle.*

Faites à volonté l'angle G D H.

Coupez D E égale à A , E G égale à B, & D F égale à C.

Menez G H, parallele à E F, & F H sera la demandée.

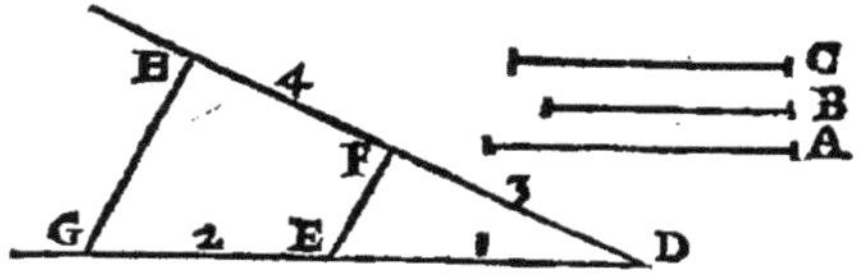

*Il y a même raison de D E ou A son égale , à E G ou B son égale, que de D F ou son égale C à F H. (suivant la 51 du 2.)*

## PROP. LI.

**Trouver une moyenne proportionnelle.**

*On veut avoir une moyenne proportionnelle entre les lignes A & B.*

Tirez une ligne droite C D.

Coupez C E , E D , égales auxs donnée A & B.

Divisez C D en deux également en L.

De ce point L , décrivez le demicercle C F D.

La perpendiculaire E F sera la moyenne demandée. *Tirez C F, D F.*

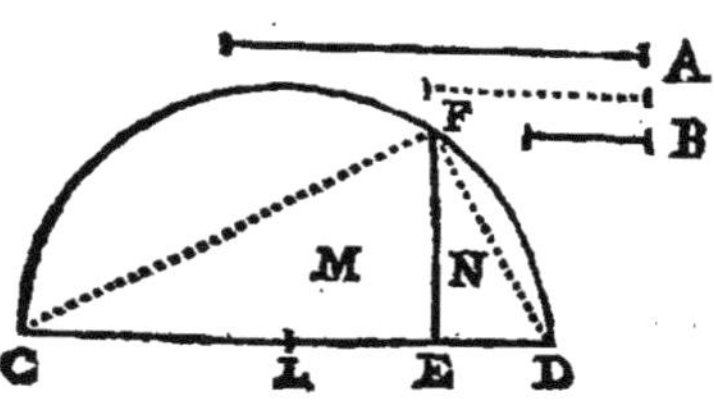

*L'angle C F D est droit ( par la 77 du 2; ) & ( par la 56 du 2 ) les triangles M , N , sont équiangles ; ainsi, dans le premier triangle, le moyen côté C E est au petit E F, comme dans le second trian-*

*gle, le moyen côté E F est au petit E D ( par la 53 du 2. )*
*la ligne E F est donc moyenne proportionnelle entre les extrémes*
*C E, E D ou leurs égales A, B.*

## PROP. LII.

Autre maniere de trouver une moyenne
proportionnelle.

*On demande une ligne moyenne entre les extrémes*
*A B, A C.*

DEcrivez le demicercle A E B.
  Elevez la perpendiculaire C E.
  La ligne A E ou son égale A D sera moyenne
proportionnelle entre les proposées A B, A C.

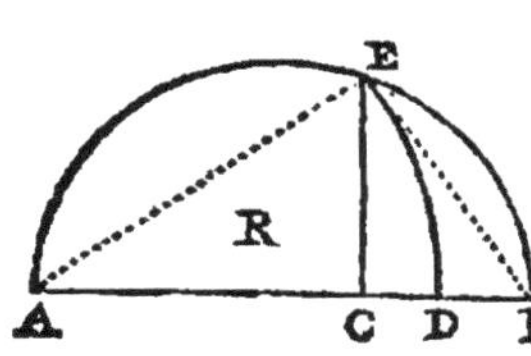

*Le triangle A B E est rectan-*
*gle ( par la 77 du 2. ) Et le trian-*
*gle A C E, luy est semblable*
*( par la 56 du 2, ) A C est donc*
*à A E ; dans le triangle R, com-*
*me A E à A B dans le triangle*
*A E B ( par la 53 du 2 ; ) ansi,*
*comme A C à A E, A E ou son*
*égale A D à A B.*

## PROP. LIII.

D'une ligne donnée, couper une partie qui soit
moyenne proportionnelle entre le reste &
une autre ligne.

*On veut couper de la ligne A C, une partie C I,*
*qui soit moyenne entre le reste A I, & la ligne C B.*

DEcrivez sur la droite A C B le demicercle
  A D B.
  Elevez la perpendiculaire C D.
  Coupez B C en deux au point O.
  De ce point O, décrivez l'arc D I.
  La ligne C I sera moyenne proportionnelle entre
A I & C B.

*Coupez.*

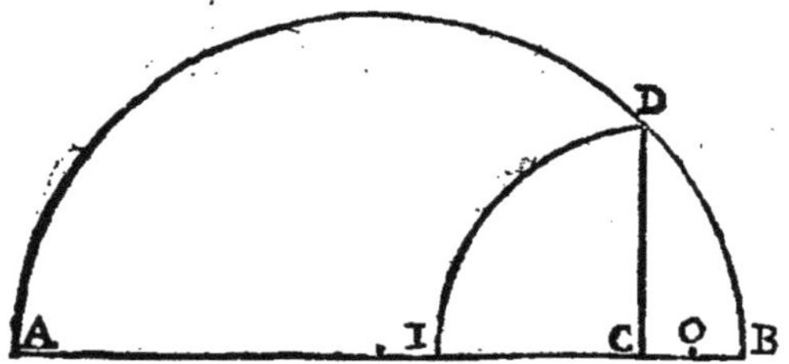

Coupez C F, C E, *égales à* C O , C B; C H *à* C I ; *&*
F G *à* F H ; *puis faites les rectangles* A C L R , G C M S,
*& le quarré* C P.

La ligne F H, *est égale à* O I , *&* O I *est coupée égale à* O D,
*ainsi* F H *est aussi égale à* F D ; *& le cercle décrit du centre* F,
*& de l'interva le* F H , *passe par le point* D.

La ligne C D *est moyenne proportionnelle entre* A C *&* C B,
*de même qu'entre* G C *&* C H , ( *par la* 51 ) *ainsi le quarré*
C P. *est égal au rectangle* C S *compris sous les extrémes* G C,
C H ; *de même qu'au rectangle* C R *compris sous les extrémes*
A C , C B ( *par la* 64 *du* 2. ) *Donc* ( *par la* 3 *du* 2 ) *les rectan-*
*gles* C S , C R *sont égaux* : *&* A C *est à* C M *ou son égale*
C I , *comme* C G *à* C L *ou* C E *son égale* ( *par la* 63 *du* 2. )
*De plus* A I *est à* I C , *comme* G E *à* E C *ou son égale* C B
( *par la* 12 *du* 2. ) *Or* G E *est égale à* I C , *car* I C , *l'est à*
C H , *comme* C H *l'est à* E G ; *Donc comme* A I *à* I C , I C
*à* C B.

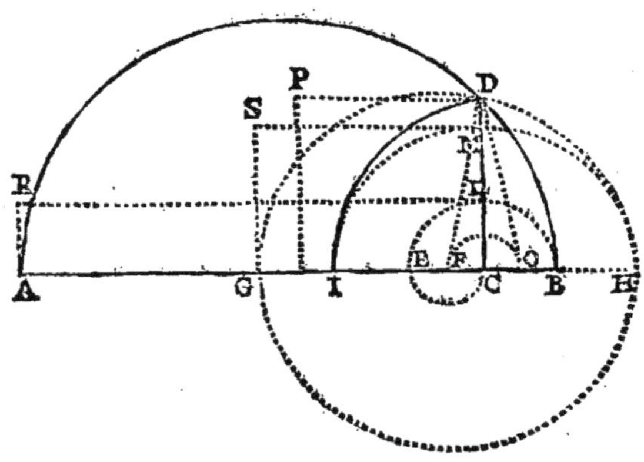

F

## PROP. LIV.

Trouver deux lignes moyennes entre deux autres
proposées, tellement que les quatre soient
en proportion continuée.

*On veut trouver deux moyennes proportionnelles*
*entre les lignes A C, A B.*

FAites le rectangle A B C D , & continuez A C
vers E, A B vers G, & B D vers F.
Tirez les diagonales A D, B C.
Du point O décrivez le demicercle E G F, de
maniere qu'une ligne droite menée par les sections
G, F, touche l'angle C.
Les lignes A G , A E , seront les moyennes de-
mandées.

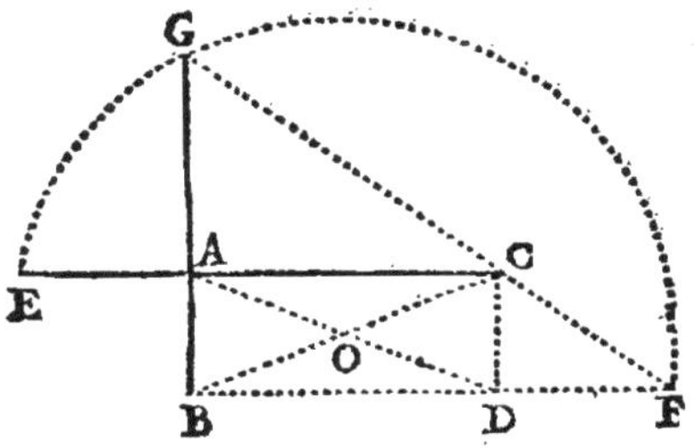



*Tirez les lignes O E , O F , E G , B E.*
*Les triangles rectangles A B D, B D C ont les côtez A B,*
*C D égaux & une même base B D ; donc ils sont semblables*
*( par la 22 du 2 ; ) & l'angle O B D est égal à l'angle O D B*
*( par la 24 du 2. ) Donc ( par la 26 du 2 ) le triangle B D O,*
*est isocele & ses côtez B O, D O sont égaux.*

*Par la même raison les triangles A B C , A B D sont encore*
*semblables ; leurs angles A B C, B A D sont égaux ; le trian-*
*gle A B O , est isocele ; & B O est égale à A O de même*
*qu'à D O.*

Les lignes *A* O, *D* O font donc égales ; *O E*, *O F*, le font
auſſi étant des rayons du cercle *E G F* ; & la diagonale *A D*
tombant ſur les parallèles *E C*, *B F*, fait les angles alternes
*E A O*, *O D F* égaux ( par la 20 du 2. ) Donc ( par la 22
du 2 ) les triangles *O A E*, *O D F* ſont égaux & ſemblables,
& leurs angles au point O, eſtant égaux, *O E*, *O F* ( par la
29 du 2 ) ne font qu'une ligne droite qui eſt le diamètre du
demicercle *E G F*.

L'angle *E G F* eſt droit ( par la 77 du 2 ; ) & ſi vous décrivez un demicercle ſur *C E*, il paſſera par le point G ; Donc
les triangles *A C G*, *A G E* ſont équiangles ( ſuivant la 56
du 2, ) & ( par la 51 ) la perpendiculaire *A G* eſt moyenne
proportionnelle entre les lignes *A C*, *A E*.

Les lignes *D C*, *D F* qui ſont parallèles aux lignes *A G*,
*A C* font les angles *D C F*, *D F C* égaux aux angles *A G C*,
*A C G* ( par la 15 du 2 ; ) ainſi le triangle *D C F* eſt ſembla-
ble au triangle *A C G* ( par la 31 du 2. )

Les triangles *O A E*, *O D F* ſont prouvez égaux & ſemblables ; donc *A E*, *D F*, ſont égales ; *A B*, *D C*, le ſont auſſi ( par
la 38 du 2 ; ( & les angles *E A B*, *C D F*, eſtant droits, le
triangle *E A B* eſt ſemblable au triangle *C D F* ( par la 22 du
2 ) & par conſequent aux triangles *G A C*, *E A G*, ceux-cy
ayant eſté prouvez ſemblables au triangle *C D F*.

L'angle *B E G* eſt donc droit, car il eſt compoſé des angles
*B E A*, *A E G* égaux aux angles *E G A*, *A G C* qui font l'an-
gle droit *E G C*. Donc la ligne *A E* eſt moyenne entre *A B*, &
*A G* ; de même qu'*A G* l'eſt entre *A E*, & *A C*, ( par la 51. )
Donc comme *A B*, à *A E* ; *A E*, à *A G* ; & *A G*, à *A C*.

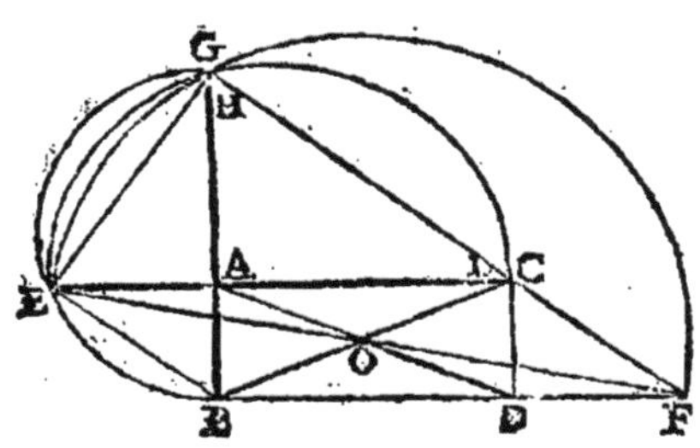

## PROP. LV.

Décrire une Ovale sur une longueur donnée.

*Là ligne A B est là longueur d'une Ovale à faire.*

**D**Ivisez A B en trois parties égales A C D B.
Des points C , D , décrivez les cercles
A I D , C H B.
Menez les droites F C O , E D H.
Du point E , décrivez l'arc H I , & l'arc O S du
point F.

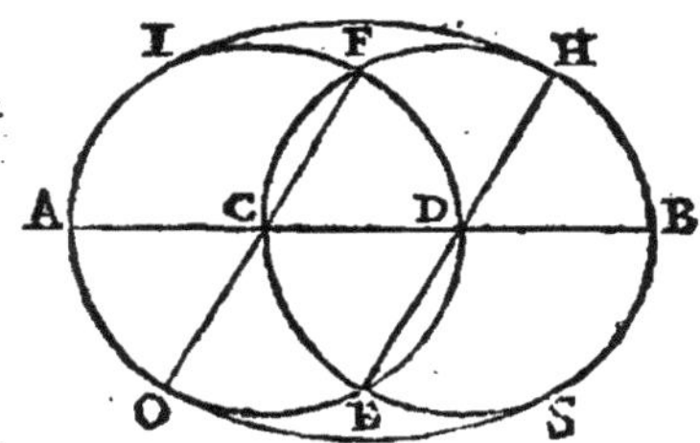

## PROP. LVI.

Décrire une Ovale sur une longueur & une
largeur donnée.

*On veut faire une Ovale qui ait pour diametres les
lignes A B , C D qui se coupent également l'une
l'autre & à angles égaux.*

**A**Yez une Regle M O égale au grand rayon
A E , sur laquelle marquez la longueur M N ,
égale au petit rayon C E.
Conduisez cette regle sur les diametres A B ,
C D , tellement que le point N coulant sur A B ,

l'extremité O, n'abandonne point C D, & l'extremité M, décrira l'ovale demandée.

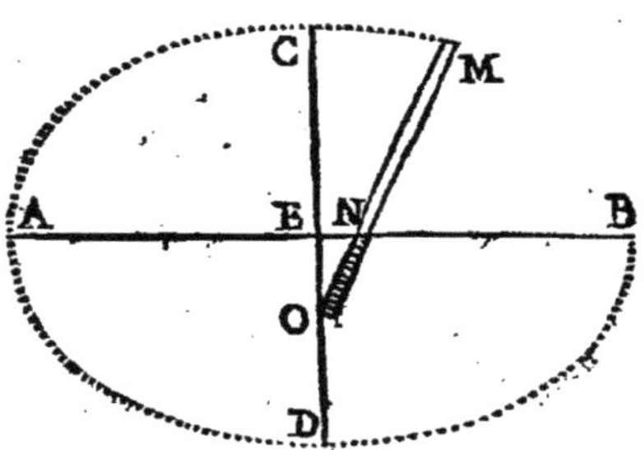

## PROP. LVII.

Trouver le grand & le petit diametre d'une Ovale.

*L'Ovale A B, C D est proposée.*

MEnez comme il vous plaira les deux paralleles N A, I H.

Coupez ces paralleles chacune en deux, & par
leurs coupes L, M, tirez la droite P O.

Divisez aussi la droite P O, en deux au point E.

Du point E, décrivez à volonté, le cercle S G F,
coupant la circonference de l'ovale en quatre points.

Menez F G, & sa parallele T E C, qui sera le
petit diametre, puis tirez le grand diametre B E D,
coupant le petit par des angles droits.

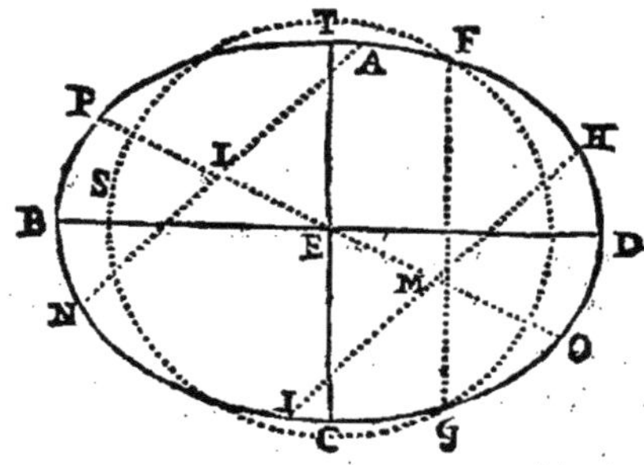

## PROP.  LVIII.

Divifer la circonference d'un Cercle en 360 degrez.

*Le Cercle A eft propofé.*

MEnez les diametres A B, C D fe coupant à
angles droits en E , & la circonference fe
trouvera divifée en quatre parties égales , valant
chacune 90 degrez.

Des points A & C, décrivez les arcs E G, E F,
qui diviferont le quart de cercle A C , en trois
parties chacune de 30. degrez.

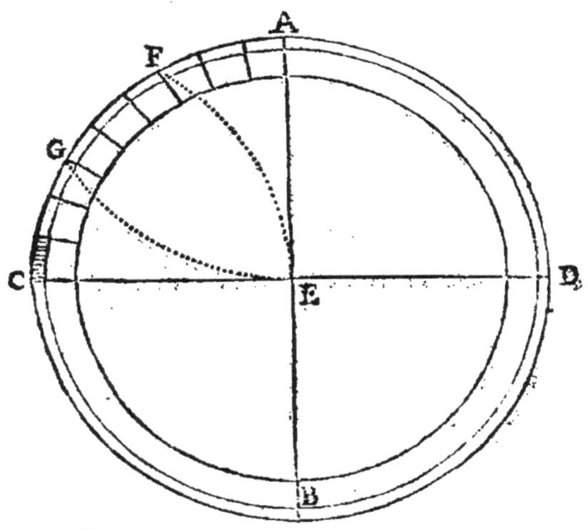

*Le quart de cercle A C eftant de 90 degrez, & les arcs
A G , C F , chacun de 60 ( fuivant la 7 4 du 2 ; ) il s'enfuit
que les fupplements C G , A F , font chacun de 30 ; Or deux
fois 30 , fouftraits de 90 , refte auffi 30 pour l'arc G F.*

Divifez ces trois arcs égaux C G F A, chacun en
trois, puis chaque partie en dix, & ainfi des trois
autres quarts de circonference.

## PROP. LIX.

**Diviser le contour d'un plan en plusieurs parties égales.**

*On propose de diviser le contour du plan H, en huit parties égales.*

PRolongez la base A B de part & d'autre.
Prolongez aussi A F vers N, B C vers L, & C D vers M.

Coupez F N égale à F E, & A G égale à A N.

Coupez de même D M, égale à D E; C L égale à C M; B I égale à B L; & la ligne G I sera égale au contour du plan.

Divisez G I en huit parties égales, 1, 2, 3, &c.

Du point A, décrivez les arcs 11, 22, paralleles à l'arc G N, & du point F, l'arc 11 parallele à l'arc N E, ainsi du reste.

Les points 1, 2, 3, &c. qui se trouveront dans les côtez du plan, feront la division demandée.

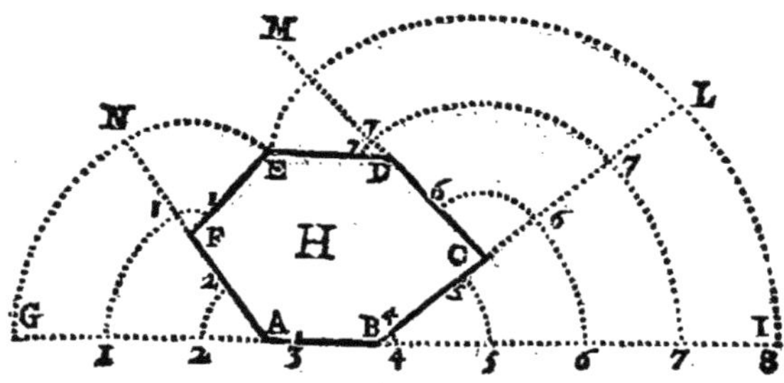

## PROP. LX.

Trouver une ligne droite égale à une courbe.

*On veut avoir une ligne droite égale à la courbe A B.*

Tirez la ligne droite & indéterminée D E.

Prenez de la proposée A B, une partie A C, si petite que la courbure de la ligne y soit imperceptible.

Portez cette petite partie sur A B, autant de fois qu'elle y pourra estre comprise, par exemple 22. fois.

Portez autant de ces petites parties sur D E, lesquelles se terminant en F, vous aurez la droite D F, assez précisément égale à la courbe A B.

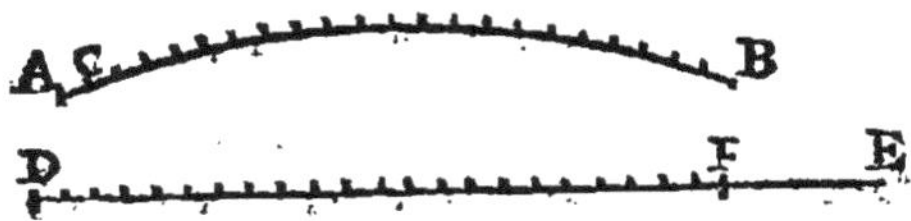

## CHAPITRE QUATRIÉME.

*Reduction ou Transfiguration des Plans.*

---

## PROPOSITION I.

*D'un triangle fcalene A B C, faire un triangle ifo-*
*cele, ou ce qui eft même chofe, décrire un*
*triangle ifocele égal au fcalene propofé.*

COupez la bafe A B en deux
également en D.

Elevez la perpendiculaire D E.

Menez C E , parallele à la bafe A B.

Tirez E A, E B, vous aurez le
triangle ifocelle A B E pour le propofé A B C;
*fuivant la 42 du 2. )*

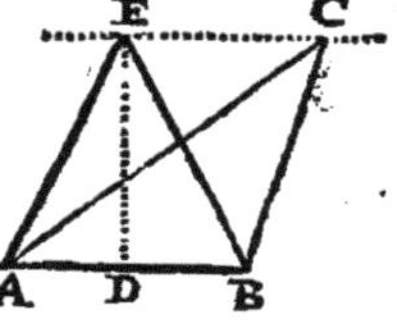

## PROP. II.

*Réduire en triangle , le parallelogramme B D.*

COntinuez A B , & coupez A E égale à A B.
Menez C E , & le parallelogramme fera ré-
duit en triangle , ou pour mieux dire le triangle
B C E fera fait égal au parallelogramme B D.

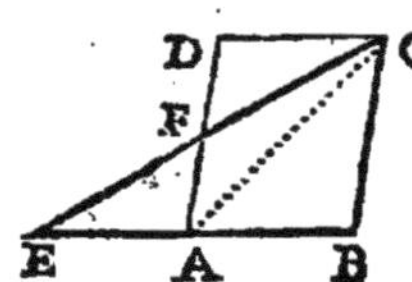

*Le parallelogramme B D eft coupé en*
*deux triangles égaux par la diagonale*
*A C ( fuivant la 37 du 2 , ) le triangle*
*A E C eft égal au triangle A B C ( par*
*la 43 du 2 ; ) Donc il eft auffi égal au*
*triangle A C D : & ôtant le commun*
*A C F , refte le triangle A E F égal au*
*retranché C D F. Donc le triangle B C E eft égal au parallelo-*
*gramme B D.*

## PROP. III.

*Réduire le triangle A B C en parallelogramme.*

COupez la base A B en deux également en D.
Menez C D, & sa parallele B E.
Tirez encore C E parallele à A B.
Le parallelogramme D E, sera égal au triangle A B C.

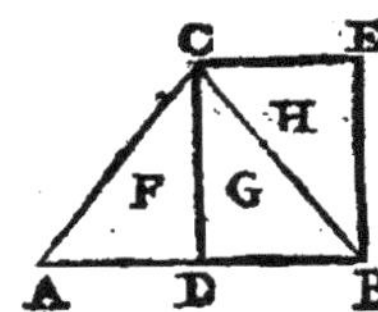

Le triangle G est égal au triangle F ( par la 43 du 2 ; ) il est aussi égal au triangle H ( par la 37 du 2. ) Donc les triangles F, H, sont égaux ( par la 3 du 2, ) & mettant le triangle H pour son égal F, le parallelogramme D E est égal au triangle A B C.

## PROP. IV.

*Faire un parallelogramme du triangle A B C , sans changer l'angle A.*

COupez A C en deux également en M.
Tirez M O parallele à A B & B O parallele à A C.
Le parallelogramme A O sera égal au triangle A B C.

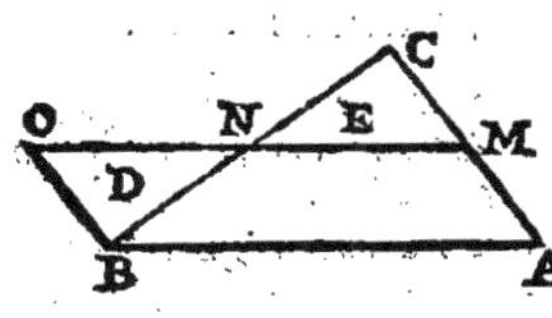

Les lignes A M , M C , sont coupées égales : B O est égale à A M ( par la 38 du 2 : ) donc B O, M C, sont aussi égales, & estant paralleles, le triangle D est égal au triangle E ( par la 59 du 2. ) Donc le parallelogramme A O est égal au triangle A B C.

## PROP. V.

*Faire un rectangle du parallelogramme S T R O.*

Elevez T V perpendiculaire fur T R.

Coupez V I égale à T R, & le rectangle I V T R fera égal au parallelogramme O S T R. *( par la 40 du 2. )*

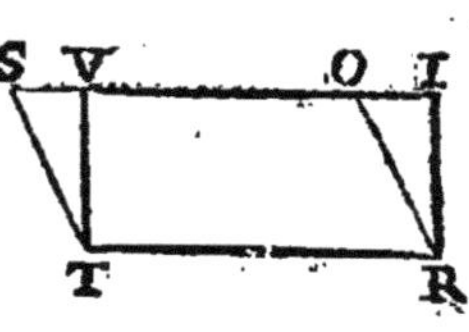


## PROP. VI.

*Décrire un Rectangle égal au triangle A B C.*

ABaiſſez la perpendiculaire C F, & la coupez en deux au point N.

Menez par le point N, la ligne G I parallele à A B.

Coupez N G égale à F A, & N I égale à F B.

Menez B I, A G, & A B I G fera le rectangle demandé égal au triangle donné.

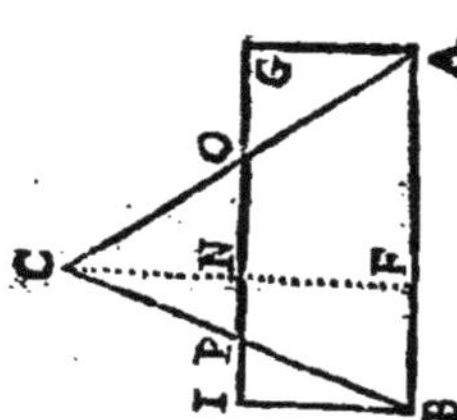

La ligne N G eſt coupée égale à ſa parallele F A ; & ( par la 36 du 2 ) A G eſt égale & parallele à N F comme auſſi à ſon égale N C. Donc ( par la 59 du 2 ) le triangle A G O, eſt égal au triangle C N O. Par la même raiſon, le triangle B I P eſt égal au triangle C P N.

Les lignes I G, A B eſtant égales & paralleles, B I, A G ſont auſſi paralleles ( par la 36 du 2 ) & le parallelogramme A B I G eſt rectangle, car les angles au point F eſtant droits, leurs oppoſez I, G ſont droits, & les oppoſez à ceux-cy, G A B, A B I le ſont auſſi ( par la 38 du 2. )

## PROP. VII.

*Réduire en triangle, le quadrilatere A B C D.*

**P**Rolongez la bafe A B vers E.
Menez A D, fa parallele C E & la ligne D E.
Le quadrilatere fera reduit en triangle B D E.

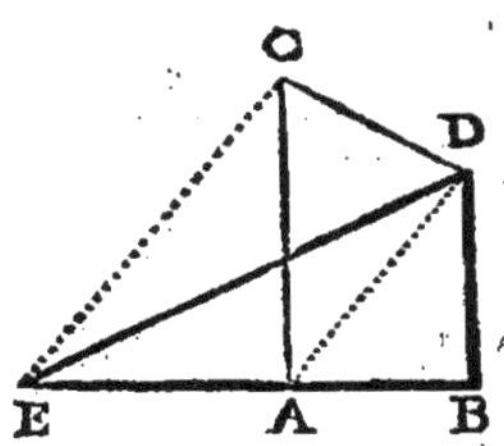

Les triangles *A D C, A D E* ont une même bafe *A D*, & font entre les mêmes paralleles *A D*, *C E*; donc ils font égaux ( par la 42 du 2 ) & leur ajoûtant le triangle commun *A B D*, le triangle *B D E* eft égal au quadrilatere *A B C D* ( fuivant la 4 du 2. )

## PROP. VIII.

*Donner au triangle A B C, la hauteur B D.*

**M**Enez D E parallele à la bafe B C.
Continuez un des côtez comme A B, jufqu'en F.
Tirez C F, fa parallele A G, & la ligne F G.
Si vous mettez le triangle A G F, pour A G C qui luy eft égal ( par la 42 du 2, ) le triangle B G F fera égal au donné A B C, & de la hauteur propofée B D.

## PROP. IX.

*Abaiffer le triangle A B C à la hauteur A D.*

**M**Enez D E, parallele à A B.
De l'une des fections comme G, tirez B G.

Continuez la base A B vers H.

Menez C H parallele à B G.

Tirez G H , & mettez le triangle B G H pour son égal B G C.

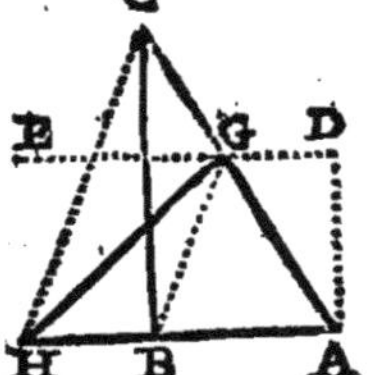

## PROP. X.

*Hausser le triangle I K L, jusqu'au point M.*

MEnez les lignes L M, M K, M I.

Tirez L P parallele à K M, puis menez P M.

Conduisez aussi L N parallele à M I, & menez M N.

Si vous donnez le triangle P L M, pour son égal P L K, & N L M pour son égal N L I; le triangle M N P, sera égal au proposé I K L.

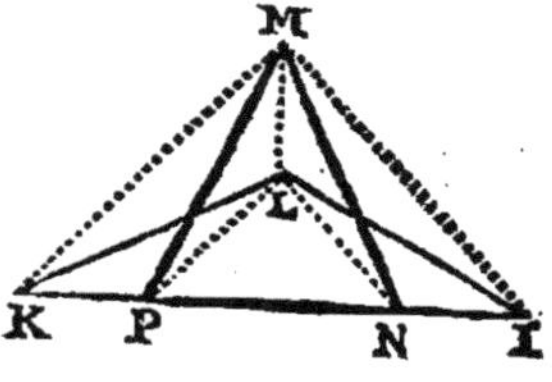

## PROP. XI.

*A B C est un autre triangle qu'on veut abaisser au point D.*

MEnez D A , D B, D C, & continuez la base A B de part & d'autre.

Menez C H parallele à D B, & C G parallele à D A.

Tirez D H , D G & le triangle B D H estant mis pour son égal B D C, & A D G pour son égal A D C, le triangle D G H sera égal au proposé A B C.

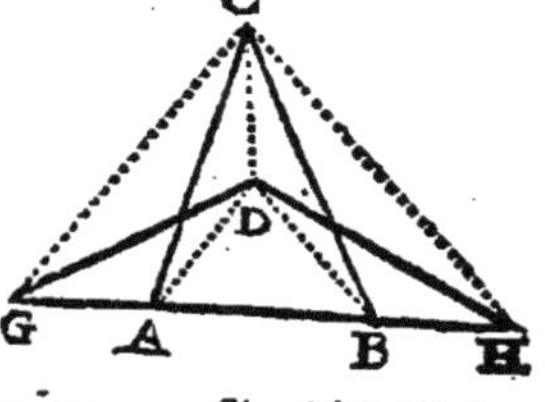

## PROP. XII.

*Réduire le quadrilatere ABCD en parallogrammè rectangle.*

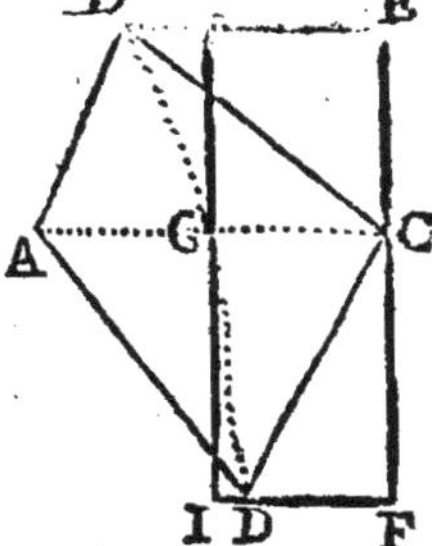

Tirez A C, & ses paralleles B E, D F.

Coupez A C en deux également en G, par la perpendiculaire H I. ( *prop.* 1. *du* 3. )

Menez par le point C, E F paralleles à I H, & le rectangle E F I H, sera égal au quadrilatere proposé.

*Le rectangle G E, est égal au triangle A C B, & le rectangle G F, l'est au triangle A G D ( par la 3. )*

## PROP. XIII.

*Réduire le trapeze ABCD à un triangle qui ait son angle superieur en E.*

Continuez la base A B de part & d'autre.

Menez D G parallele à E B, & C F parallele à A E.

Tirez E F, E G, & les triangles A E F, B E G estant mis pour leurs égaux A E C, B E D, le triangle E F G sera égal au trapeze proposé.

## PROP. XIV.

*Faire du Pentagone ABCDE un quadrilatere CDEF.*

Menez A C, sa parallele B F, & la ligne C F.

Mettez le triangle A C F pour son égal A C B
& le quadrilatere D E F G sera égal au pentagone
A B C D E.

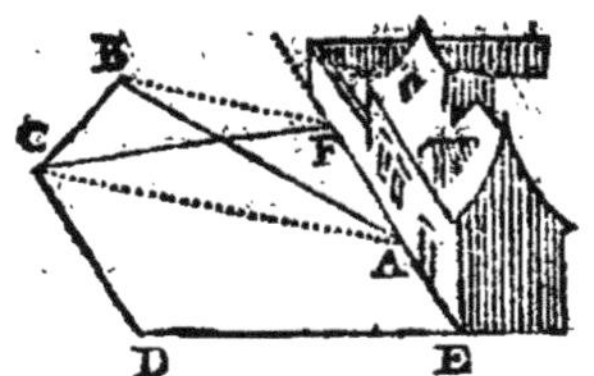

## PROP. XV.

*Réduire en triangle le Pentagone A P O N R.*

**P**Rolongez la base N O, de
part & d'autre.

Tirez A O, sa parallele P V,
& la ligne A V.

Tirez aussi A N, sa parallele
R S, & la ligne A S.

Mettez A O V pour son égal
A O P, & A N S pour son égal
A N R. Le triangle A V S sera égal au Pentagone.

## PROP. XVI.

*Réduire en triangle le quadrilatere A B C D qui a
un angle rentrant B A D.*

**M**Enez B D, sa parallele A E,
& la ligne D E.

Donnez le triangle A E D pour
son égal A E B; & vous aurez le
triangle C D E, pour le quadrilatere proposé.

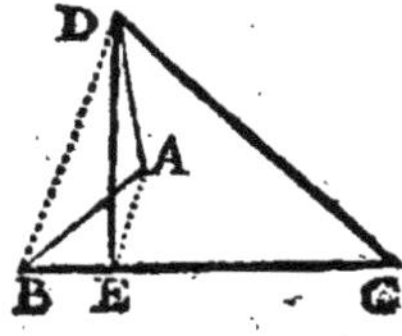

## PROP. XVII.

*Décrire un triangle égal au Pentagone regulier A B D.*

**P**Ortez fur la bafe prolongée N M , cinq fois la longueur de la bafe A B , c'eft à dire, cou-pez N M égale aux cinq côtez du Pentagone.

Du centre R, menez R N, R M, & le triangle M R N fera égal au Pentagone.

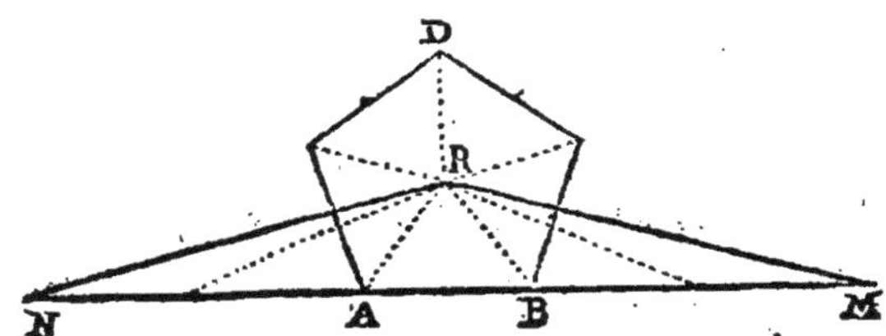


*Le triangle A B R eft la cinquiéme partie du pentagone, comme il eft la cinquiéme partie du triangle N M R ( par la 43 du 2. ) Dont ( fuivant la 6 du 2 ) le triangle N M R eft égal au pentagone.*

## PROP. XVIII.

*Réduire le Pentagone A D , en triangle fur le côté A B.*

**C**Ontinuez la bafe A E vers G.

Menez C E, fa paralleie D F, & la ligne C F.

Mettez le triangle C E F pour fon égal C D E, & & le quadrilatere A B C F fera égal au pentagone.

Tirez B F, fa parallele C G, & la ligne B G.

Mettez le trian-gle B F G pour fon égal B F C, & le triangle A B G fera égal au quadrilatere A B C F.



PROP.

## PROP. XIX.

*Réduire l'Exagone A B E en triangle A F L.*

PRolongez C D vers H, B C vers I, & A B
vers L.

Menez D F, sa parallele E H; C F, sa parallele
H I; B F, sa parallele I L, & la ligne F L qui fera
le triangle A L F égal à l'Exagone proposé.

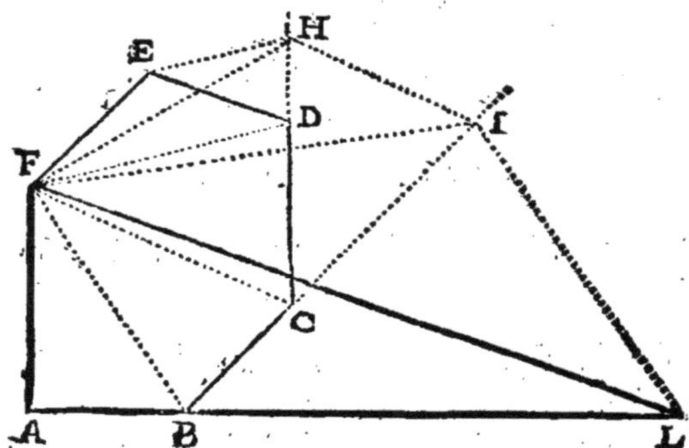


Supposé les lignes F H, F I, Les triangles F D H, F D E,
sont égaux ; & le Pentagone A B C D F leur estant commun,
le pentagone F H C B A, est égal à l'exagone A B C D E F.

De même. Les triangles F C I, F C H, sont égaux ; & le
quadrilatere A B C F, leur estans commun ; le quadrilatere
A B I F, est égal au Pentagone A B C H F.

Enfin, les triangles F B L, F B I, sont égaux ; A B F leur
est commun : Donc le triangle A F L est égal au quadrilatere
F A B I, & par consequent à l'exagone proposé A B E.

## PROP. XX.

*Du Pentagone A B C D E, faire un triangle qui ait
son angle superieur en O, & sa base dans
la ligne S V.*

TIrez A C, sa parallele B F, & la ligne C F.
Tirez de même A D, sa parallele E H, & la
ligne D H.

G

Mettez le triangle A D H pour son égal A D E,
& A C F, pour son égal A C B; le trapeze C D F H
sera égal au Pentagone.

Réduisez ce trapeze en triangle O G I (*par la 13.*)

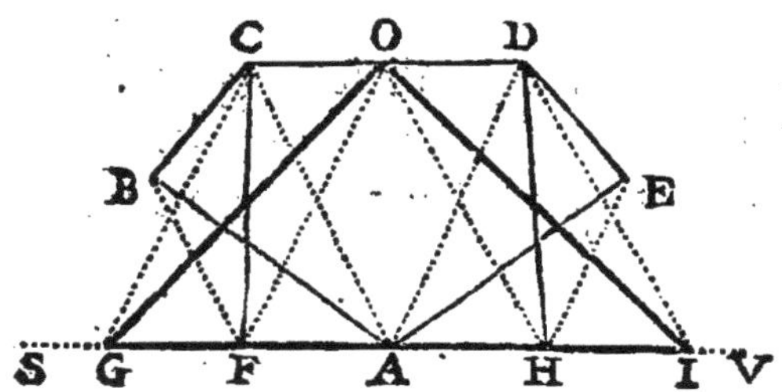

## PROP. XXI.

*Du Pentagone A B L D , faire un triangle de la
hauteur I L.*

Reduisez le Pentagone en triangle A E F, ( *par
la 15.* )

Abaissez ce triangle A E F , à la hauteur I G H
(*par la 11.*)

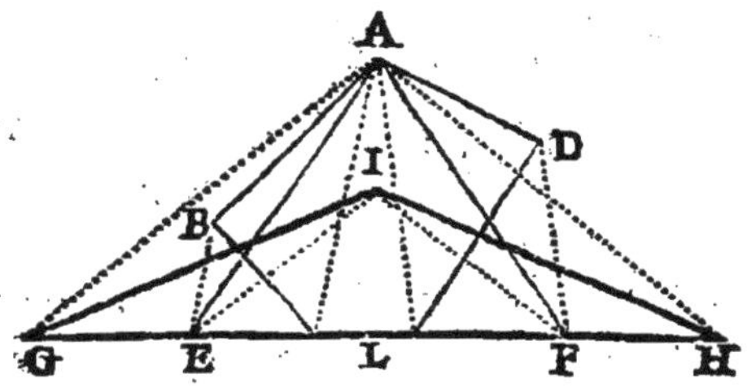

## PROP. XXII.

*Décrire sur la ligne B D , & sur l'angle A B D , un
triangle égal au triangle A B G.*

Menez C D , sa parallele B E , la ligne D E , &
mettez le triangle B E D pour son égal B E C.

Tirez A D , sa parallele E F , la ligne D F ; &
ayant mis le triangle E F D , pour son égal E F A :
le triangle B D F , sera égal au proposé A B C.

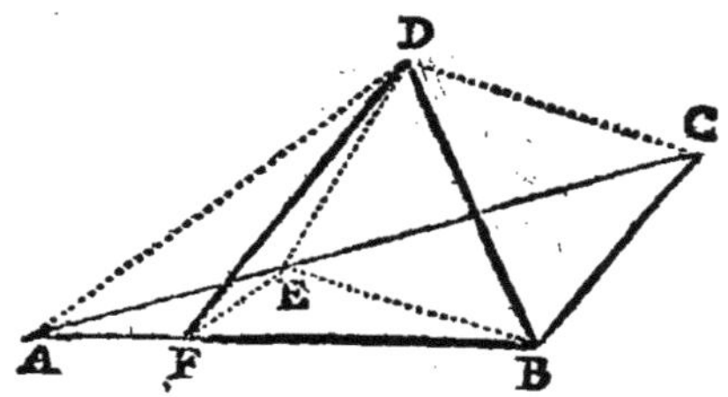

## PROP.   XXIII.

*Décrire sur la ligne A F , un triangle égal au*
*Pentagone A B D.*

REduisez le Pentagone en triangle A B G , ( *par
la 18.* )
   Faites le triangle A H F égal au triangle A B G
( *par la 8.* )

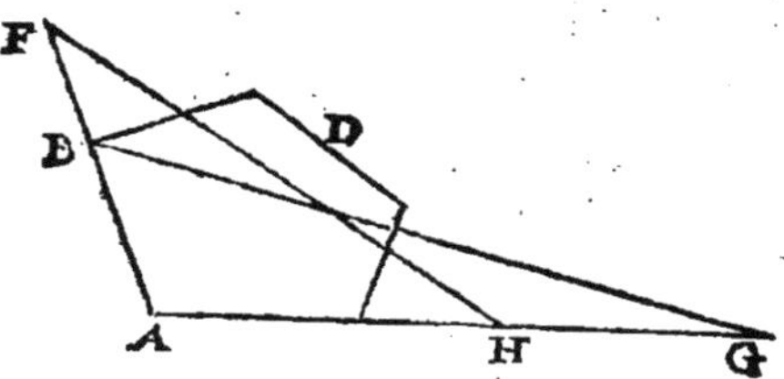

## PROP.   XXIV.

*Réduire en triangle le Plan A B C D E , qui a un
angle rentrant.*

COntinuez C D vers F , & E D vers G.
   Menez A C , sa parallele B F , la ligne A F ;
& le triangle A C F , sera égal au triangle A C B.

G ij

Menez A D, fa parallele F G, la ligne A G; puis mettant le triangle A D G pour fon égal A D F, le triangle A E G fera égal au plan propofé.

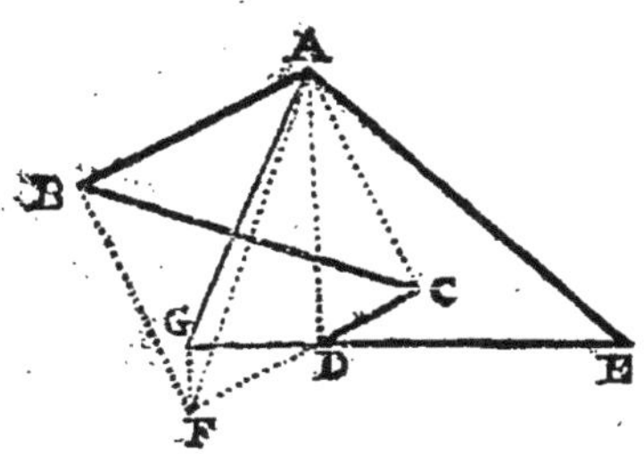

## PROP.    XXV.

*Réduire en triangle, le Plan A B C D E F.*

**M**Enez B D, fa parallele C G, la ligne D G. Mettez le triangle B D G pour fon égal B D C.

Menez E G, fa parallele D H, & la ligne E H. Mettez le triangle E G H pour fon égal E G D.

Menez enfin F H, fa parallele E I, & la ligne F I ; puis mettez le triangle E I F pour fon égal E I H , & le plan propofé fera réduit en triangle A I F.

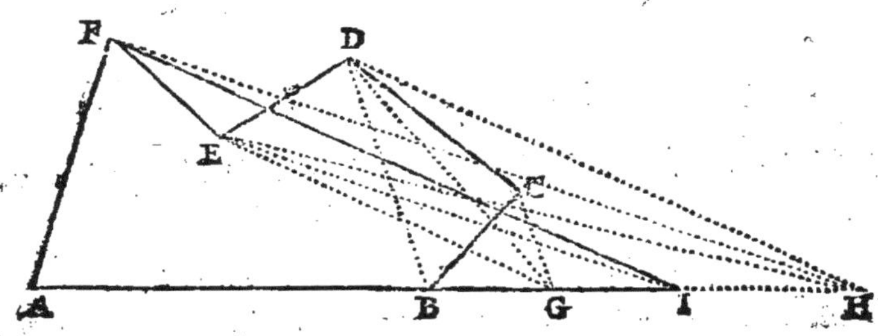

## PROP. XXVI.

*Alonger le parallelogramme A C, sur la longueur D G.*

**M**Enez GM parallele au côté C B.
Prolongez A B jusqu'en M, & tirez D M.
Menez par le point H, E F, parallele à D G.
Le parallelogramme E G sera égal au proposé.

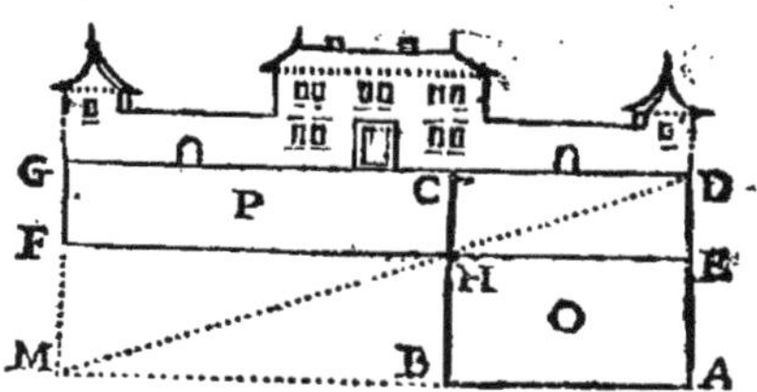

Le supplément ajoûté P, est égal au retranché O. (par la 6.
du 2.)

## PROP.    XXVII.

*Réduire le Parallelogramme C N O P à la largeur C R.*

**M**Enez R V S parallele à C N.
Continuez P O vers X, & C N vers T.
Tirez par le point V, la diagonale C X.
Menez X T parallele à O N, & vous aurez le pa-
rallelogramme C R S T, pour le proposé N P.

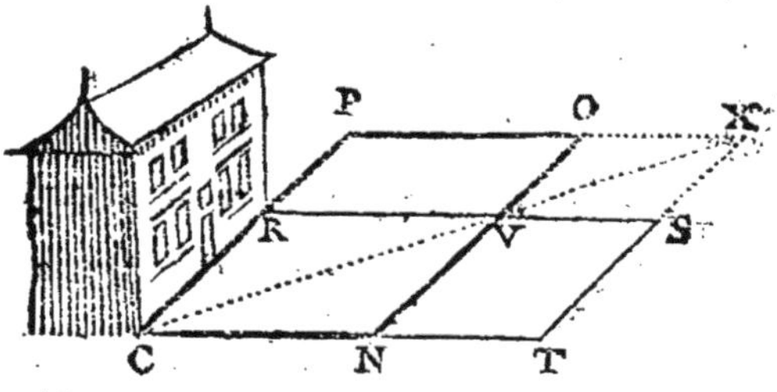

Le supplément ajoûté T V, est égal au retranché V P, (par la
25. du 2.)

## PROP. XXVIII.

*Décrire un quarré égal au rectangle B G.*

**C**Ontinuez G D vers H, & B D vers E.
Coupez D H, égale à D B.

Coupez G H, en deux é-
galement en O.

Du point O, décrivez le
demicercle H E G, & le quarré D C que vous ferez fur
D E , fera égal au rectangle B G.

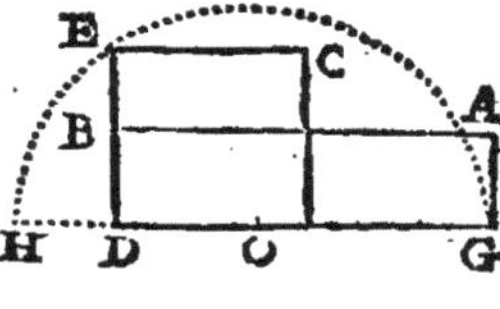


*D E eſt moyenne proportionnelle entre D G & D H ou D B
ſon égale ( par la 51 du 3. ) Donc ( ſuivant la 64 du 2 ) le
quarré C D eſt égal au rectangle propoſé.*

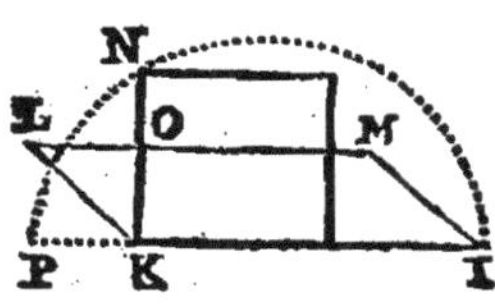


*Pour faire un quarré égal au pa-
rallelogramme I K L M qui n'eſt pas
rectangle, la moyenne proportionnelle
K N, doit eſtre priſe entre K I & KP,
égale à la perpendiculaire K O, de
même que ſi le parallelogramme propoſé eſtoit rectangle. ( Voyez la 40
du 2. )*

## PROP. XXIX.

*Réduire le plan A B C D E, entre les deux paralle-
les B F, A D.*

**P**Rolongez C D vers G, & A D vers H.
Menez E G parallele à A D, G H parallele à
A C, & H I parallele à C D.

Tirez D I & le triangle C D I ſera égal au triangle retranché A D E.

*Les triangles A G H, A C G, ſont égaux ( par la 41 du 2, )*

*& ôtant le commun A C D , les triangles C D H , A D G,
restent égaux ; C D I est égal à C D H , & A D E l'est à A D G.
( par la même 42. ) Donc C D I est égal à A D E.*

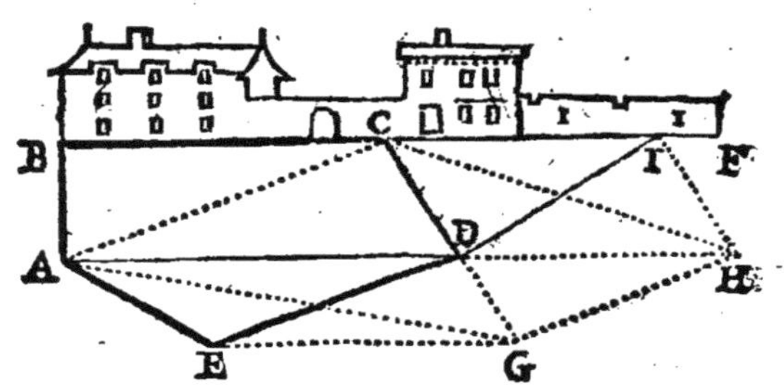

## PROP. XXX.

*Réduire en parallelogramme le quadrilatere D O P R
qui a déja les costez D R , P O paralleles.*

C Oupez O D en deux également en S.
  Menez T S V parallele à P R , & continuez
P O jusqu'en T.

Mettez le triangle O T S
pour S V D qui luy est égal,
( *suivant la* 59 *du* 2 , ) & vous
aurez le parallelogramme R T
pour le quadrilatere proposé.

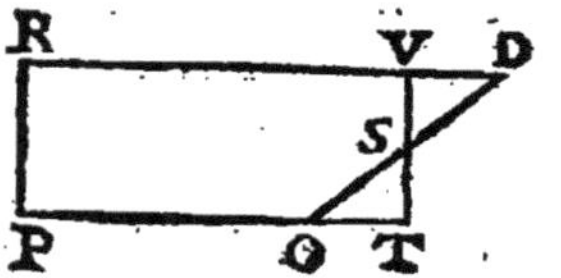

## PROP. XXXI.

*Décrire un triangle équilateral, égal au scalene A B C.*

F Aites sous la base A B , le triangle équilateral
A B D ( *prop.* 12 *du* 3. )
Prolongez le côté B D vers E.
Menez C E parallele à A B , & supposé la ligne
A E , le triangle A B E sera égal au triangle A B C,
( *suivant la* 42 *du* 2. )
Décrivez sur D E , le demicercle D F E.

G iiij

Elevez BF, moyenne proportionnelle entre les extrémes BE, BD ( *prop. 51 du 3.* )

Du point B, décrivez l'arc F G H, & du point G, l'arc BH.

Menez les droites G H, B H, je dis que le triangle équilateral B G H est égal au scalene A B C.

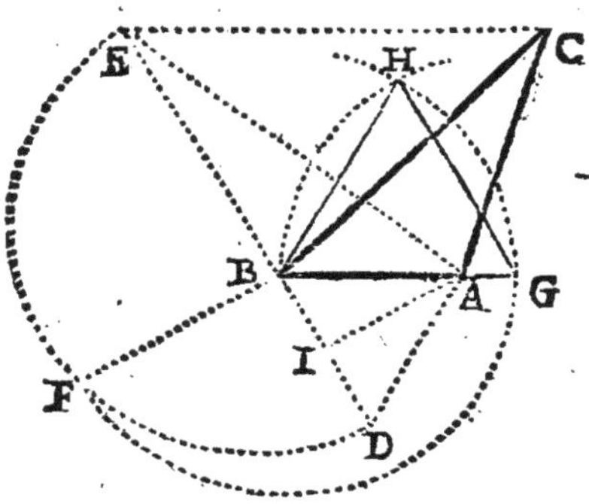

*Les lignes BE, BF, BD, sont proportionnelles; les trian-gles BE A, BD A faits sur les extrêmes BE, BD, sont de même hauteur A I ; B G est égale à la moyenne BF, & le trian-gle B G H est fait semblable à A B D : Donc ( par la 67 du 2 ) il est égal au triangle B E A, & par consequent au proposé A B C.*

## PROP. XXXII.

*Du triangle A B C, faire un triangle semblable au proposé O.*

FAites le triangle A C F semblable au triangle O ( *prop. 27 du 3.* )

Menez B G parallele à A C.

Prenez C H moyenne proportionnelle entre C F, & C G, ( *prop. 52 du 3.* )

Menez H D parallele à A F, & le triangle C D H sera semblable au triangle O, & égal au trian-gle A B C.

*Les lignes C F, C H, C G sont proportionnelles ( par la con-*
*struction. ) Les triangles A C F, A C G, sont de même hauteur*
*C A; & ont pour bases les extrêmes C F, C G: le triangle*
*C D H fait sur la moyenne G H, est semblable à A C F ou Q*
*( par la 57 du 2; ) & ( par la 67 du 2 ) il est égal à A C G,*
*& par conséquent au proposé A B C.*

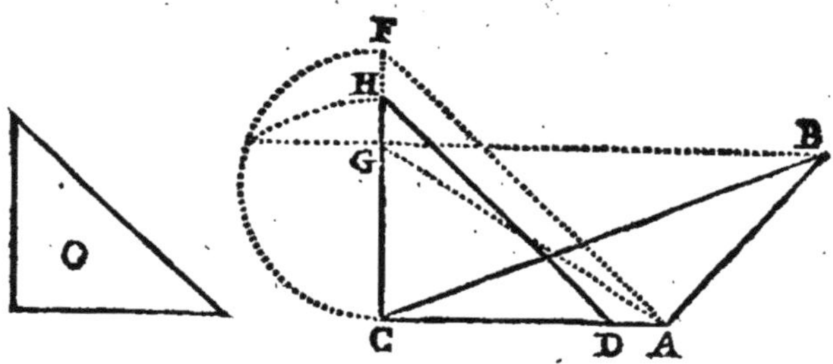

## PROP. XXXIII.

*Tirer une ligne parallele à D E qui fasse avec l'angle*
*A, un triangle égal au triangle A B C.*

**M**Enez C F parallele à D E, & prolongez A B
vers F.

Coupez A H moyenne proportionnelle entre les
extrémes A B, A F, *( par la 52 du 3. )*

Menez H I parallele à D E ou C F, & le triangle A I H sera égal au triangle A B C.

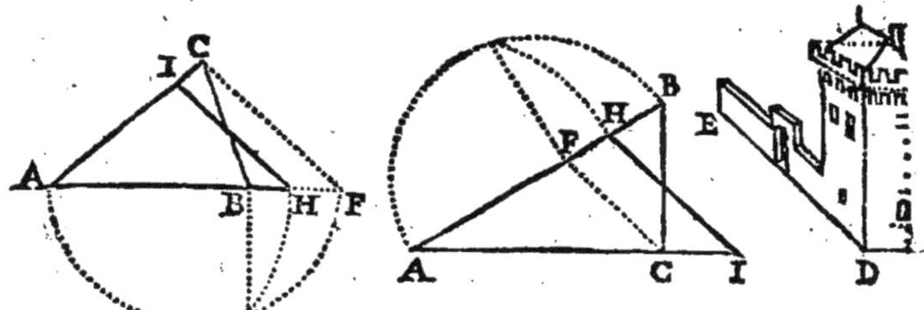

*Les triangles A F C, A B C, faits sur les extrêmes A F,*
*A B, sont de même hauteur C; le triangle A H I décrit sur la*
*moyenne A H, est semblable au triangle A F C ( par la 57 du 2. )*
*Donc ( par la 67 du 2 ) il est égal au triangle A B C.*

## PROP. XXXIV.

*On demande que le costé A B du Pentagone A B D*
*soit parallele à C E.*

**P**Rolongez les côtez E A, C B en F.
Menez A G parallele à C E.
Coupez F R moyenne proportionnelle entre F G,
F B ( *prop. 52 du 3.* )
Tirez le côté demandé R L, parallele à A G.

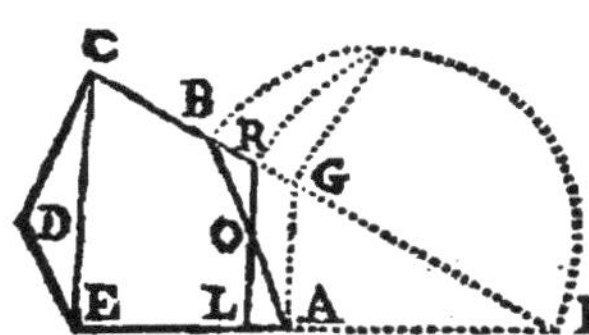

Les triangles *A B F , F L R*
*font égaux ( par la precedente, )*
*& ôtant le quadrilatere com-*
*mun A O R F, le triangle a-*
*joûté O B R, reste égal au re-*
*tranché O L A.*

## PROP. XXXV.

*Le parallelogramme A B E G estant proposé, diriger*
*son costé A B vers le point D.*

**C**Oupez A B en deux également en O.
Tirez du point proposé D, la ligne D O S
& vous aurez le requis, le triangle ajoûté O B D estant égal au
retranché O A S (*par la 59 du 2.* )

## PROP. XXXVI.

*Diriger le costé A B du triangle A B C , vers*
*le point D.*

**P**Rolongez B C de part & d'autre.
Menez D E F perpendiculaire sur B C.
Coupez E F égale à D E.

Tirez F G parallele à B C.

Faites fur C G, le triangle C G K égal au triangle A B C ( *prop. 9.* )

Menez D H parallele à A C.

Coupez C L égale à C K.

Retrapchez de la ligne C H, la partie C M, moyenne proportionnelle entre le refte M H, & C L, ( *par la 53 du 3.* )

Menez la ligne demandée D M I, & vous aurez le triangle C M I pour le propofé A B C.

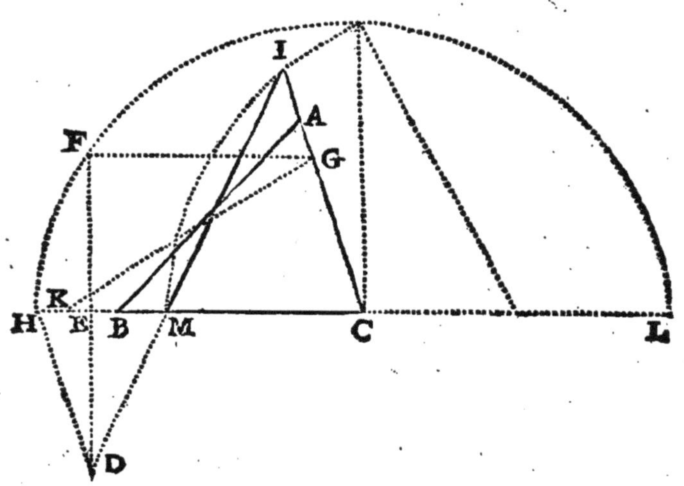

*Les lignes H M, M C, C L ou C K fon égale, font coupées proportionnelles ; les triangles D H M, C G K faits fur les extrémes H M, C K, font de même hauteur ; car les perpendiculaires D E, E F ont efté coupées égales : & puifque D H eft menée parallele à C I, le triangle C I M décrit fur la moyenne C M, eft femblable à D H M ( par la 59 du 2. ) Donc ( par la 67. du 2 ) C I M eft égal à C G K, & par confequent au propofé A B C auquel C G K a efté fait égal.*

## PROP. XXXVII.

*Diriger vers le point D , le cofté A B , du plan A B G.*

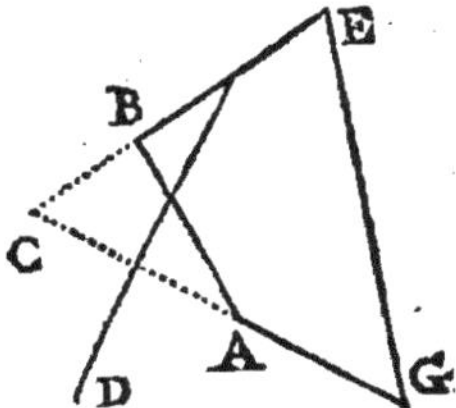

Prolongez les côtez E B, G A,
jufqu'à leur rencontre C.

Du triangle A B C , dirigez
le côté A B vers D ( *par la precedente.* )

## PROP. XXXVIII.

*Décrire un Exagone regulier égal au triangle A B C.*

Ecrivez de telle grandeur qu'il vous plaira,
l'exagone regulier D.

Faites fur A B , le triangle A B E femblable au
triangle D, de maniere que l'angle A E B , foit celuy
du centre.

Prolongez B E de part & d'autre.

Menez C F parallele à A B, & tirez A F. Le triangle A B F fera égal au triangle donné A B C ( *par la
42 du 2.* )

Divifez B F en fix parties égales, c'eft à dire, en
autant de parties que la figure doit avoir de côtez.

Coupez B G égale à la fixiéme B H.

Cherchez B M moyenne proportionnelle entre
B E & B G ( *prop. 51 du 3.* )

Du point B , décrivez l'arc M N, & du point N,
le cercle B O R , l'exagone décrit dans ce cercle fera égal au triangle propofé.

*égal au triangle B A G: Le triangle B G A vaut une sixiéme partie du triangle A B F, & le triangle B O N est une sixié-me partie de l'exagone B O R; Donc l'exagone B O R est égal au triangle A B F, & par conséquent au triangle proposé A B C.*

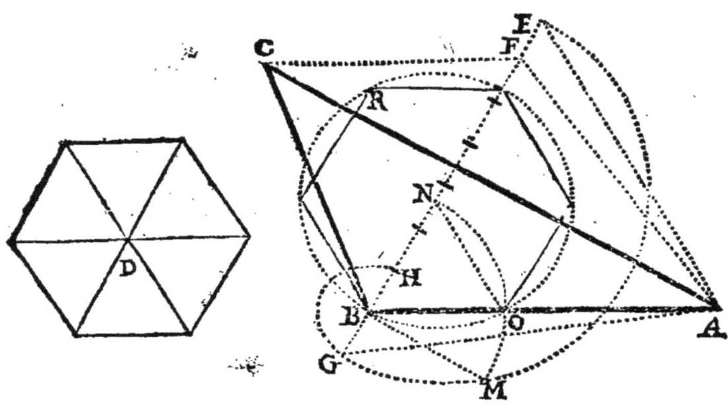

## PROP. XXXIX.

*Décrire un pentagone regulier, égal à l'irregulier ABD.*

REduisez le Pentagone irregulier en triangle BCF *(prop. 18 ou 19.)*

Faites comme il vous plaira le Pentagone regu-lier G.

Faites le triangle B F H, équiangle au triangle G *(prop. 27 du 3,)* en sorte que l'angle H, soit l'angle du centre comme est l'angle G.

Prolongez H B vers I, & menez C K parallele à B F. La ligne F K estant tirée, B F K sera égal au triangle B F C *(par la 42 du 2.)*

Divisez B K en cinq parties égales, c'est à dire, en autant de parties qu'un Pentagone a de côtez.

Tirez B M, moyenne proportionnelle entre B H & la cinquiéme partie B L *(prop. 51 du 3.)*

Menez B P, parallele à F H, l'angle O B P sera égal à l'angle du centre H ou G son égal *(par la 15 du 2.)*

Du point B & de l'intervale B M , décrivez le
cercle M O P , & dans ce cercle faites le Pentagone
demandé O P N , dont O P fera un des côtez.

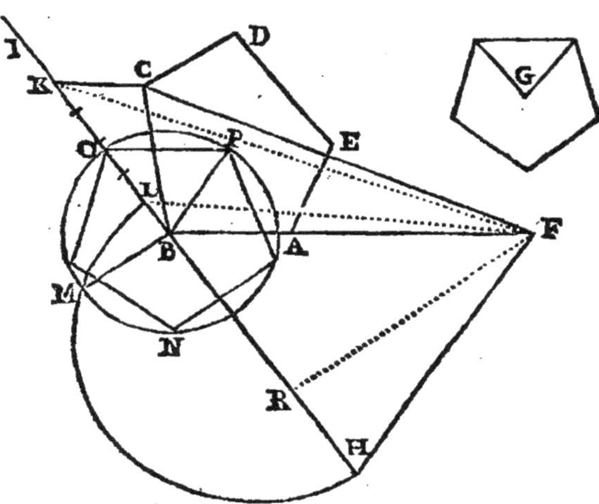

Le rayon B O est coupé égale à la moyenne B M , ainsi H B,
B O , B L , font proportionnelles.

Les triangles H B F, B L F , décrits sur les extrémes H B,
B L , font de même hauteur R F ; le triangle B O P décrit sur la
moyenne B O , est semblable à H B F ( par la 58 du 2. ) Donc
il est égal à B L F ( par la 67 du 2. )

Le triangle B L F est la cinquiéme partie du triangle B K F,
ou du Pentagone A B D son égal : donc B O P qui est égal à
B L F , est la cinquiéme partie du Pentagone irregulier A B C D,
de même qu'il est la cinquiéme partie du Pentagone regulier
O P N : Donc ( par la 6 du 2 ) le Pentagone regulier est égal
à l'irregulier.

## PROP. XL.

*Le triangle A B C , est donné pour en faire un Poli-*
*gone semblable au Poligone D G.*

**F**Aites le triangle A B L semblable au triangle
F G H ( par la 27 du 3. )
Menez C K parallele à A B.

Réduisez le plan G D, en triangle G H I ( *par la 18 ou 19.* )

Coupez la ligne B K en M , comme G I l'est en F ( *par la 48 du 3.* )

Coupez B O moyenne proportionnelle entre B L & B M ( *par la 52 du 3.* )

Tirez O P parallele à A L, le triangle O B P fera femblable au triangle A B L, ( *par la 57 du 2,* ) & par confequent au triangle G H F.

Faites fur O P, le quadrilatere O P Q R femblable au quadrilatere H F D E ( *par la 29 du 3.* ) Il eſt évident que le plan B R fera femblable au propofé G D ( *par la 68 du 2 ;* ) mais qu'il foit égal au triangle A B C, c'eſt ce qu'il faut démontrer.

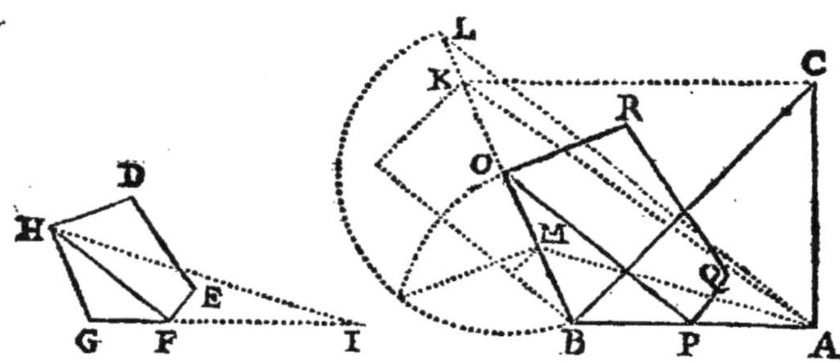

*La ligne B O eſt coupée moyenne proportionnelle entre les extrémes B L , B M; les triangles A B M , A B L , faits fur les extrémes B L , B M , font de même hauteur B A; le triangle B O P fait fur la moyenne B O , eſt femblable au triangle A B L: Donc il eſt égal au triangle A B M ( par la 67 du 2. )*

*Le triangle A B K ( fuivant la 47 du 2 ) eſt au triangle A B M ou fon égal B O P, comme le triangle G H I eſt au triangle F G H , puifque B K a eſté coupée en M , comme G I , l'eſt en F.*

*Le triangle G H F eſt au plan G D, comme le triangle B O P au plan B R ( fuivant la 70 du 2; ) car les plans G D, B R font femblables : le triangle G H I a eſté fait égal au plan G D. Donc le triangle A B K ou A B C fon égal, eſt égal au plan B P Q R O.*

## PROP. XLI.

*Décrire une figure semblable à la figure HK, qui contienne autant d'aire que la figure CE.*

REduifez la figure CE, en triangle DLM (*par la 15.*)

Reduifez auffi la figure HK, en triangle IOS.

Du triangle DLM, faites le triangle NLP de la hauteur du triangle IOS (*par la 8.*)

Prolongez OS vers Q, & coupez SQ, égale à PL bafe du triangle NPL.

Tirez SR moyenne proportionnelle entre les bafes QS, SO (*par la 51 du 3.*)

Menez OR & fes paralleles FT, GV. La bafe SR fera divifée en T, V; comme SO, l'eft en F, G (*par la 51 du 2.*)

Faites le triangle SRY femblable au triangle OSI, & la figure demandée ZX femblable à la figure HK (*par la 29 du 3.*)

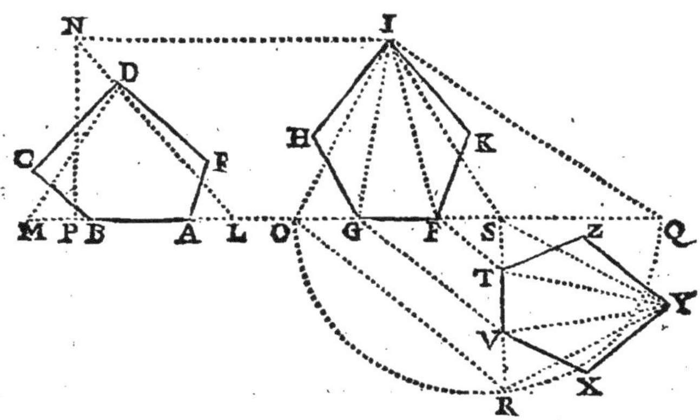

*Les lignes OS, SR, SQ, font proportionnelles; ainfi le triangle SRY qui eft fait femblable à IOS, eft égal à ISQ (par la 67 du 2.)*

*Le triangle SRY & le Pentagone XZ, pris enfemble font*

faits

*faits semblables au triangle I O S, & au Pentagone H K aussi
pris ensemble comme ne faisant qu'une même figure ; & ( par la
70 du 2 ) le Pentagone X Z est au triangle S R Y , comme le
Pentagone H K est au triangle O S I : le Pentagone H K est é-
gal au triangle I Q S : donc le Pentagone X Z est aussi égal au
triangle S R Y , & par consequent au triangle I Q S , lequel
estant fait égal au plan C E , le plan C E & le Pentagone X Z
sont égaux.*

## PROP. XLII.

### Décrire un triangle égal au cercle A B D.

Tirez le rayon C E , & la tangente E F , égale à
la circonference du cercle ( *par la 60 du 3.* )

L'experience nous apprend qu'on ne sçauroit tirer une ligne
tangente , qu'elle ne paroisse à la veuë couler l'espace de quelques
degrez dans la circonference du cycle. Nous pouvons donc bien
prendre sans aucune erreur sensible, des petites parties de circonference pour des lignes droites. Cela supposé, venons à nostre
preuve.

La tangente E F , est coupée d'autant de petites parties égales,
qu'il s'en est trouvé à la premiere petite ouverture de compas ,
dans la circonference du cercle ( suivant la 60 du 3 ) Ainsi si
on faisoit sur chacune de ces petites parties égales, tant de la
tangente que de la circonference, des triangles qui eussent leurs
sommets au centre C , ils seroient tous égaux ( par la 43 du 2 )
& si , par exemple le cercle contenoit 400 de ces petits triangles , le triangle C E F en contiendroit autant. Donc ( suivant
la 75 du 1 ) le triangle est égal au cercle.

## PROP. XLIII.

*Autre maniere de décrire un triangle égal à un cercle.*

INſcrivez le triangle équilateral A B C , & l'Eneagone regulier A E D.

Prolongez les côtez B C , D E , de part & d'autre.

Coupez B F égale à B A , & C G égal à C A.

Coupez auſſi D H égale aux quatre côtez D B P O A , & E I égale à D H ; afin que H I ſoit egale aux 9 côtez de l'eneagone, comme F G l'eſt aux trois côtez du triangle équilateral.

Tirez le diametre A S , & le continuez vers N.

Décrivez un arc par les points H F, G I (*prop.* 33 *du* 3.)

Menez la parallele ou tangente L S M , elle ſera gale à la circonference du cercle A B C.

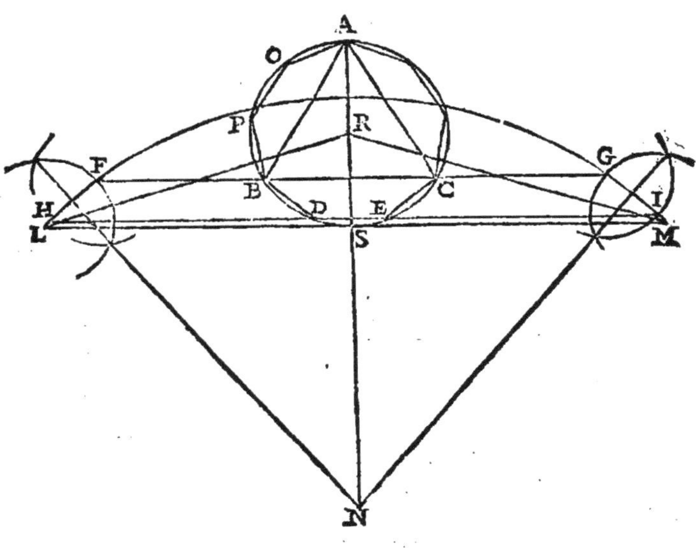

*Si vous prenez une petite partie ( suivant la 60 du 3. ) elle se trouvera autant de fois dans la circonference du cercle que dans la tangente L M.*

Menez du centre R, les lignes R L, R M, & le triangle L M R sera le demandé ( *suivant la prece-dente.* )

## PROP. XLIV.

*Réduire en cercle le triangle A B C.*

Coupez la base A B en deux également au point D.

Elevez la perpendiculaire D E.

Menez C F parallele à la base A B.

Du point F, décrivez le cercle D O P.

Réduisez ce cercle en triangle F G H ( *par la pre-cedente.* )

Coupez D I moyenne proportionnelle entre D A, & D G ( *par la 52 du 3.* )

Menez I K parallele à G F.

Du point K décrivez le cercle D M N, il sera égal au triangle A B C. *Tirez A F, B F.*

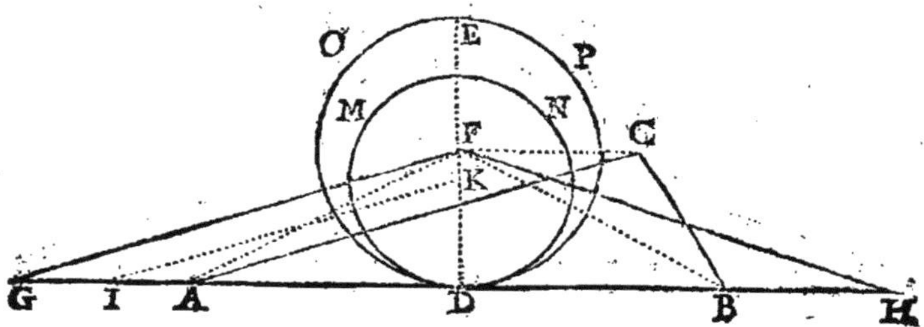

*Les triangles D G F, D I K, sont semblables ( par la 57 du 2; ) ainsi ils sont en raison doublée de leurs côtez ou per-pendiculaires D F, D K ( par la 66 du 2. ) Les cercles D O P, D M N, sont aussi en raison doublée des mêmes perpendiculaires, lesquelles sont leurs rayons ou demi diametres. Donc comme le triangle D F G, est au triangle D I K, le cercle D O P est au*

*cercle D M N ; & par échange, comme le triangle D F G est au cercle D O P, le triangle D I K est au cercle D M N : le cercle D O P est double du triangle D F G ; donc le cercle D M N est aussi double du triangle D K I, lequel est fait égal au triangle A D F ( suivant la 33. ) Le triangle A B F est double du triangle A F D, donc le cercle D N M est égal au triangle A B F & par conséquent au donné A B C, ces triangles A B F, A B C, estant égaux ( par la 42 du 2. )*

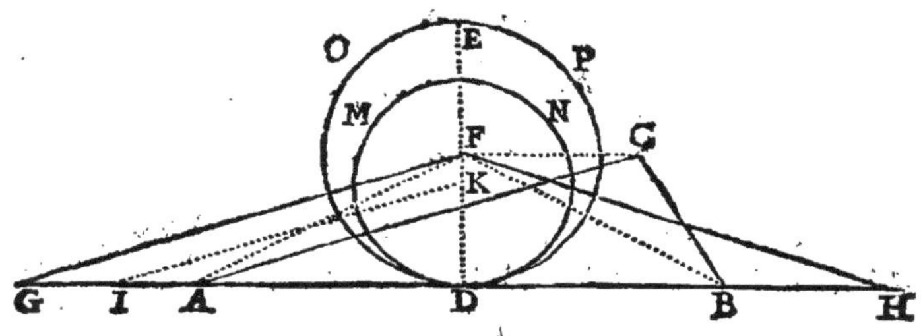

# PROP. XLV.

*Décrire sur la ligne droite G F, une ovale égale au cercle A B C.*

QUe le centre du cercle proposé soit dans le milieu de la ligne G F.

De ce point E, élevez la perpendiculaire E C.

Tirez C G & la coupez en deux également en H,

Tirez sur C G, la perpendiculaire H I.

Du point I, décrivez le demicercle M K L.

Les droites G F, L M, seront les deux diametres sur lesquels vous ferez l'ovale demandée ( *par la 56 du 3.* )

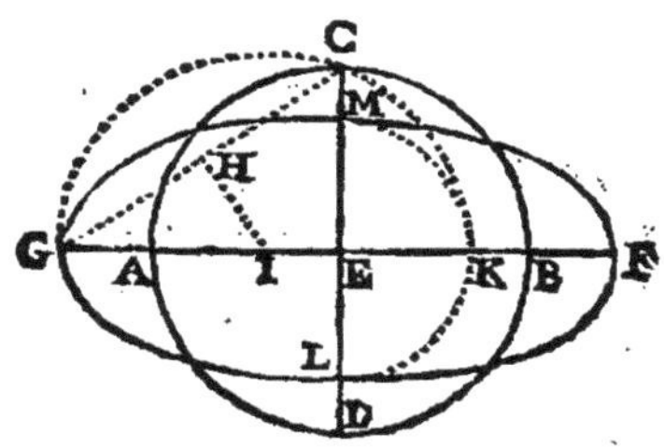

*Les demidiametres  GE , EC , EM ou son égale EK sont proportionnels ( suivant la 51 du 3 : ) ainsi les diametres GF, CD, LM, le sont aussi.*

*Or si on suppose comme il est évident, qu'il y a même raison du cercle CD, à l'ovale ; qu'il y auroit d'un quarré fait sur le diametre de ce cercle CD, au rectangle compris sous le grand & petit diametre de l'ovale ; on doit conclure que le cercle CD est égal à l'ovale; de même que le quarré seroit égal au rectangle. ( suivant la 64 du 2. )*

## PROP.  XLVI.

*Décrire un cercle égal à l'Ovale ABCD.*

Tirez les diametres A B, C D, se coupant à angles droits en E ( *par la 57 du 3.* )

Coupez E G moyenne proportionnelle entre les diametres AE , & DE ou EF son égale ( *par la 51 du 3.* )

Du centre E, décrivez le cercle demandé G H I K.

*La demonstration est l'inverse de la precedente.*

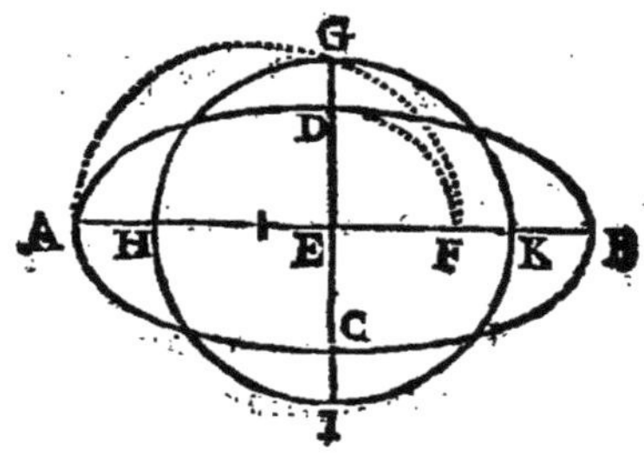

## CHAPITRE CINQUIE'ME.

### Division des Plans.

---

## PROPOSITION I.

*Partager le triangle A B C en trois parties égales, par des lignes tirées de l'angle C.*

**D**Ivisez la base A B en trois parties égales A D E B.

Menez les lignes C D , C E, elles feront le partage demandé ( *suivant la* 43 *du* 2. )

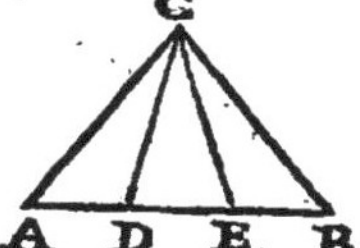

## PROP. II.

*Partager le quadrilatere B D en deux également, par une ligne tirée de l'angle C.*

**R**Eduisez le quadrilatere en triangle B C E ( *par la* 7 *du* 4. )

Divisez la base B E en deux au point F, & la ligne C F fera le partage demandé.

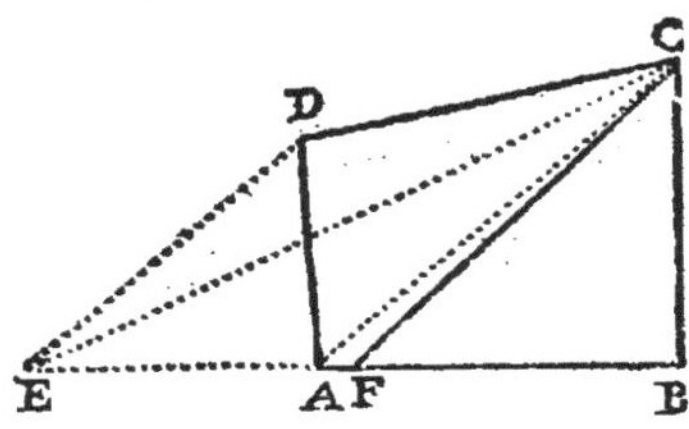

*Le triangle B C E est fait égal au quadrilatere proposé ; B C F est moitié du triangle B C E, donc il est moitié du quadrilatere BD.*

## PROP. III.

*Partager le quadrilatere A C en deux, par une ligne menée de l'angle B.*

REduisez le quadrilatere en triangle B C E.

Coupez ce triangle B C E en deux également par la ligne B F.

Menez B D, sa parallele F G & la ligne B G, qui fera le partage du quadrilatere.

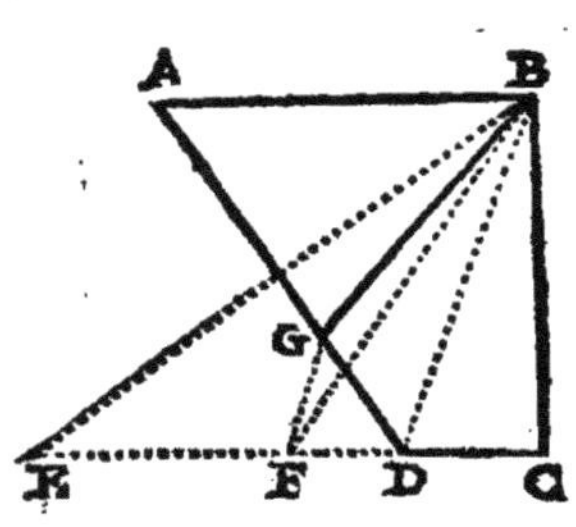

*Donnant le triangle B D G, pour son égal B D F, le quadrilatere G B C D est égal au triangle B C F.*

## PROP. IV.

*Diviser le quadrilatere A C en trois également, par des lignes menées de l'angle D.*

TIrez A C & la divisez en trois parties égales A E H C; *c'est à dire*, divisez cette ligne en autant de parties qu'il faut partager le quadrilatere.

Menez B D, ses paralleles E I, H L, & les lignes D I, D L qui feront le partage demandé.

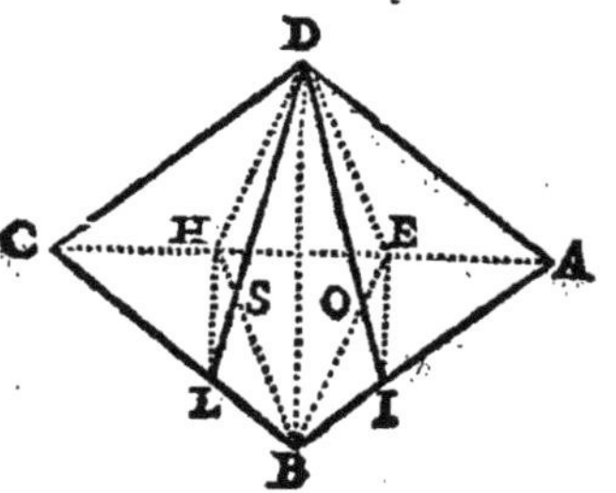

Les lignes D E, D H; B E, B H; divisent les triangles A C D, A C B, chacun en trois triangles égaux (par la 43 du 2,) & (par la 4 du 2) les quadrilateres A B E D, E D H B, H D C B, sont égaux; & valent chacun vn tiers du quadrilatere A B C D.

La ligne E I a esté menée parallele à B D, ainsi les triangles E I D, E I B qui ont une même base E I sont égaux; desquels le commun E I O estant ôté, reste D E O égal à B I O:

H iiij

& donnant l'un pour l'autre, *A I D* est égal au quadrilatere *A B E D.*

De même, mettant le triangle *D H S* pour son égal *B L S,* le triangle *C D L,* est égal au quadrilatere *B C D H.*

Enfin puisque le triangle *B L S,* est égal au triangle *D H S;* & le triangle *B I O,* au triangle *D E O;* le quadrilatere *B I D L* est aussi égal au quadrilatere *E D H B.*

## PROP. V.

*Conduire de l'angle A, des lignes qui partagent le Pentagone C D en trois parties égales.*

REduisez le Pentagone en triangle A F G ( par la 15 du 4. )

Divisez la base F G en trois parties égales F H I G.

Menez de l'angle A, les lignes demandées A H, A I.

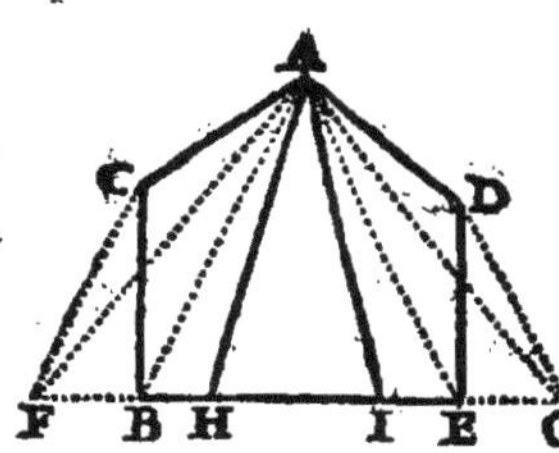

Le triangle *A F G* est fait égal au Pentagone *C D;* & les lignes *A H, A I,* le partagent en trois triangles égaux: Donc le triangle commun *A I H* est le tiers du Pentagone *C D,* comme il est le tiers du triangle *A F G.*

Les triangles *A B C, A B E,* sont égaux ( par la 42 du 2, ) & leur ajoûtant le commun *A B H,* le quadrilatere *A C B H* est égal au triangle *A F H.*

Par la même raison le quadrilatere *A I E D,* est égal au triangle *A I G.*

## PROP. VI.

*Diviser le Pentagone B M en quatre parties égales, par des lignes tirées du point A.*

REduisez le Pentagone donné en triangle A B F ( par la 19 du 4 )

Divisez la base B F, en quatre parties égales 1, 2, 3, 4.

Menez A C , & ſes paralleles 22, 33.

Des points 1, 2, 3, qui ſe rencontrent dans les côtez de la figure , tirez des lignes à l'angle A , elles feront le partage demandé.

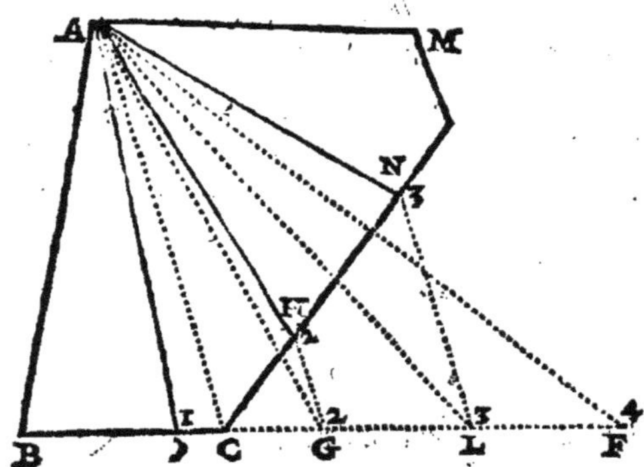

1. Le triangle *A B O* eſtant une quatriéme partie du trian-gle *A B F* qui eſt fait égal au Pentagone *B M*, il eſt auſſi une quatriéme partie du même Pentagone.

2. Suppoſé la ligne *A G*, les triangles *A C H*, *A C G*, ſont égaux ( par la 42 du 2; ) & le triangle commun *A B C* leur eſtant ajoûté , le quadrilatere *A B C H* eſt égal au triangle *A B G*; Donc le quadrilatere *A B C H*, contient la moitié du Pentagone *B M*, comme le triangle *A B G* contient la moitié du triangle *A B F*.

Enfin les triangles *A C L*, *A C N*, ſont égaux , le triangle *A B C* leur eſt commun , Donc le quadrilatere *A B C N*, eſt égal au triangle *A B L*; ce triangle contient trois quarts du triangle *A B F*, Donc le quadrilatere *A B C N*, contient trois quarts du Pentagone propoſé.

## PROP. VII.

*Diviſer le Plan B C en ſix parties égales , par des lignes menées à l'angle A.*

R Eduiſez ce plan en triangle A B I ( par la 19 du 4. )

Divifez la bafe B I en fix parties égales, 1, 2,
3, 4, 5, 6.

Continuez G H vers N, G F vers O, F E vers P.

Menez A H & fes paralleles 2 2, 3 3, 4 4, 5 5.

Tirez A G, & fes paralleles 3 3, 4 4, 5 5.

Menez A F, & fes paralleles 4 4, 5 5.

Menez auffi A E, & fa parallele 5 5.

Si des points 1, 2, 3, 4, 5, qui fe rencontrent
dans les côtez du plan, vous menez des lignes au
point A, elles feront la divifion requife.

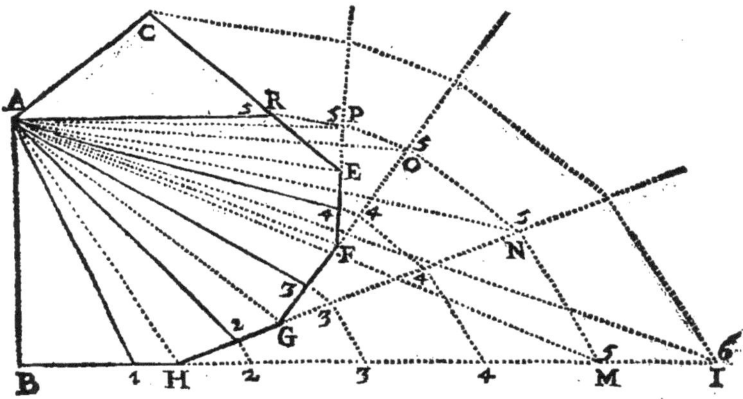

Suppofé les lignes A M, A N, A O, A P. Les lignes A H,
M N eftant paralleles, le triangle A H N eft égal à A H M
(par la 42 du 2.)

Par la même raifon A G O, eft égal à A G N; A F P, l'eft
à A F O; & A E R à A E P: ainfi la ligne A R coupe du plan
propofé, la partie A B H G F E R, égale au triangle A B M.

Le triangle A B I eft fait égal au plan propofé; donc le triangle A R C eft égal au triangle A I M (par la 5 du 2.)

Le triangle A I M eft la fixiéme partie du triangle A B I.
Donc A R C eft la fixiéme partie du plan propofé.

Les autres divifions fe prouveront de même, ou par la precedente.

## PROP. VIII.

*Tirer de l'angle A, une ligne qui partage le plan
BCE en deux également.*

R Eduisez le plan C B E en triangle A B G.
Coupez BG en deux parties égales au point
I : Le triangle A B I vaudra la moitié du plan pro-
posé.

Prolongez C D vers H.

Menez A C, sa parallele I H, la ligne A H &
donnez le triangle A C H pour son égal A C I.

Tirez A D, sa parallele H L, & le triangle A D L
estant mis pour son égal A D H, la ligne A L fera
le partage demandé.

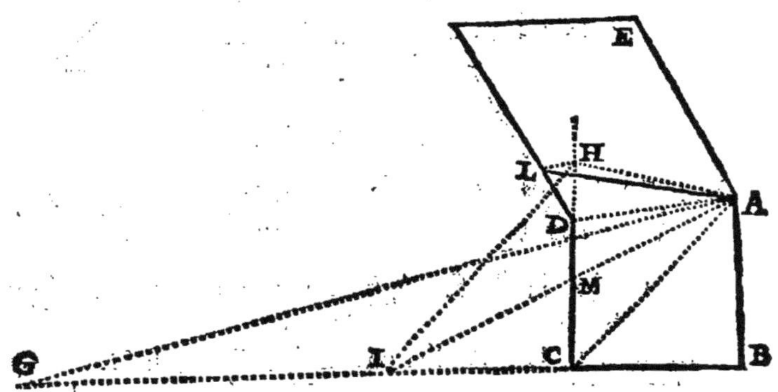


## PROP. IX.

*Diviser le Plan B E, en deux également par une ligne
menée de l'angle A.*

R Eduisez ce plan en triangle A E F ( par la 24
du 4. )

Coupez la base E F en deux au point G, & menez A G.

*Si le triangle A G E estoit entierement dans le plan proposé B E, le partage seroit fait ; mais la partie C I H en estant dehors, il faut la faire rentrer comme s'enfuit.*

Menez C G, sa parallele D L, la ligne L G ; puis donnez le triangle I D G, pour son égal I C L.

Tirez encore A C, sa parallele L O, puis donnez le triangle A O H pour son égal C H L, & la ligne A O fera le partage demandé.

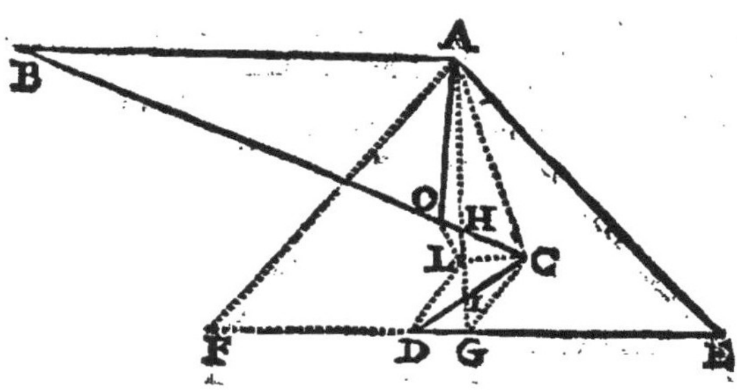

## PROP. X.

*Diviser le triangle A B C en trois parties égales, par des lignes conduites au point D.*

**D**Ivisez la base A B en trois parties égales A F E B.

Menez C D, & ses paralleles E G, F H.

Tirez les lignes D G, D H, elles feront le partage du triangle.

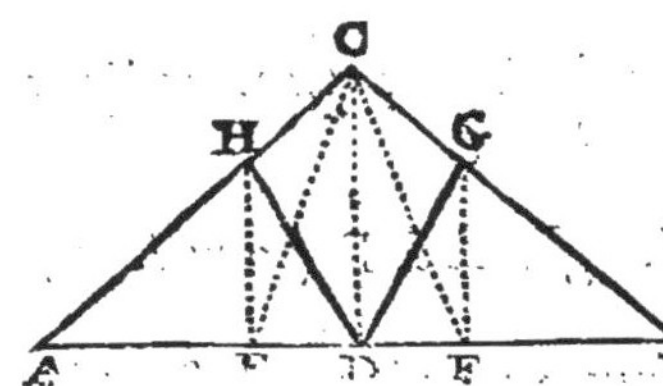

*Supposé les lignes C E, C F, elles divisent le triangle A B C en trois triangles égaux.*

*Mettez le triangle E G D pour son égal E G C ; B D G sera égal au triangle B C E.*

*Par la même raison A D H, sera égal au triangle A C F, & D G C H, à C E E.*

## PROP.  XI.

*Diviser le Pentagone R S en trois parties égales, par
des lignes tirées du point F.*

**R**Eduisez ce Pentagone en triangle D C H (*par
la 15 du 4.*)
  Coupez C H en trois parties égales C A B H.
  Menez D F, & ses paralleles A G, B E.
  Tirez les lignes F G, F E, elles feront le partage
du Pentagone (*suivant la precedente.*)

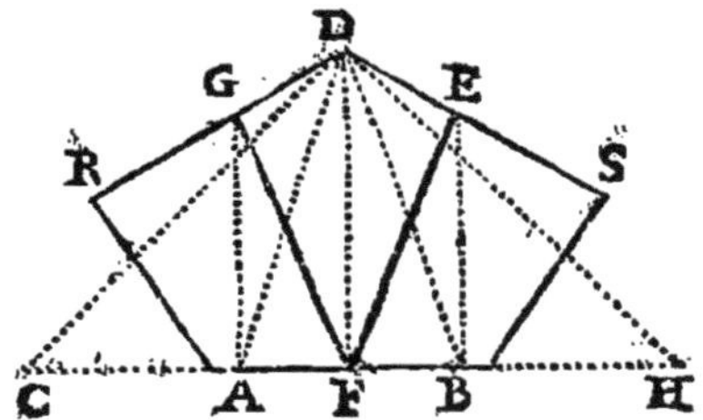

## PROP.  XII.

*Tirer du point G, une ligne qui divise le plan A C F
en deux également.*

**R**Eduisez le plan proposé en triangle B C H
(*par la 25 du 4.*)
  Divisez la base B H en deux au point I, & le
triangle B C I sera moitié du triangle B C H.
  Menez D I, sa parallele C K & la ligne I K, qui
divisera le plan A C en deux également : car mettant le triangle D I K pour son égal D I C, la par-

tie I K D C B I fera égale au triangle B C I.

Tirez G K, fa parallele I L & la ligne G L; puis donnez le triangle G K L pour fon égal G K I.

Tirez G E, fa parallele L M, & la ligne G M; qui fera le partage demandé, en donnant le triangle G E M pour fon égal G E L.

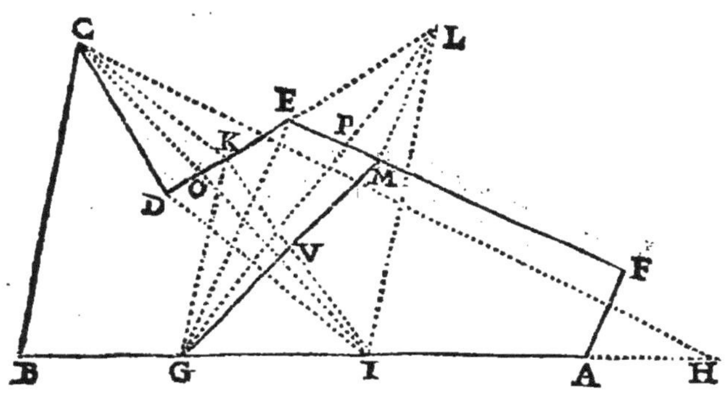

## PROP. XIII.

*Partager le Pentagone A B O en trois parties égales par des lignes tirées du point F, enforte que la ligne A F, faffe une des divifions.*

REduifez le Pentagone en triangle F G H (*par la 21 du 4.*)

Coupez A D, égale à H K tierce partie de la bafe G H; & le triangle A D F, vaudra un tiers du triangle F G H.

Menez F I, fa parallele D E, la ligne E F; & le triangle F I E eftant mis pour fon égal F I D, le quadrilatere A F E I, fera un tiers du Pentagone.

Coupez A L égale à A D, & le triangle A L F fera égal au triangle A D F, tiers du triangle F G H.

Continuez A O vers M: menez L M parallele à A F: & fuppofé la ligne F M, le triangle A F M fera égal au triangle A F L.

Tirez F O, fa parallele M N, la ligne F N , &
donnant le triangle F O N, pour F O M fon égal ;
le quadrilatere A F N O, fera égal au triangle A F L.

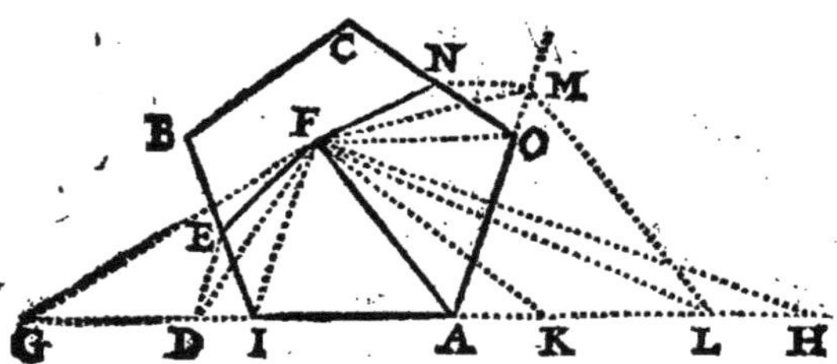

## PROP. XIV.

*Partager en trois parties égales le Pentagone regu-
lier A C E , par des lignes tirées du centre B.*

D Ivifez le contour du Pentagone en trois parties
égales aux points A , L , M , ( *par la 59 du 3.* )
De ces points A , L , M , menez des lignes au centre B, elles feront le partage demandé.

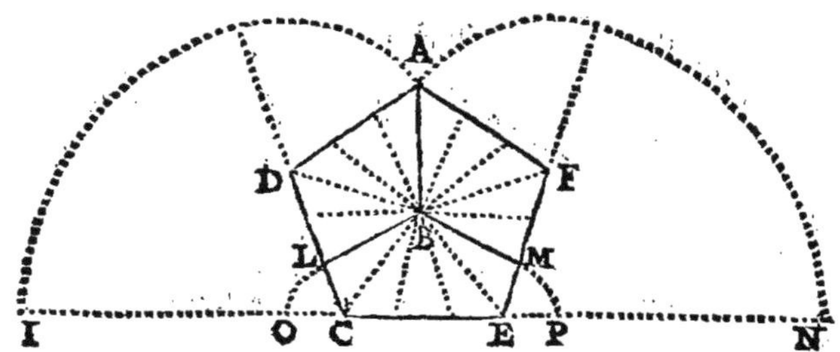

*Que chaque côté du Pentagone foit divifé en trois parties éga-
les ; & que de chacune de ces parties on mene des lignes au centre B : le Poligone fera divifé en 15 petits triangles, qui eſtant
tous de même hauteur feront égaux. Or il eſt évident que les
lignes B A , B L , B M , comprennent entr'elles , trois parties
qui renfermeront chacune cinq de ces petits triangles ; Donc ces
trois parties font égales ( fuivant la 75 du 1. )*

## PROP. XV.

*Diviser le triangle A B C en trois parties, égales, par des lignes menées au point D, pris hors le triangle.*

Divisez le triangle proposé en trois parties éga-les par les lignes C E, C F, (*suivant la* 1.)

Dirigez C E, côté du triangle B C E vers D, (*par la* 36 *du* 4,) & vous aurez le triangle B G H pour le triangle B C E.

Dirigez de même C F, côté du triangle A C F, vers le point D; & vous aurez A I K pour A C F; & G I K C H, pour C E F.

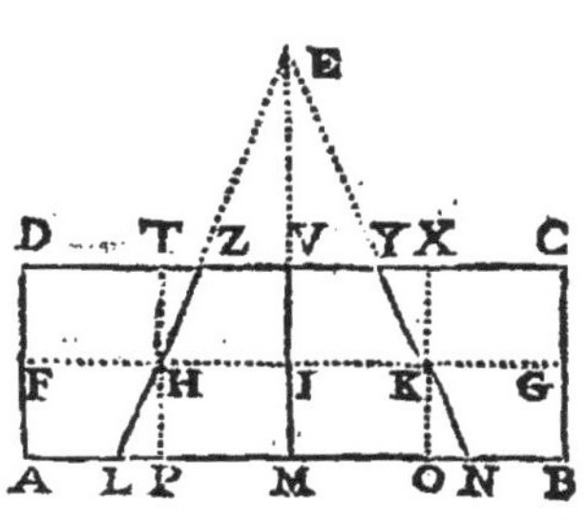

## PROP. XVI.

*Diviser le Parallelogramme B D en quatre parties égales, par des lignes conduites au point E.*

Coupez les côtez A D, B C, chacun en deux également aux points F, G.

Menez F G, & la coupez en quatre parties égales F H I K G.

Tirez les lignes E K N, E I M, E H L; elles feront la division du parallelogramme.

*Supposé les lignes T P, V M, X O, paralleles à A D; elles divisent le parallelogramme B D en quatre autres parallelogrammes égaux B X, O V, M T, P D ( par la 41 du 2,) & mettant le triangle K X Y pour K N O qui luy est égal ( par la 59 du 2, ) le quadrilatere B C Y N est égal au parallelogramme B C X O.*

Par la même raison le quadrilatere M N Y V est égal au parallelogramme M O X V, & ainsi des autres.

PROP.

## PROP. XVII.

*Mener du point F, des lignes qui partagent le Pen-*
*tagone A B D en trois parties égales.*

REduifez le Pentagone en triangle D G H (*par*
*la 15 du 4.*)

Divifez la bafe G H en trois aux points K, L,
& menez D L, D K, lefquelles diviferont le Pentagone en trois parties égales (*fuivant la 5.*)

Continuez les côtez A B, D C en I.

Dirigez D L côté du triangle D L I vers le point
F (*par la 36 du 4,*) c'eft à dire, faites du triangle
D L I, le triangle P O I ayant le côté P O, dirigé
vers F.

Faites de même le triangle A N R, égal au triangle D E K.

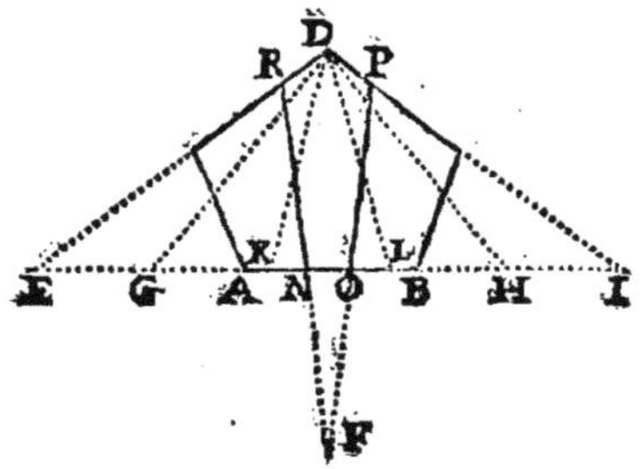


## PROP. XVIII.

*Partager en trois également le triangle A B C, par*
*des lignes tirées aux points D, E, pris dans la*
*bafe A B qui en eft coupée en trois parties inégales.*

DIvifez A B en trois parties égales aux points
N, O, & les lignes C O, C N, diviferont le
triangle A B C en trois triangles égaux C B N,
C N O, C O A.

I

Tirez C D, fa parallele O G, & la ligne D G.

Mettez le triangle G O D pour fon égal G O C, & A D G fera égal au triangle A C O.

Menez C E, fa parallele N H, & la ligne E H.

Mettez le triangle N H E pour fon égal N H C; le triangle A E H, fera égal aux deux triangles A O C, O N C, c'eſt à dire au feul A N C: & le quadrilatere B C H E le fera au troiſiéme triangle B C N (*ſuivant la 5 du 2.*)

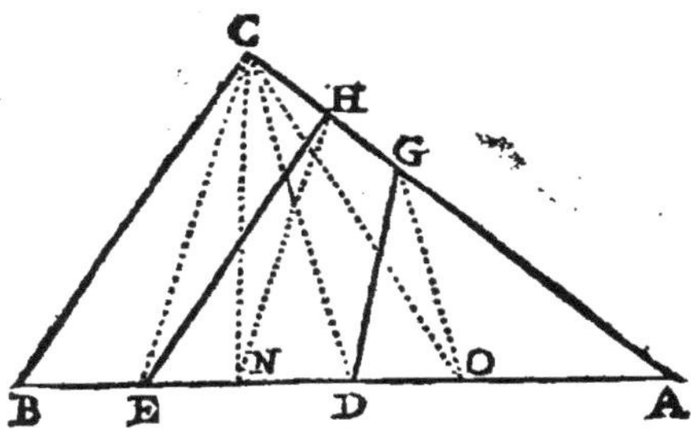

## PROP. XIX.

*Le trapeze A C ayant les côtez oppoſez A B, C D parallcles, eſt donné pour eſtre partagé en trois également par les points E, F, qui diviſent la baſe A B en trois parties égales.*

Iviſez C D comme A B, c'eſt à dire en trois parties égales, puis menez les lignes F H, E G, qui feront le partage demandé ( *par la 49 du 2.* )

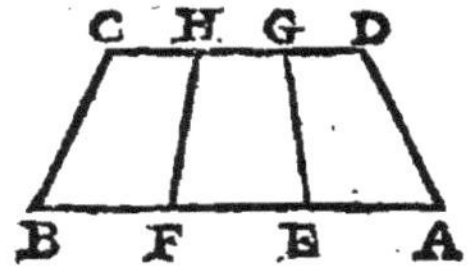

## PROP. XX.

*Le trapeze H K, a les coftez I H , K S , paralle-*
*les ; & on veut le partager en trois parties éga-*
*les par les points L , M , qui divifent inégale-*
*ment la bafe H I.*

Coupez les côtez paralleles H I, K S, chacun
en trois également aux points D, N ; R O ; &
les lignes D R, N O, diviferont le trapeze propofé en trois quadrilateres égaux I K D R, R D N O,
O N S H ( *par la precedente.* )

Menez D M, fa parallele R T, & donnant le
triangle D M T pour fon égal D M R, la ligne
M T coupera le quadrilatere I M T K égal au quadrilatere I R D K.

Menez L N, fa parallele O P, la ligne L P, qui
coupera le quadrilatere I L P K , égal au quadrilatere I O N K : & L P S H reftera égal au quadrilatere O N S H ( *fuivant la 5 du 2.* )

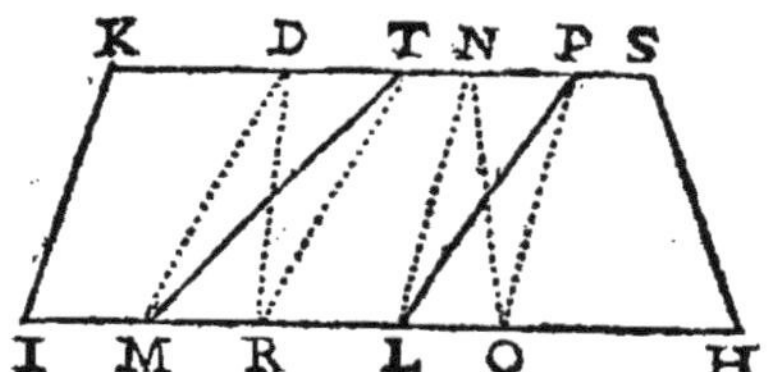

## PROP. XXI.

*Des points D & C , pris comme on voudra dans la*
*bafe A I, partager le quadrilatere A B*
*en trois parties égales.*

Reduifez le quadrilatere propofé en triangle
A E F ( *par la 7 du 4.* )

Coupez la bafe A F en trois parties égales F V G A: les lignes E G, E V diviſeront le triangle A E F en trois triangles égaux.

Menez C E, ſa parallele G H, la ligne C H; & le triangle C E H eſtant mis pour ſon égal C E G, le quadrilatere A C H E ſera égal au triangle A G E.

Tirez D E, ſa parallele V T, la ligne D T.

Donnez le triangle D E T pour ſon égal D E V, le quadrilatere A D T E, ſera égal au triangle A E V: Et le quadrilatere D I B T, le ſera au triangle E F V (*par la 5 du 2.*)

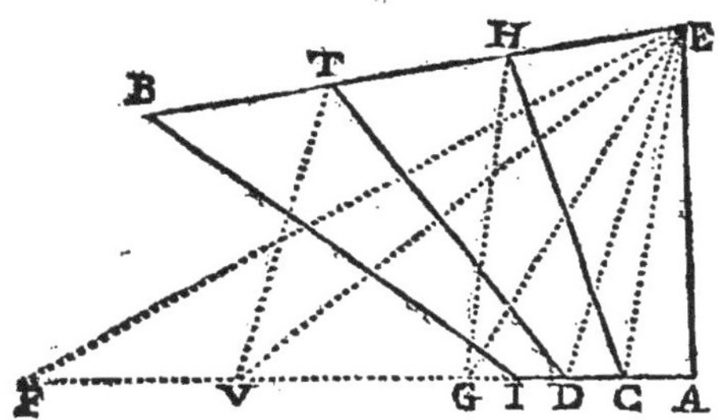

## PROP. XXII.

*Diviſer du point D, le plan B V en deux parties qui ſoient entr'elles comme les deux parties de la ligne R S.*

REduiſez le plan B V, en triangle B C K (*par la 19 du 4.*)

Coupez B K en M, comme R S eſt coupée en E (*par la 48 du 3.*)

Tirez C M, & les triangles B C M, M C K, ſeront entr'eux comme leurs baſes; c'eſt à dire comme les parties de la ligne R S. (*ſuivant la 74 du 2.*)

Continuez le côté C P, vers O.

Menez C D, ſa parallele M O, la ligne D O,

& mettez le triangle C D O pour son égal C D M.

Menez D P, sa parallele O I, & la ligne D I qui fera le partage demandé : car le triangle D P I estant donné pour son égal D P O, la partie B I sera égale au triangle B C M ; & la partie D V le sera au triangle M C K ( *par la 5 du 2.* )

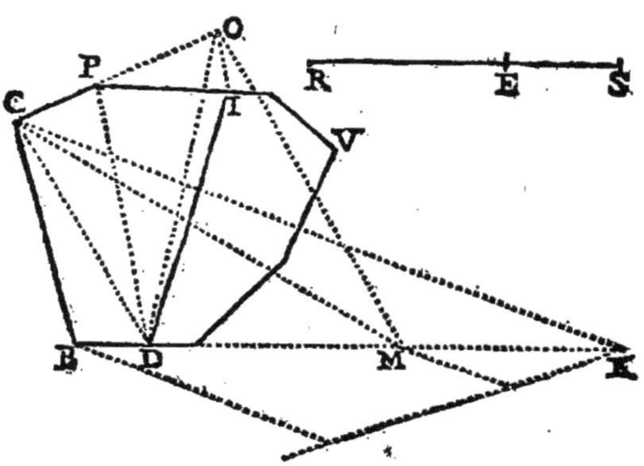

## PROP. XXIII.

*Partager le plan C F, en trois parties égales sur les trois parties égales A I L B.*

P Rolongez de part & d'autre le côté D E, qui est parallele à la base A B.

Réduisez le plan C F en quadrilatere G A B H.

Divisez G H, en trois parties égales G N O H.

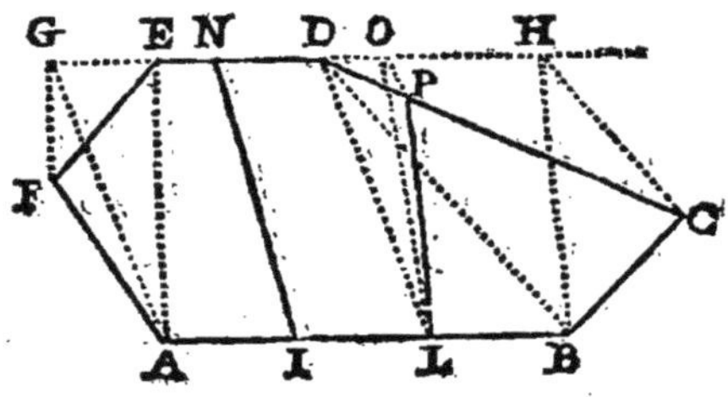

Menez des lignes IN, LO, qui diviſeront le quadrilatere ABGH en trois quadrilateres égaux, GAIN, NILO, OLBH ( *ſuivant la 49 du 2.* )

Menez DL, ſa parallele OP, & les lignes IN, LP, feront le partage demandé.

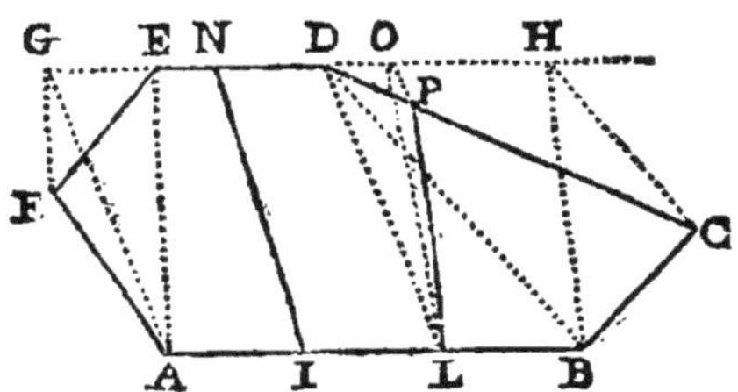

*Le trapeze EAIN eſtant commun aux deux triangles é-gaux AEG, AEF; la premiere partie AINEF, eſt égale au quadrilatere AING.*

*De même. Le trapeze ILDN eſtant joint aux deux trian-gles égaux LDP, LDO; la ſeconde partie ILPDN eſt é-gale au quadrilatere ILON: & ( par la 5 du 2, ) la trei-ſiéme partie LBCP, eſt égale au quadrilatere LBHO.*

## PROP. XXIV.

*Partager le plan CF, en deux parties qui ſoient en-tr'elles comme les parties AN, NB, de la baſe AB.*

**M**Enez par le point E, la ligne OH, paralle-le à AB.

Réduiſez le plan propoſé CF en trapeze ABHO.

Prolongez HB, OA, juſqu'à leur rencontre en P.

Du point P, menez PNI, qui diviſera OH en I, comme AB l'eſt en N, *ſuivant la 46 du 3:* ) & les quadrilateres ANIO, BNIH, feront entre eux comme leurs baſes AN, BN, *ſuivant la 49 du 2.* )

Tirez **EN**, fa parallele **IL** puis **LN**, qui fera
le partage demandé.

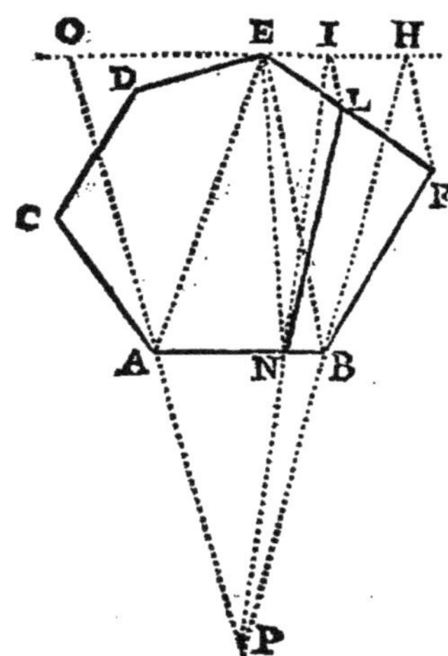

*Si on ajoûte aux triangles
égaux B EH , B EF , le commun B E N ; les quadrilateres
B N EH , B N EF , feront é-
gaux : defquels ôtant les triangles égaux E N I , E N L , ſçavoir E N I , du quadrilatere
B N EH ; & E N L du quadrilatere B N EF ; le quadrilatere
B N LF , reſtera égal au quadrilatere B N I H : Et le pldn
prpofé C F , eſtant égal au trapeze A B O H ; ſa partie N L C,
reſtera auſſi égale au quadrilatere A N I O Donc la ligne N L
partage le plan C F , comme
N I partage le trapeze A B O H,
ſçavoir en deux parties qui ſont*
entr'elles, comme leurs baſes AN , BN.*

### PROP. XXV.

*Partager le triangle A B C en trois parties égales,
par dès lignes paralleles au coſté A C.*

**D**Ivifez A B , en trois parties égales A E D B,
& les lignes C E, C D , diviſeront le triangle A B C en trois triangles égaux.

Décrivez le demicercle A G B.

Elevez les perpendiculaires E H , D G.

Du point B , décri-
vez les arcs H P , C R.

Menez les paralleles
demandées, P F , R V.

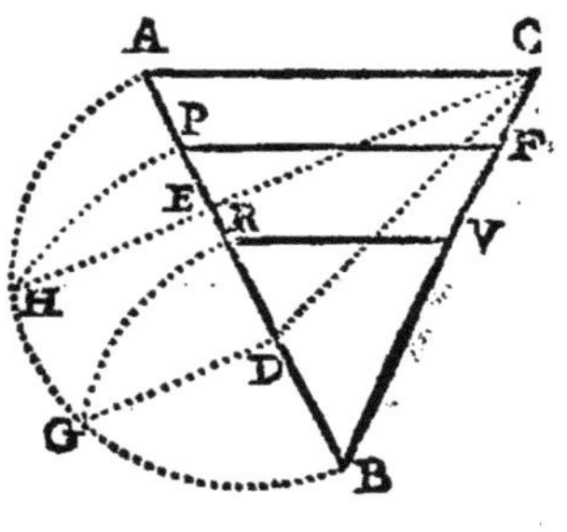

*Le triangle A B C eſt divi-
ſé en trois triangles égaux par
les lignes C E , C D ; le triangle B P F eſt égal à B C E ;
& B R V , l'eſt à B C D ;
( par la 33 du 4. )*

## PROP. XXVI.

*Partager le parallelogramme A C en trois parties éga-*
*les, par des lignes parallelés aux*
*coftez A D, B C.*

Oupez les côtez C D, A B, chacun en trois
parties égales aux points E,
F; G, H.

Menez les lignes E G , F H,
elles feront le partage demandé
( *fuivant la* 41 *du* 2. )

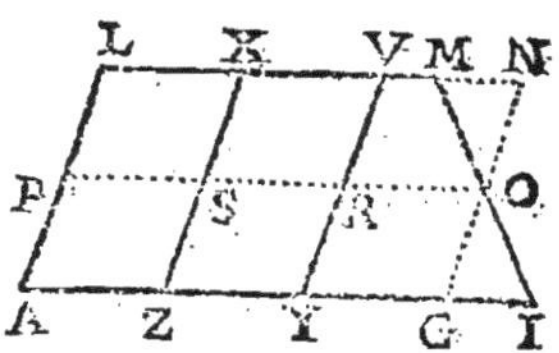


## PROP. XXVII.

*Divifer le trapeze regulier A I M L , en trois par-*
*ties égales par des lignes ou coupures*
*parallelés au cofté A L.*

Ivifez les côtez A L, I M , chacun en deux
également, aux points O P.

Menez O P. & la coupez en trois parties égales,
P, S, R, O.

Tirez par les points S, R, les paralleles demandées X Z, V Y.



*Suppofé la ligne N O G parallele à V Y. Les parallelogram-*
*mes A X , Z V , Y N , font égaux ( par la* 41 *du* 2. *) Le trian-*
*gle G I O eft égal au triangle M N O ( par la* 59 *du* 2; *) ainfi*
*mettant l'un pour l'autre, le trapeze I Y V M , eft égal au pa-*
*rallelogramme N V Y G.*

## PROP. XXVIII.

*Diviſer le quadrilatere ABCD en deux parties*
*égales, par une ligne parallele au coſté BD.*

Continuez les côtez A B, C D, juſqu'en E.
Réduiſez le quadrilatere propoſé en trian-
gle B D F ( par la 7 du 4. )
Coupez la baſe B F en deux également en G.
Coupez E I, moyenne proportionnelle entre E G,
E B ( par la 52 du 3. )
Menez I L parallele à B D, elle coupera le qua-
drilatere propoſé en deux également.

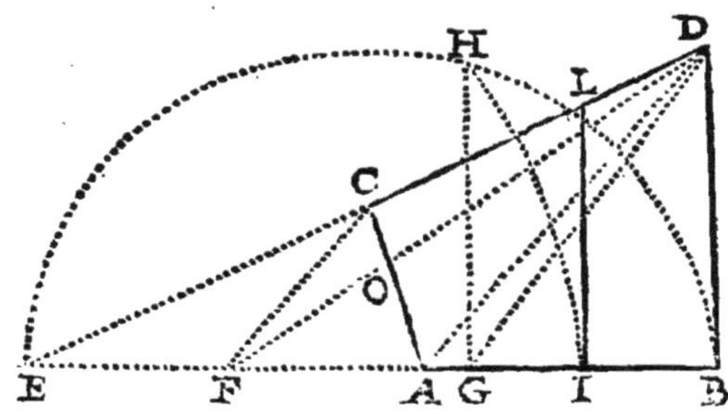

Les triangles A D F, A D C ſont égaux; deſquels ſi on re-
tranche le commun A D O, les triangles D O C, A F O reſtent
égaux : & joignant à ces triangles égaux le quadrilatere
C E F O ; le triangle A C E, eſt égal au triangle D E F ( par
la 4 du 2. )
Les lignes E G, E I, E B, ſont proportionnelles ; & les triangles E G D, E B D, ſont de hauteur égale : donc le triangle
I L E qui eſt ſemblable au triangle B E D ( ſuivant la 57 du 2 )
eſt égal au triangle D E G ( par la 67 du 2. )
Or ôtant de ces triangles égaux E G D, E I L ; les égaux,
ſçavoir D E F, du triangle E G D ; & A C E du triangle E I L:
reſte A C L I, égal à D F G, moitié du triangle B D F ; lequel
eſt fait égal au quadrilatere B C. Donc, &c.

## PROP. XXIX.

*Partager le quadrilatere A C en deux également, par une ligne qui soit parallele au costé B C.*

REduisez le quadrilatere proposé en triangle A D F.

Divisez A F en deux parties égales au point G, & menez D G.

Prolongez les côtez A B, D C, en E.

Menez G I parallele à B C.

Coupez E L, moyenne proportionnelle entre E I, E D ( *par la 52 du 3.* )

Menez la demandée L M parallele à B C.

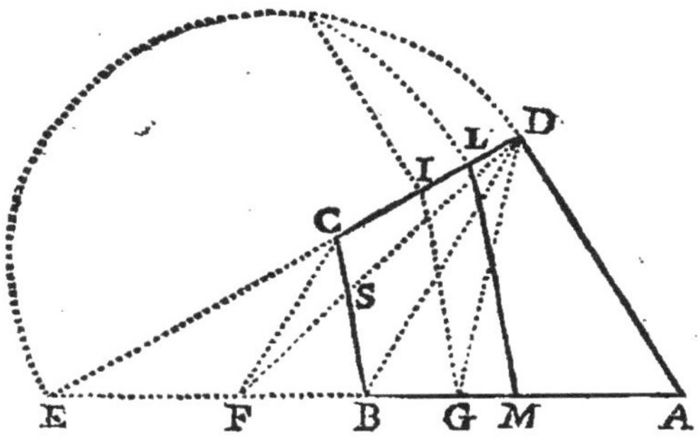

*Les triangles D E G, I E G, eu égard à leurs bases D E, E I; sont de même hauteur. Le triangle E L M est semblable à G E I: donc il est égal à D E G ( par la 67 du 2. )*

*Le triangle B D F est fait égal au triangle B D C; donc S C D, B F S sont égaux: ausquels le quadrilatere C E F S estant joint, D E F est égal à B C E: Et retranchant D E F, de D E G; & B C E de E L M; reste B C L M égal au triangle D F G.*

*Le triangle A F D est fait égal au quadrilatere A C; D F G est moitié d'A F D: Donc B C L M qui est égal à D F G, est moitié du quadrilatere A C.*

## PROP. XXX.

*Partager l'Exagone regulier A D en quatre parties
égales par des lignes parallèles à la diagonale C F.*

**D**Ivisez les trapezes A B C F , C D E F , chacun en deux parties égales ( *par la 28.* )

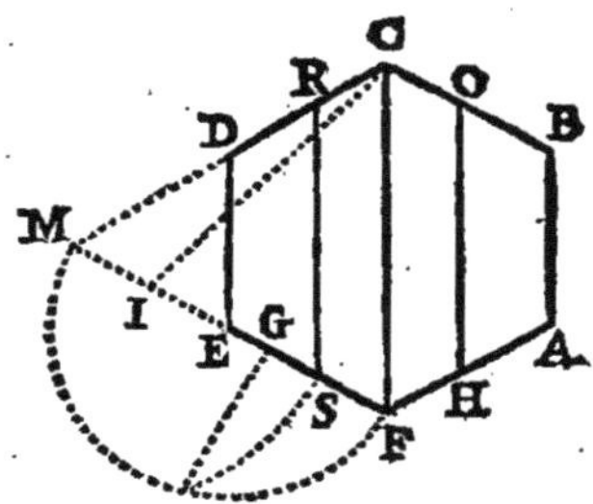

## PROP. XXXI.

*Partager l'Exagone A B D , en trois parties égales
qui soient concentriques.*

**D**U centre G , menez des rayons à tous les angles de l'exagone.

Coupez un de ces rayons, par exemple A G, en trois parties égales A I H G.

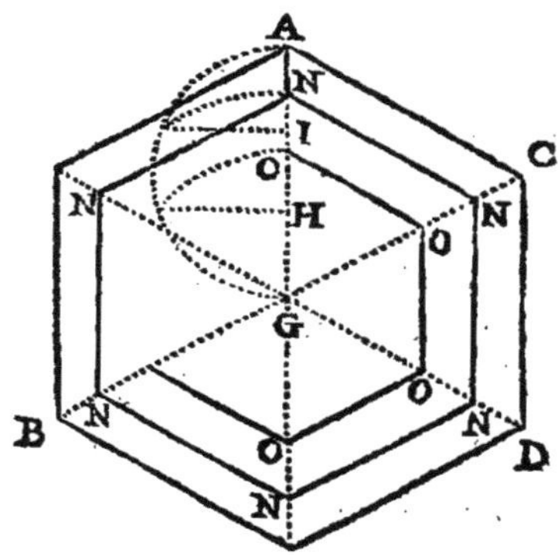

Coupez N G , moyenne proportionnelle entre G A, & G I.

Coupez aussi G O, moyenne proportionnelle entre G A & G H ( *par la 52 du 3.* )

Menez de rayon en rayon, les paralleles N N N, O O O, qui feront le partage demandé.

*Les paralleles N N , O O , divifent le triangle A G C ; en trois parties égales ( par la 25 : ) & les autres triangles font divifez de même ( fuivant la 51 du 2. ) Donc ( par la 4 du 3 ) l'Exagone eft partagé en trois parties égales.*

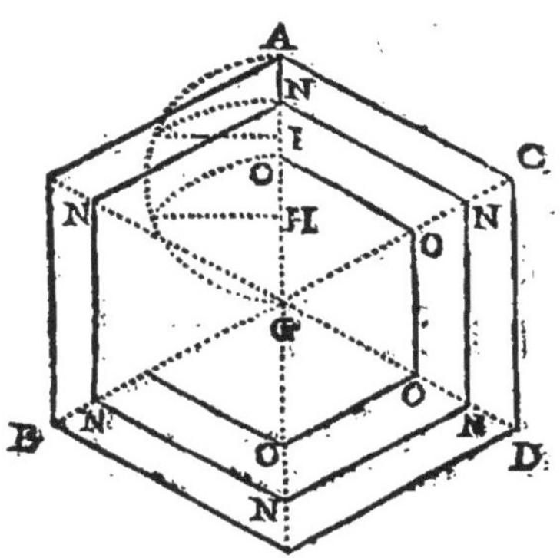

## PROP. XXXII.

*Du quarré AC, en faire trois qui foient égaux entr'eux.*

Ivifez C D en trois parties égales D E F C. Décrivez le demicercle D N C.

De la premiere divifion E , élevez la perpendiculaire E N ; & le quarré de D N fera égal au rectangle A E ( *par la 45 du 2 ;* ) lequel rectangle faifant un tiers du quarré A C, trois quarrez comme L N, feront égaux pris enfemble au même quarré A C.

La même chofe doit s'entendre de tous autres plans ( *fuivant la 71 du 2 :* ) ainfi l'Exagone O , vaut

un tiers de l'Exagone P ; & le cercle X est triple
du cercle V.

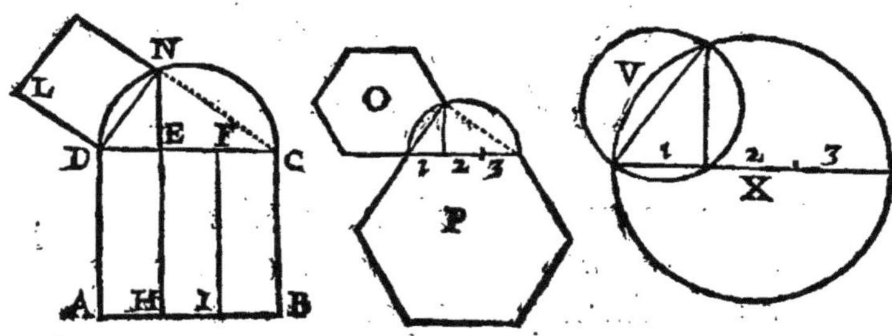

## PROP. XXXIII.

*Du quarré A C, en faire trois autres qui soient entr'eux
comme les rectangles A E, R F, V C.*

DEcrivez le demicercle D O C.
Elevez la perpendiculaire E H, & D H sera
le côté d'un quarré égal au premier rectangle ( *suivant la precedente.*)

Coupez D I, égale à E F ; & supposé la perpendiculaire I N, la ligne D N sera le côté d'un quarré
égal au rectangle R F.

Coupez *de même*, D L égale à C F. Elevez la perpendiculaire L O, & D O sera le côté d'un quarré
égal au troisiéme rectangle C V.

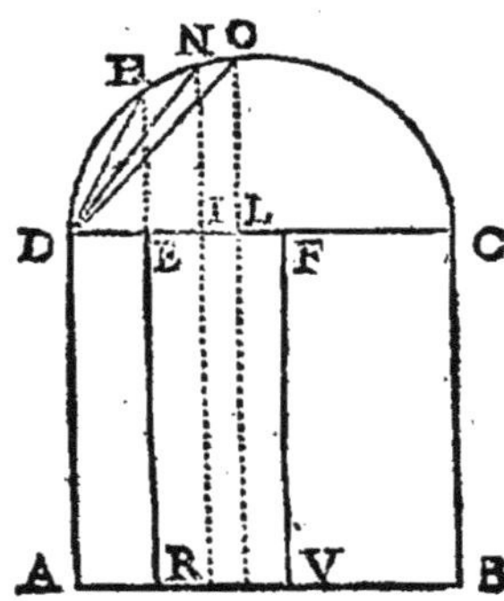

## CHAPITRE SIXIE'ME.

*Comme on peut assembler les Plans, les retrancher les uns des autres, & les aggrandir ou diminuer selon quelque quantité proposée.*

---

## PROPOSITION I.

*Décrire un triangle égal aux trois plans A, B, C.*

MEnez F L parallele à la ligne D M.
Faites le triangle G H I, égal au plan B (*par la 23 du 4.*)

Faites aussi le triangle K L M égal au plan C.

Tirez P S; & coupez P R, R T, T S, égales aux bases D E, G I, K M.

Elevez la perpendiculaire P V égale à la perpendiculaire N O.

Tirez S V, & le triangle P S V sera égal aux trois plans proposez.

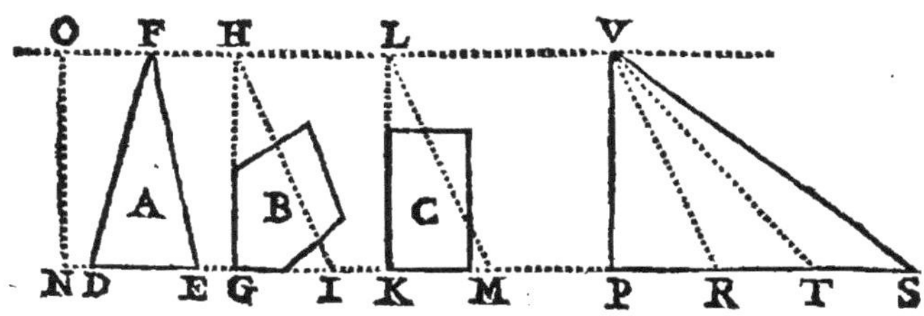

## PROP. II.

*Assembler plusieurs plans rectilignes & semblables
A, B, C, D ; en un seul qui leur soit
aussi semblable.*

Tirez E F égale à la base du premier plan A.
Abaissez la perpendiculaire F G égale à la base
du deuxiéme plan B , & la ligne E G sera le côté
d'un semblable plan, égal aux deux A & B, (*suivant la 71 du 2.* )

Elevez sur E G, la perpendiculaire G H, égale à
la base du troisiéme plan C, & E H, sera le côté
d'un plan égal aux trois A , B , C.

Elevez enfin sur E H, la perpendiculaire H I, &
E I sera le côté du Poligone ou plan demandé O.

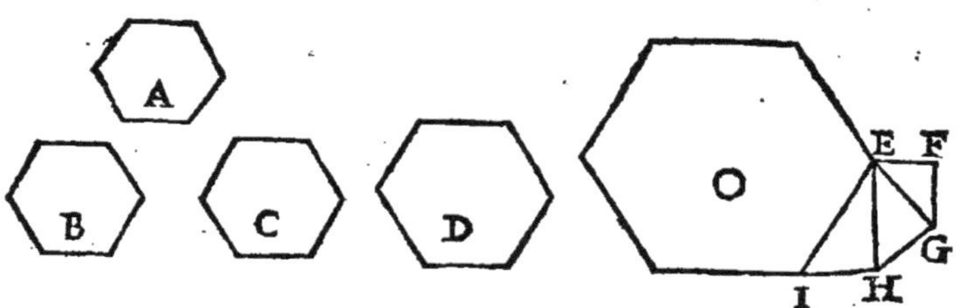


## PROP. III.

*Décrire un cercle égal aux trois cercles A , B , C.*

Tirez la ligne E F, égale au diametre A.
Elevez la perpendiculaire F G, égale au diametre B, puis menez E G.

Élevez G H perpendiculaire fur E G, & la coûpez égale au diametre C.

Le cercle décrit fur le diametre E H fera égal aux trois propofez ( *fuivant la precedente.* )

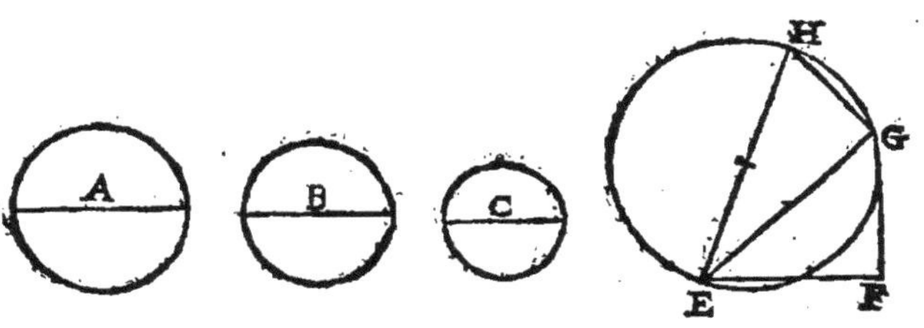

## PROP. IV.

*Retrancher du triangle A B C , une partie égale au Pentagone D.*

**M**Enez C I parallele à la bafe A H.
Réduifez le Pentagone D en triangle E H I ( *par la 23 du 4.* )
Coupez A N égale à la bafe E H & menez C N.
Le triangle A C N fera la partie retranchée égale au Pentagone D.

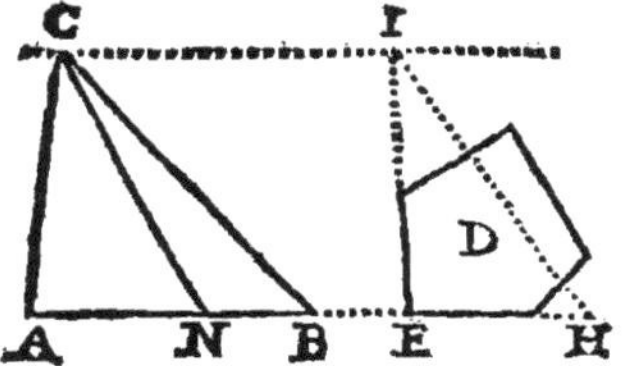

## PROP. V.

*Ofter du Plan A E B , une partie égale au triangle A F G.*

**C**Ontinuez le côté C B vers I, & C D vers M.
Menez B F , fa parallele G I , la ligne F I ,
& le

& le triangle FBI fera égal au triangle FBG.

Tirez CF, fa parallele IM, la ligne FM, & le triangle FCM, fera égal au triangle FCI.

Menez enfin DF, fa parallele MN ; & mettant le triangle FDN, pour fon égal FDM; la ligne FN retranchera la partie demandée AN égale au triangle AFG.

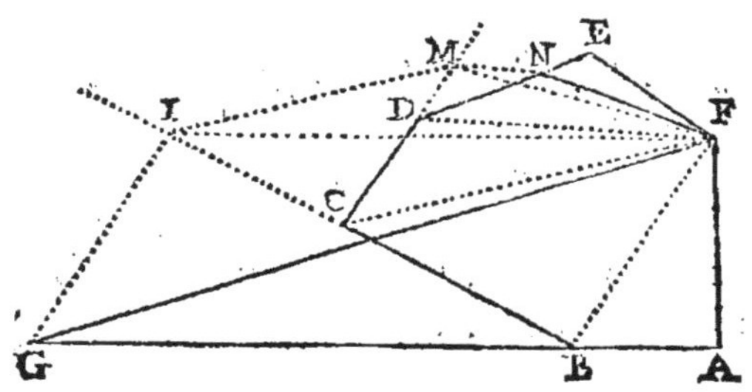

## PROP.   VI.

Réduire une figure en petit.

*On veut décrire fur la bafe AF, une figure comme la proposée BM.*

**D**U point A, tirez les rayons AE, AD, AC. Menez FG parallele à BC; GH parallele à CD, &c. ( *Voyez la 57 du 2.* )

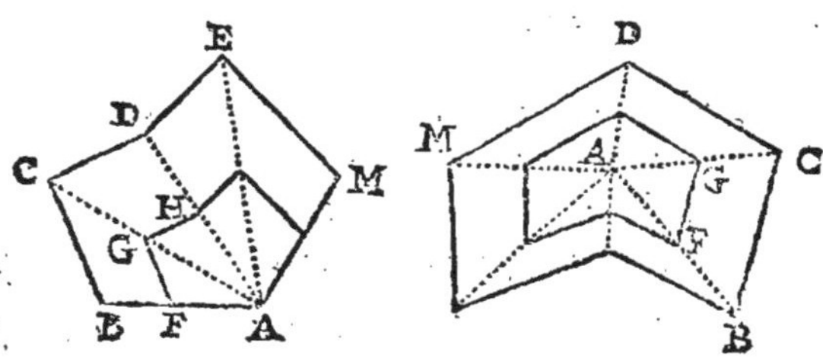

K

## PROP.   VII.

*Décrire sur la base G H, une figure semblable à la figure A D.*

Faites un triangle isocele L R K ayant les côtez R L, R K, égaux à la base A B ; & L K égal à la base G H.

Prolongez les côtez égaux R L, R K.

De l'angle R & de l'intervale A F, décrivez O P, & la corde O P sera la longueur du côté G Y.

Du point R & de l'intervale B F, décrivez S T ; & la corde S T, fera la longueur de la souftendante H Y : ainsi du reste.

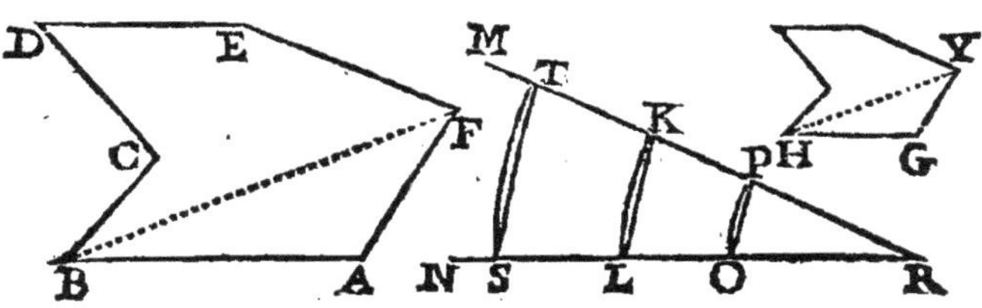

*Les triangles R O P, R L K, R S T, sont semblables ( par la 58 du 2. ) Ainsi, comme R L à L K ; ou leurs égales, A B à G H ; R O à O P ou leurs égales A F à G Y: Et comme R O à O P ou leurs égales, A F à G Y ; R S à S T, ou leurs égales B F à H Y. Donc les triangles A B F, G H Y sont semblables ( suivant la 55 du 2. )*

*Il faut observer qu'encore que cette pratique soit particulierement pour reduire une figure de grand en petit sur une base proposée, neanmoins elle peut aussi servir à reduire une figure de petit en grand, pourvû que la base proposée n'aille pas au delà du double de son homologue.*

## PROP. VIII.

*Décrire un Poligone semblable au Poligone AH,
mais plus petit de moitié, c'est à dire,
contenant la moitié moins d'aire.*

Coupez A B en deux au point C.
Continuez A B, & coupez A D égale à A C.
Elevez A E moyenne proportionnelle entre A D
& A B. *(par la 51 du 3.)*
Tirez la base F G égale à la moyenne A E.
Faites le Poligone demandé F G I *(par la prece-
dente.)*

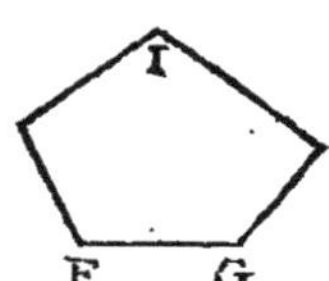

Les Poligones H, I, estant semblables, ils sont en raison doublée de leurs côtez homologues A B, F G; c'est à dire, que le
Poligone H est au Poligone I, comme la base A B à la troisiéme proportionnelle A D ( par la 69 du 2 : ) A B est double
de A D, donc le Poligone H est double du poligone I; ou ce
qui est même chose, le Poligone I, est moitié du Poligone H.

## PROP. IX.

*Diminuer le quarré B D de la valeur du plan E.*

Reduisez le quarré proposé en triangle A C F
*( par la 2 du 4. )*

K ij

Réduifez auffi le plan E en triangle G H I de la hauteur du triangle A C F ( *par la 23 du 4.* )

Coupez la bafe F K égale à la bafe G H , & tirez C K qui donnera le triangle C F K égal au plan E.

Du triangle reftant A C K , faites le parallelogramme A L ( *par la 6 du 4.* )

Du parallelogramme A L , faites le quarré A O ( *par la 28 du 4 ,* ) & le gnomon C O B retranché du quarré A D fera égal au plan E.

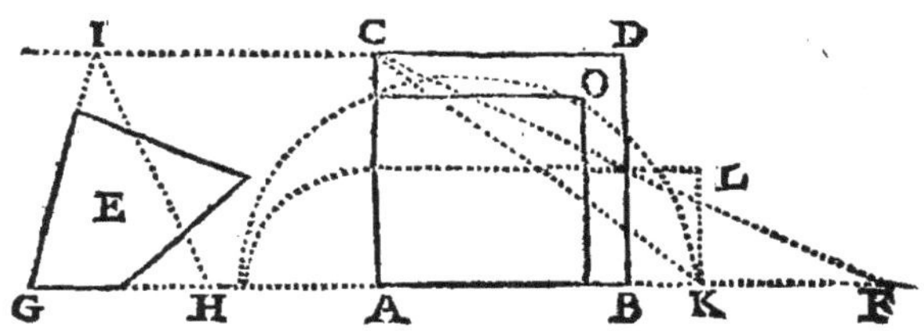

## PROP. X.

*Retrancher du Pentagone irregulier A B D , un autre Pentagone femblable, la difference des deux reftant égale au plan G.*

Faites le triangle B C F , égal au Pentagone A B D ( *par la 19 du 4.* )

Faites auffi le triangle F C K égal au plan G ( *par la 23 du 4.* )

Coupez B O , moyenne proportionnelle entre B K & B F ( *par la 52 du 3.* )

Menez O N , parallele à C F.

Décrivez fur B N un Pentagone N R femblable au propofé A C ( *par la 6 ,* ) & la difference des deux Pentagones fera égale au plan G.

*Les bafes B F , B O , B K font proportionnelles : ainfi le triangle B N O femblable au triangle B C F ( par la 57 du 2 , ) eft égal au triangle B C K ) par la 67 du 2. )*

*Les triangles femblables B N O , B C F font en raifon dou-*

*blée de leurs côtez homologues B N, B C ; & les Pentagones
semblables R N H, A C E, sont aussi en raison doublée des
mêmes côtez B N, B C ( suivant la 69 du 2.) Donc comme
le triangle B C F est au triangle B N O, le Pentagone A C E
est au Pentagone R N H ; & par échange, le triangle B N O
est au Pentagone R N H, comme le triangle B C F est au Pentagone A C E. Le triangle B C F est fait égal au Pentagone
A C E, donc le triangle B N O est égal au Pentagone R N H.*

*Le triangle B N O est prouvé égal au triangle B C K ; donc
le pentagone R N H est égal au triangle B C K. Et puisque le
triangle B C F est égal au Pentagone A C E, la difference des
deux pentagones est égale au triangle K C F, lequel est fait
égal au plan G.*

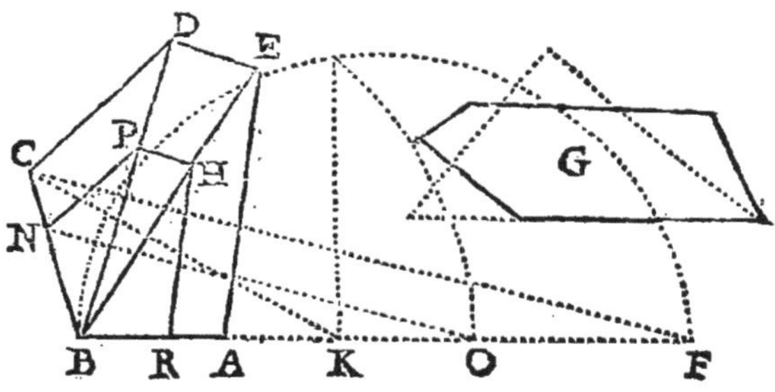

## PROP. XI.

Réduire une figure en grand.

*Doubler & quadrupler le quarré B D.*

PRolongez A D, A C, A B ; & du point A, décrivez l'arc C E.

Faites le quarré E G , il sera double du quarré
B D.

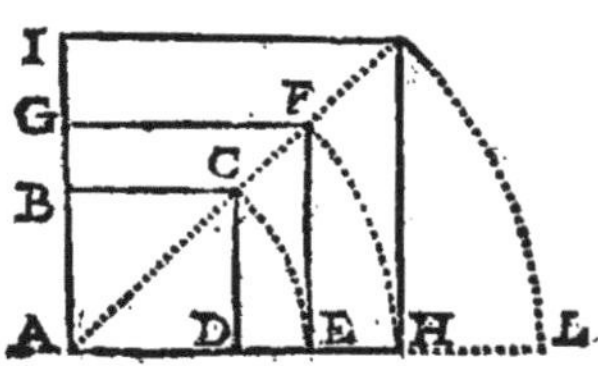

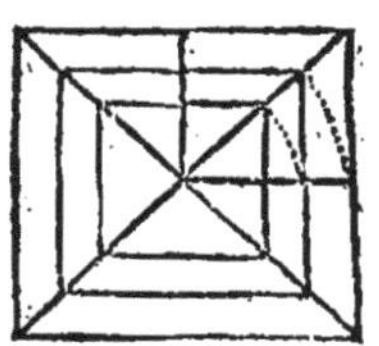

Du point A décrivez encore l'arc F H , le quarré
H I fera double du quarré G E , & quadruple du
propofé B D.

*L'angle D , eftant droit & les côtez A D , D C égaux ; le
quarré de A C ou d'A E fon égal , c'eft à dire E G ; eft double du quarré B D ( par la 46 du 2. )*

*Par la même raifon, le quarré H I eft double du quarré E G,
& par confequent quadruple du quarré B D.*

*Que fi on faifoit un quarré fur la bafe A L , il feroit dou-
ble du quarré H I , quadruple du quarré G E , & octuple du
quarré B D.*

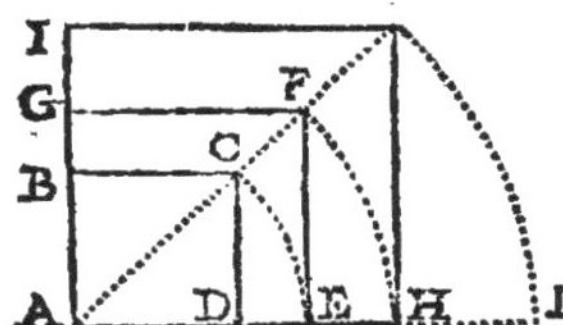 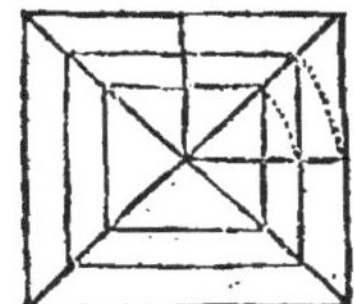

# PROP. XII.

*Doubler , tripler & quadrupler le Plan B C.*

PRolongez A B vers M , & tirez les rayons
A D N , A C E.

Abaiffez la perpendiculaire B R égale à A B.

Du point A , décrivez l'arc R H.

Faites fur A H , le pentagone H K , femblable au
propofé ( *par la 6.* )

Tirez R V parallele à B G , & coupez R S égale
à B H.

Du point A , décrivez l'arc S O.

Faites fur A O , le pentagone O Q , &c.

*Les lignes A B , B R font égales , & font un angle droit.
Donc le pentagone fait fur A R ou A H fon égale , eft double
du pentagone B C ( fuivant la 71 du 2. )*

*La ligne H S eft égale à la bafe A B , & A H eft la bafe
d'un pentagone double : A S ou fon égale A O eft la bafe d'un*

*pentagône égal aux deux pentagones* BC , H K , ( *par la 7.*
*du 2 ; ) Donc le pentagone* O Q , *est triple du proposé* B C.

*Par la même raison , le pentagone* M E *est quadruple, &*
*celuy qui sera fait sur la base* A G *sera quintuple.*

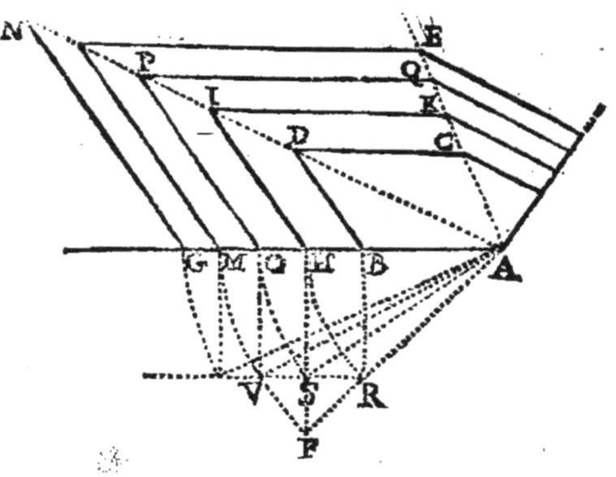

## PROP. XIII.

*Multiplier le cercle* B C D *autant qu'on voudra.*

Continuez le rayon A C hors le cercle.
Abaissez la perpendiculaire C H , égale à A C.
Du centre A , décrivez le cercle H L K , il sera
double du donné B C D ( *par la precedente.* )

Menez H O parallele à C G , puis coupez H M
égale à C L.

Du centre A , décrivez le cercle M , il sera triple
du proposé , & le suivant sera quadruple.

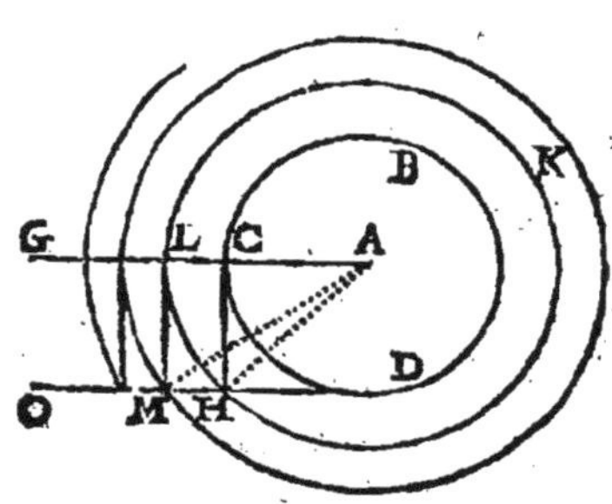

## PROP. XIV.

*Décrire un Poligone qui ſoit au Poligone H, en raiſon de 3 à 2.*

Coupez la baſe O R en deux parties égales, & en donnez trois à R S.

Trouvez R T, moyenne proportionnelle entre O R, & R S.

Tirez M N égale à R T, elle ſera la baſe du Poligone demandé. ( *Voyez la* 8. )

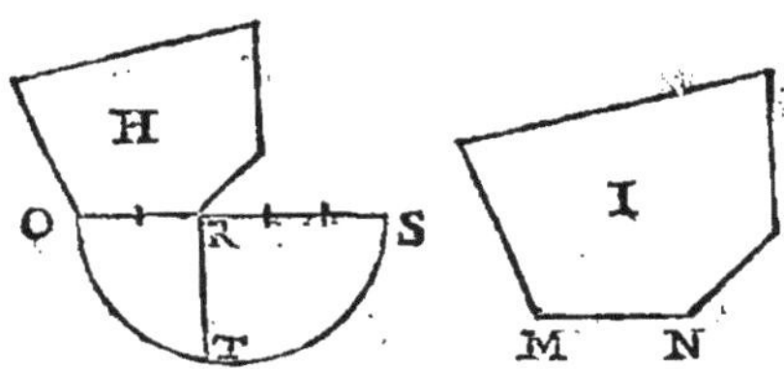

## PROP. XV.

*Décrire ſur la baſe E F, une figure ſemblable à la figure A C.*

Faites comme il vous plaira l'angle I G H.

Coupez G L égale à la baſe A B, G M égale à la baſe E F, puis tirez L M.

Coupez G N égale à A D, menez N O parallele à L M, & G O ſera la longueur du côté E P.

Ayant auſſi coupé G I égale à B D, & mené la parallele I H ; G H ſera la longueur de la ſouſtendante F P. Ainſi du reſte.

*Les lignes I H, L M, N O eſtant paralleles ; G H eſt coupée en O, M, comme G I eſt coupée en N L : ainſi les lignes G N, G L, G I ; qui ſont coupées égales aux trois côtez du triangle A B D, ſont entr'elles comme les lignes G O, G M,*

GH ; ausquelles les côtez du triangle E F P sont coupez é-
gaux. Donc le triangle E F P a ses côtez proportionnels à ceux
du triangle A D B : & par consequent les deux triangles E F P,
A B D sont semblables.

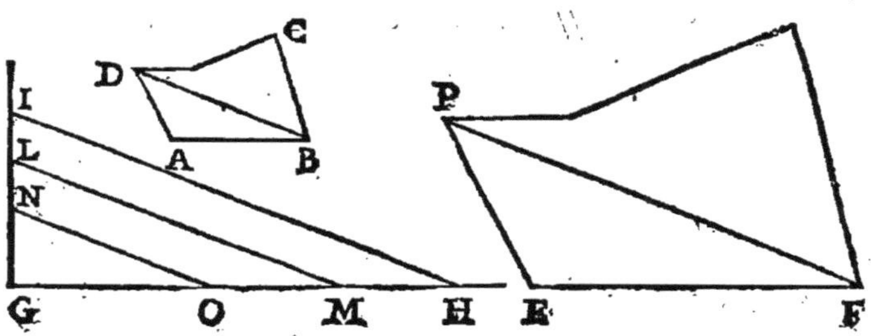

## CHAPITRE SEPTIE'ME.

## Du Toifé des Plans.

*D*Ans ce Chapitre, l'on enfeigne à mefurer les Plans ; & la mefure qu'on y employe, eft la Toife.

La Toife a fix pieds de Roy de longueur, le Pied de Roy 12 pouces, & le pouce 12 lignes.

Lorfque la toife eft multipliée par elle même, elle produit une toife quarrée.

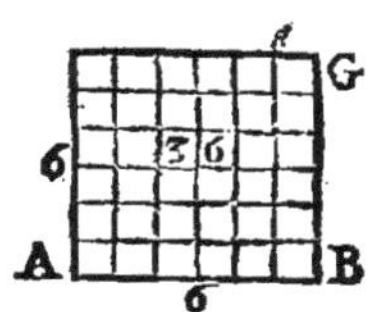


On voit que le quarré *A G* qui contient 36 petites fuperficies quarrées, eft le produit de la ligne *A B* multipliée par elle-même ; ou par fon égale *B G* ; c'eft à dire 6 par 6 : & que fi *A B* eftoit de 12 parties égales, le quarré *A G*, comprendroit 144 petits quarrez égaux qui feroient le produit de 12, multipliez par 12. Ainfi

La toife quarrée a 36 pieds quarrez ; le pied quarré 144 pouces quarrez ; & le pouce quarré, 144 lignes quarrées.

Les grands terrains fe mefurent par Perches & par Arpents ; & alors cette partie de la Geometrie eft appellée Arpentage.

La Perche eft plus ou moins grande felon les lieux. Dans la Prevofté de Paris elle eft de trois toifes, & dix perches font l'arpent.

La perche quarrée contient 9 toifes quarrées, & l'arpent quarré, 100 perches quarrées.

## OBSERVATIONS.

*Des toises multipliées par des toises, produisent des toises quarrées.*

*Des pieds multipliez par des pieds, produisent des pieds quarrez : & la même chose doit s'entendre des pouces & des lignes.*

*Des toises multipliées par des pieds, produisent des pieds courant sur toises : c'est à dire, des rectangles qui ont une toise de longueur & un pied de largeur.*

*Des toises multipliées par des pouces, produisent des pouces courant sur toises, c'est à dire, des rectangles d'une toise de longueur & d'un pouce de largeur. Comme des toises multipliées par des lignes produisent des rectangles d'une toise de longueur & d'une ligne de largeur.*

*Des pieds multipliez par des pouces, produisent des pouces sur pieds : c'est à dire, des rectangles d'un pied de longueur, & d'un pouce de largeur.*

*Des pieds multipliez par des lignes, produisent des lignes sur pieds, qui sont des rectangles d'un pied de longueur & d'une ligne de largeur.*

*Des pouces multipliez par des lignes, produisent des lignes sur pouces, qui sont des rectangles d'un pouce de longueur, & d'une ligne de largeur.*

*Six pieds sur toise font une toise quarrée.*

*Douze pouces sur toise font un pied sur toise.*

*Douze lignes sur toise font un pouce sur toise.*

*Douze pouces sur pied font un pied quarré.*

*Douze lignes sur pied font un pouce sur pied.*

*Douze lignes sur pouce font un pouce quarré.*

*Six pieds quarrez font un pied sur toise.*

*Douces pouces quarrez font un pouce sur pied.*

*Douze lignes quarrées font une ligne sur pouce.*

## PROPOSITION I.

*Mesurer l'aire du rectangle A C.*

Toisez la longueur A B & la largeur A D, & supposé que l'une se trouve estre de 12 toises & l'autre de 6. Multipliez 12 par 6, le produit 72 toises quarrées, sera l'aire du rectangle.

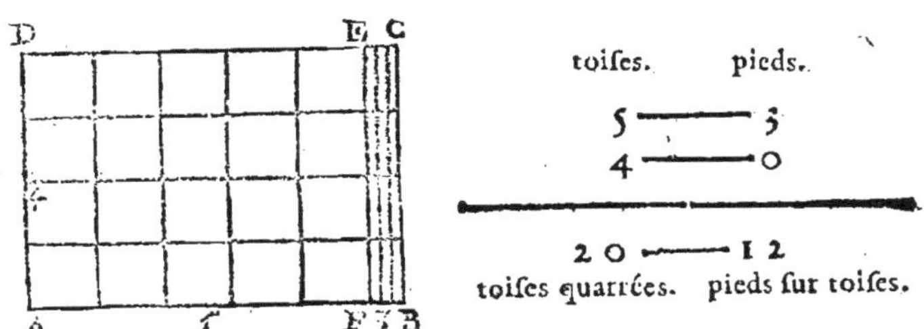

Si A B est trouvée valoir 5 toises, 3 pieds; & B C 4 toises.

Multipliez les toises par les toises, 4 par 5; puis les 4 toises par les 3 pieds: & vous aurez de produit 20 toises quarrées, & 12 pieds sur toises qui feront encore 2 toises quarrées. Ainsi le rectangle A C, sera de 22 toises quarrées.



Mais si A B estoit de 5 toises, 3 pieds; & B C de 4 toises, 2 pieds: il faudroit multiplier les 5 toises par les 4, qui produiroient 20 toises quarrées.

Multiplier les 5 toises, par les 2 pieds; comme aussi les 4 toises, par les 3 pieds; qui produiroient 22 pieds sur toises.

Multiplier les pieds par les pieds, 2 par 3 ; qui produiroient encore 6 pieds quarrez ; c'eft à dire , un pied fur toife : lequel eftant joint aux 22 , feroit 23.

De ces 23, en tirer 18 ; c'eft à dire, trois toifes quarrées pour les joindre aux autres 20 : & le rectangle A C, fe trouveroit contenir 23 toifes quarrées, & 5 pieds fur toifes ; ou 30 pieds quarrez.

*La divifion de ces plans rectangles , fert de demonftration : par exemple on voit icy les 20 toifes quarrées dans le rectangle A E: Les 22 pieds fur toifes, dans les rectangles D E , B E : & les 6 pieds quarrez, dans le rectangle C E.*

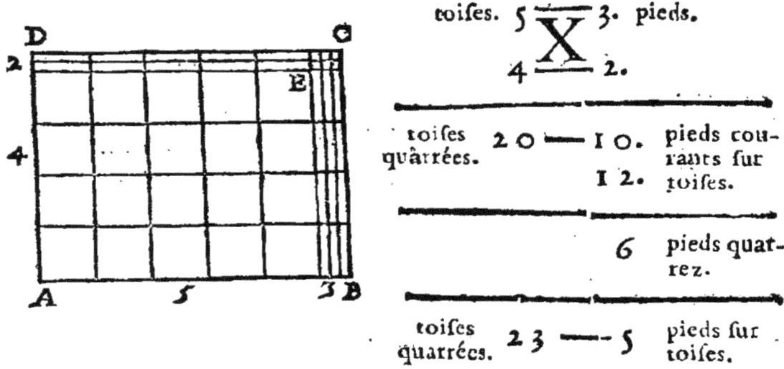


Que fi enfin le rectangle A R avoit les côtez O A, A K chacun de 2 toifes, 2 pieds & 3 pouces ; il faudroit multiplier les deux toifes A D par les deux toifes A C, qui produiroient 4 toifes quarrées pour le quarré A B.

Multiplier les 2 toifes A D par les 2 pieds C F, de même que les 2 toifes A C par les 2 pieds D H ; qui produiroient 8 pieds fur toifes : c'eft à dire une toife quarrée & 2 pieds fur toifes , pour les deux rectangles B F, B H.

Multiplier les deux pieds D H, par les deux pieds C F ; qui produiroient quatre pieds quarrez pour le contenu du rectangle E G.

Multipliez les deux toiſes A D, par les 3 pouces
F K ; de même que les deux toiſes A C par les 3
pouces H O, qui produiroient 12 pouces ſur toiſes :
c'eſt à dire, un pied ſur toiſe, pour les deux rectangles E K, G O.

Multiplier les deux pieds D H par les 3 pouces
F K, & les deux pieds C F, par les trois pouces
H O ; qui produiroient 12 pouces courant ſur pieds :
c'eſt à dire, un pied quarré pour le contenu des
deux rectangles I L, I N.

Multiplier enfin, les 3 pouces H O, par les 3
pouces F K ; qui produiroient 9 pouces quarrez pour
le contenu du petit quarré I R. Et l'addition de
tous ces produits eſtant faite, on trouveroit que
le quarré A R contiendroit 5 toiſes, 23 pieds, & 9
pouces quarrez.

　　　A D 2 toiſes, D H 2 pieds, H O 3 pouces.
　　　A C 2 toiſes, C F 2 pieds, F K 3 pouces.

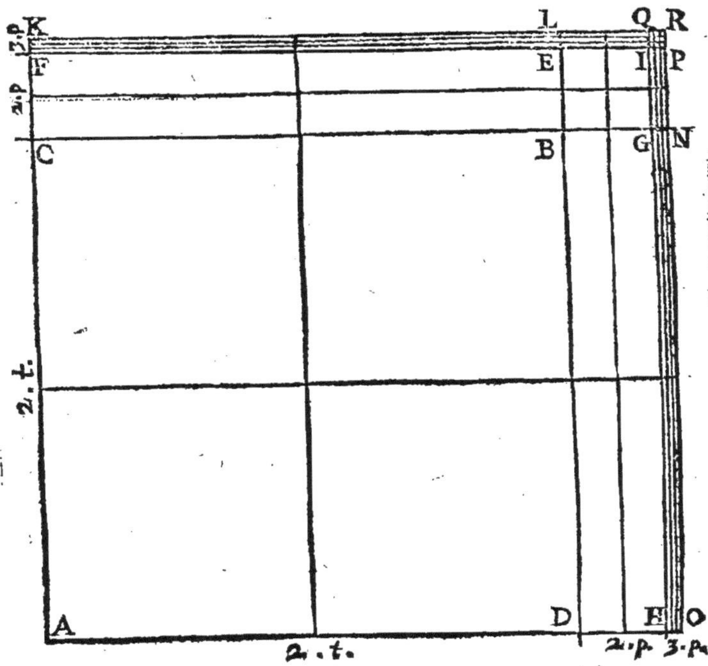

Pour éviter toutes ces differentes multiplications de toises par pieds, & par pouces, qui effectivement font fort embaraffantes : on pourroit réduire les 2 toises A D & les 2 pieds D H en pouces ; tout le côté A O fe trouveroit avoir 171 pouces : & A K luy eftant égal, il n'y auroit qu'à multiplier 171 par 171 ; le produit feroit 29241 pouces quarrez : defquels ayant tiré les pieds, & des pieds les toises ; on trouveroit comme cy-deffus, 5 toises, 23 pieds, & 9 pouces quarrez, pour le contenu du rectangle A R.

## PROP.    II.

*Trouver l'aire du Parallelogramme E F G H.*

Ultipliez la bafe E F, par la perpendiculaire E N ; 9 par 3, & le produit 27 qui fera l'aire du parallelogramme E F L N, ( *fuivant la premiere* ) fera auffi l'aire du parallelogramme propofé, ( *fuivant la 40 du 2.* )

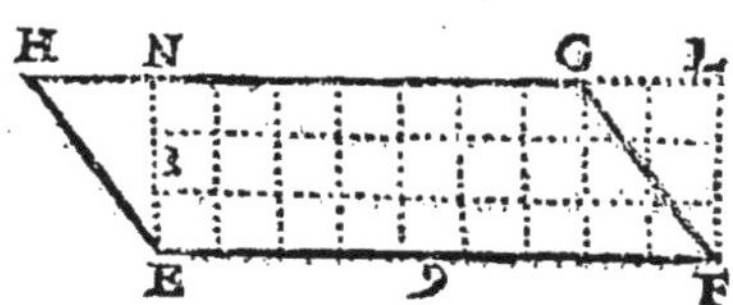


## PROP.    III.

*Trouver l'aire du triangle A B C.*

Ultipliez la bafe A B par la moitié de la perpendiculaire C D ; c'eft à dire, 6 par 4 : ou la perpendiculaire par la moitié de la bafe; 8 par 3; & le produit 24 fera l'aire du triangle ( *fuivant la 3 & 6 du 4.* )

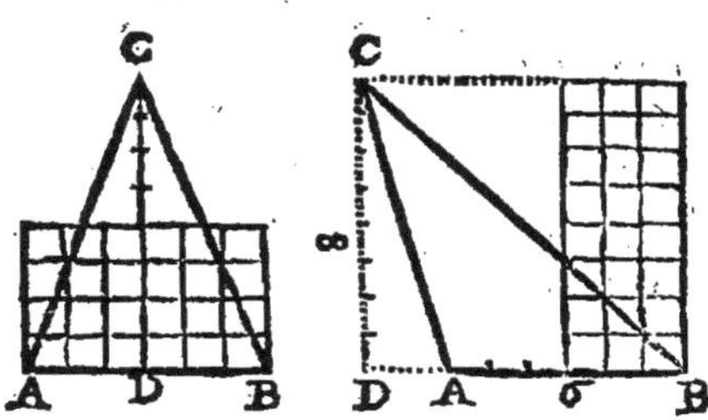

## PROP. IV.

*Trouver l'aire du quadrilatere G L, dont les côtez G H, I L font paralleles.*

MEfurez les côtez paralleles I L, G H, la perpendiculaire N I; & fuppofe qu'I L fe trouve eftre de 12 toifes, G H de 26, N I de 14.

Joignez les 12 toifes du côté I L, aux 26 de la bafe G H, comme fi vous aviez à réduire le quadrilatere en triangle G I M; ( *fuivant la 2 du 4.* )

Multipliez la bafe G M, par la moitié de la perpendiculaire N I; c'eft à dire 38 par 7; & le produit 266 toifes quarrées fera l'aire du triangle I G M ( *fuivant la 3.* ) & *par confequent* du quadrilatere propofé qui luy eft égal.

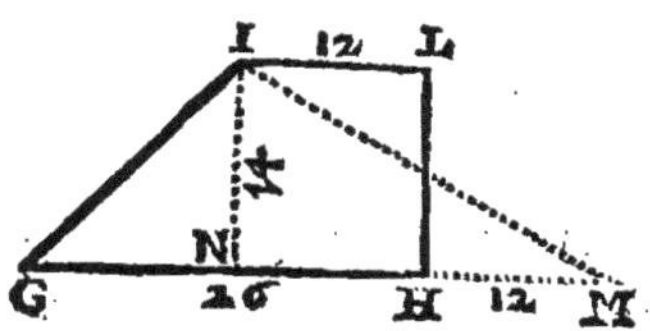


PROP.

## PROP. .V.

*Trouver l'aire du quadrilatere A B C D.*

MEsurez la diagonale A C, les perpendiculaires D E, B F, & supposé que ces lignes se trouvent être, la premiere de 20 toises, la deuxiéme de 12 , & la troisiéme de 10.

Multipliez A C par la moitié de lá perpendiculaire D E, le produit 120 sera l'aire du triangle A C D.

Multipliez aussi A C par la moitié de B F, le produit cent sera l'aire du triangle A B C *(suivant la 3.)*

Additionnez ces deux produits, & leur somme 220 toises quarrées sera l'aire du quadrilatere proposé.

On trouvera les mêmes 220 toises en multipliant la somme des deux perpendiculaires B F, D E, qui est 22, par 10, moitié de la ligne A C.

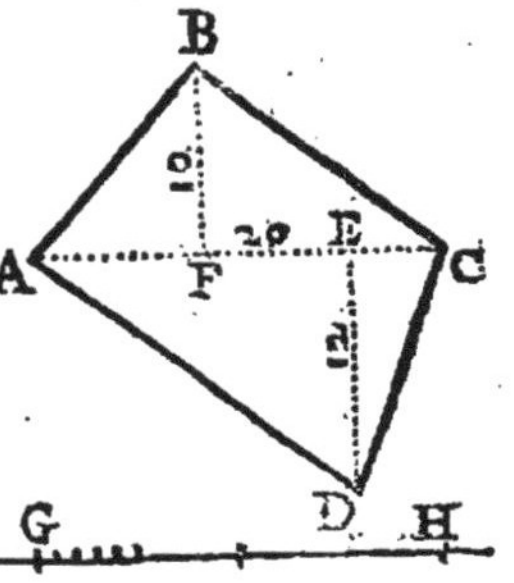

## PROP. VI.

*Trouver l'aire d'un Poligone regulier.*

MUltipliez la perpendiculaire A B par la moitié de la base C D, & vous aurez l'aire du triangle A C D.

Multipliez l'aire de ce triangle par le nombre des triangles du Poligone , & le produit sera le requis.

*Autrement.* Multipliez les six côtez du Poligone par la moitié de la perpendiculaire A B ; où

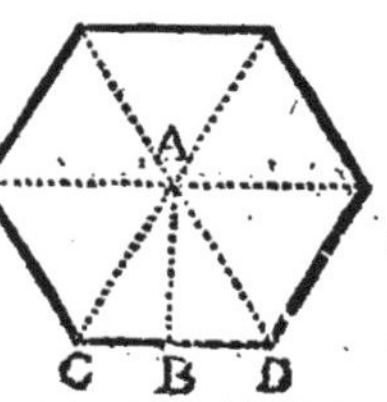

L

toute la perpendiculaire A B par la moitié des côtez *( suivant la 17 du 4. )*

## PROP. VII.

*Trouver l'aire d'un Poligone irregulier.*

Ivisez le Poligone par triangles.
Mesurez chaque triangle *( par la 3, )* & faites une addition du tout.

*Autrement.* Réduisez le Poligone en triangle
N M S *( par la 18 ou 19 du 4, )* puis multipliez la perpendiculaire N O par P S, moitié de la base M S.

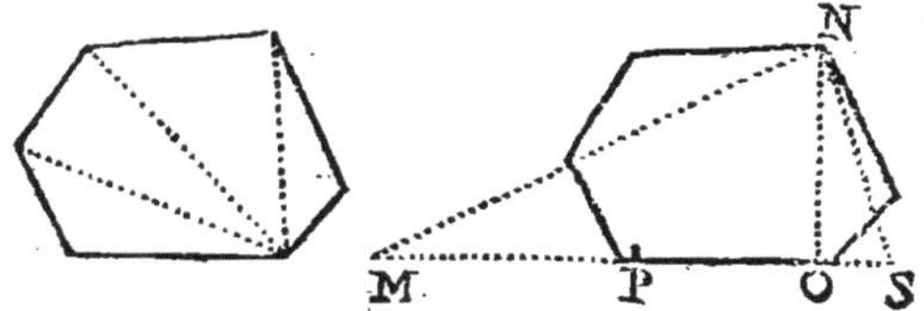


## PROP. VIII.

*Trouver l'aire d'un cercle.*

Ultipliez la demicirconference A C B, par le
rayon C D ; le produit fera l'aire du cercle.

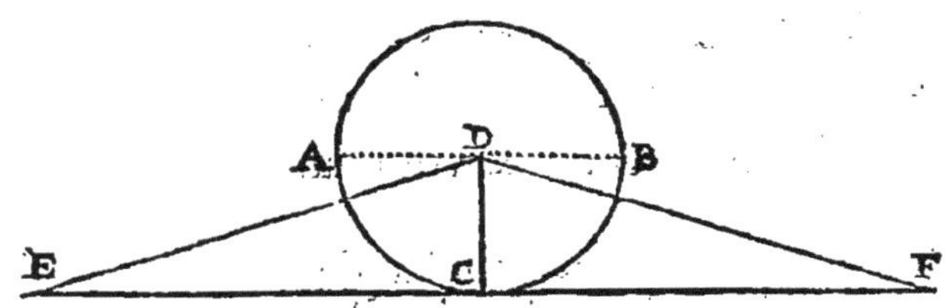


*Si le cercle A B C estoit réduit en triangle D E F ( par la 43*
*du 4 ; ) la base E F, seroit égale à la circonference du cercle ;*
*& C F moitié de E F, le seroit à la demicirconference A C B ;*
*ainsi, D C multipliée par C F donneroit le même produit qu'el-*
*le donneroit estant multipliée par la demicirconference : le pro-*

*duit de C D multiplié par C F feroit l'aire du triangle ( fui-*
*vant la 3 ; ) Donc le produit de C D multipliée par la demicir-*
*conference eft l'aire du cercle , autrement le cercle & le trian-*
*gle ne feroient pas égaux.*

## PROP. IX. ✓

*La valeur du diametre d'un cercle eftant donnée ,*
*trouver la valeur de la circonference.*

ON remarque que le diametre eft à la circonference de fon cercle à peu prés comme 7 à
22 : Ainfi , fuppofé que le diametre propofé A B
foit de 28 pouces , vous trouverez la valeur de la
circonference demandée par une regle de proportion
en difant :

Si 7 donnent 22 , combien 28 , le produit 88 fera
la valeur requife.

## PROP. X.

*Mefurer le demicercle D E F.*

MUltipliez l'arc D E , moitié de la demicirconference D E F par le rayon D G.

## PROP. XI.

*Trouver l'aire du fecteur P O R.*

MUltipliez le rayon P S , par O P , moitié de
l'arc P O R. Ou bien multipliez tout l'arc
P O R par la moitié du rayon P S.

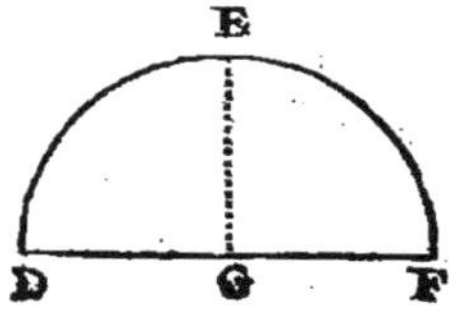
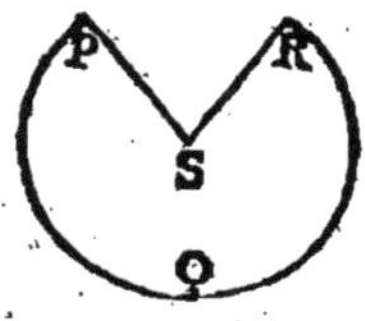

## PROP. XII.

*Trouver l'aire d'un grand segment de cercle A B C.*

Cherchez l'aire du secteur A B C D (*par la precedente*,) puis l'aire du triangle A B C (*par la 3.*)

## PROP. XIII.

*Trouver l'aire du petit segment E F G.*

Tirez au centre de l'arc, les rayons E H, G H. Cherchez l'aire du secteur H E F G (*par la 11.*)

Ostez de ce secteur, l'aire du triangle E G H, & le reste fera l'aire du segment proposé.

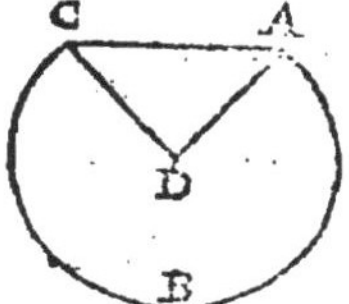
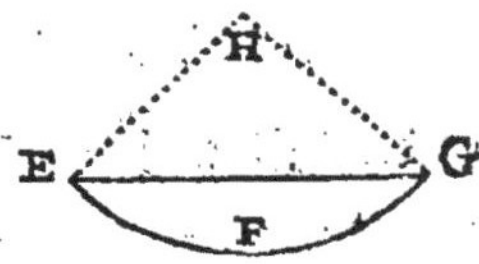

## PROP. XIV.

*Trouver l'aire de l'ovale A F.*

Mesurez les secteurs A C B I, D E F L, B H F N, A G D M (*par la 11.*)

De la somme de ces quatre secteurs, retranchez l'aire du lozange C G L H qui est commun aux deux grands secteurs, & ce qui restera sera l'aire de l'ovale.

*Autrement.* Multipliez les deux diametres l'un par l'autre, 15 par 10, le produit sera 150.

Multipliez cette somme 150 par 11, & divisez le produit 1650 par 14, le quotien 117 $\frac{6}{7}$ sera à peu prés l'aire de l'ovale.

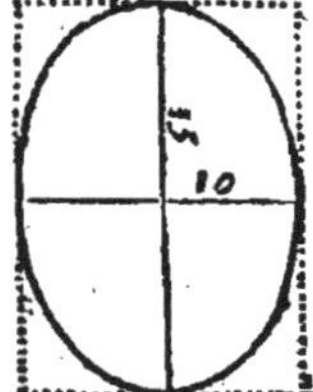

## PROP. XV.

*Trouver l'aire d'un terrain dont le contour est ondoyant.*

IL faut rectifier les ondoyments de ce terrain par plusieurs lignes droites que l'on conduira avec cette discretion, qu'elles laissent d'un côté le plus exactement qu'il sera possible la valeur du terrain qu'elles retrancheront de l'autre, puis trouver le requis par la 7.

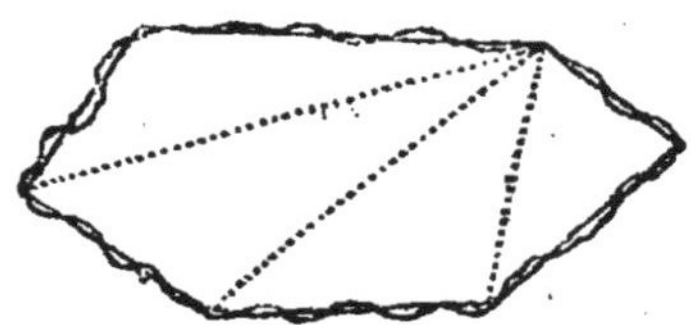

## CHAPITRE HUITIE'ME.

# TRIGONOMETRIE
## ou Doctrine des Triangles rectilignes par le calcul.

LEs Propositions de ce Chapitre sont de trouver par le calcul, quelque terme dans un Triangle; comme un costé ou un angle qu'on ne peut, ou du moins qu'on suppose ne pouvoir estre mesuré actuellement.

Pour trouver dans un triangle, la valeur d'un angle ou d'un costé par le calcul, il faut avoir trois autres termes connus dans le même triangle, comme

Deux costez & un angle, ou
Deux angles & un costé, ou
Trois costez.

Sçachez de plus, que les Angles n'entrent en aucun calcul analogique par le nombre de leurs degrez; mais par ces nombres ou ces lignes qu'on appelle Sinus, Tangentes & Secantes : & c'est de ces lignes qu'il faut d'abord vous donner une connoissance, par une figure Geometrique.

Soit le demicercle A B D, le rayon C D perpendiculaire sur C B, le point E pris à volonté dans la circonference, la perpendiculaire E F, la parallele

*EH*, la ligne *CG* rencontrant la perpendiculaire
*BG* : On appelle

La ligne
{
CD ou CB, Sinus total, ou Sinus de l'angle
    droit BCD.
EF Sinus droit des angles BCE, ECA.
EH, Sinus de complement. *Son arc DE avec
    l'arc du Sinus droit BE, fait le quart de cercle.*
BG, Tangente de l'angle BCE.
CG, Secante du même angle BCE.
}

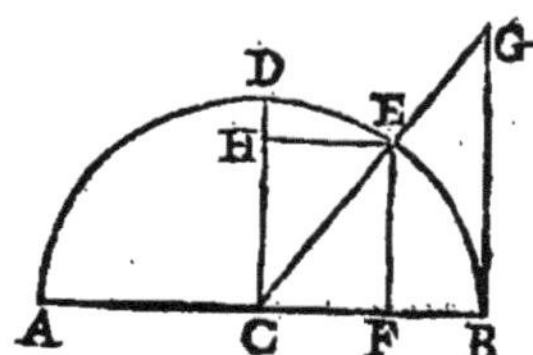

*Que si l'on suppose autant de Sinus droits EF,
& autant de Tangentes & de Secantes qu'il y a de
minutes dans le quart de cercle BD, il est évident
que ce seront autant de lignes de differentes longueurs, qui seront d'autant plus courtes que le point
E sera plus éloigné du Sinus total CD; & que faisant valoir ce Sinus total 100000, ou 10000000
de parties égales, les autres lignes seront toutes de
valeur differentes, répondant aux differentes ouvertures des angles dont elles seront ou les Sinus, ou les
Tangentes, ou les Secantes: & c'est de ces diverses
Sinus, Tangentes & Secantes qu'on a composé des
Tables, dont nous allons vous expliquer l'ordre pour
venir ensuite à leur usage.*

*Il y a ordinairement deux Tables pour un degré,
ainsi chaque Table est de 30 minutes.*

*Une table a six colonnes, la premiere contient
les Minutes avec les degrez marquez au haut
ou au bas.*

*La seconde contient les Sinus qui répondent par
ordre aux minutes.*

L iiij

*La troifiéme contient les Tangentes , & la qua-*
*triéme les Secantes.*

Les deux autres colonnes font composées de ces
Sinus & Tangentes, qu'on appelle Logarithmes.

Ces Tables qui occupent chacune une page , font
accouplées de maniere que les Sinus , Tangentes &
Secantes de l'une, font les fupplements des Sinus ,
Tangentes & Secantes de l'autre ; c'eft à dire, que
prenant un Sinus dans la Table de la main droite,
celuy qui eft vis à vis dans la Table de la main gauche , eft fon Sinus de fupplement ; qu'au contraire,
prenant un Sinus dans la Table de la main gauche,
celuy de la droite , en fera le fupplement ; de forte
que les angles des deux Sinus qui fe regardent , valent ordinairement pris enfemble , un angle droit ; &
la même chofe doit s'entendre des Tangentes & des
Secantes.

Toutes les Tables de la main gauche vont de degrez en degrez , depuis un jufques à quarante-cinq ;
& celles qui font à droite , continuent auffi de degrez
en degrez , jufques à quatre-vingt-dix ; mais en re-
trogradant de la fin du livre vers le commencement :
de maniere que la premiere & la derniere Table fe
trouvent à l'entrée du Livre vis à vis l'une de l'autre.

Tout cela eftant expliqué il ne vous fera pas dif-
ficile de trouver dans ces Tables, le Sinus , la Tangente ou la Secante d'un angle propofé ; non plus que
d'y trouver la valeur d'un angle par fon Sinus , fa
Tangente ou fa Secante. On demande par exemple ,
le Sinus de 30 degrez 15 minutes , il n'y a qu'à voir
dans la Table de 30 degrez , à cofté de 15 minutes
fe trouvera le Sinus demandé 50377. Et au contraire ,
parce que ce nombre 50377 fe trouve dans la colonne
des Sinus à cofté de 15 minutes & dans la table de
30 degrez , vous concluez qu'il eft le Sinus d'un an-

gle de 30 degrez 15 minutes, & ainsi des Tangentes
& des Secantes.

---

## PROPOSITION I.

*La valeur des deux angles A & B du triangle A B C
estant connuë, trouver la valeur du troisième.*

QUe l'angle A soit de 40 degrez, & l'angle B
de 60. Les deux joints ensemble feront la somme de 100.

Tous les trois angles A, B, C, en valent, pris
ensemble, 180 ( *par la 29 du 2.* )

Ostez 100, de 180, restera 80 degrez pour l'angle C.

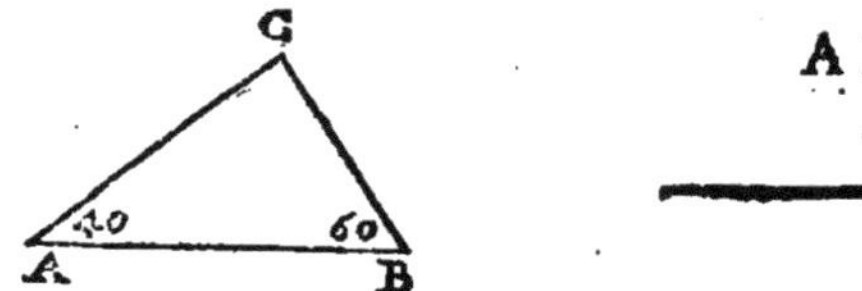


| A B C | 180 |
| A B | 100 |
| --- | --- |
| C | 80 |

### Usage des Sinus.

### PROP.  II.

*La valeur des Angles A & B, & du costé A C
estant connuë trouver celle du costé B C.*

PRenez dans les Tables le Sinus de l'angle B,
& celuy de l'angle A ; le premier sera 86603
& le deuxième 64279 : faites ensuite une regle de
proportion, disant :

Si le Sinus de l'angle B, 86603, donne 20 toises pour le costé opposé A C, que donnera le Sinus
de l'angle A. 64279, pour le costé opposé B C.

La regle faite, vous aurez pour le côté B C, 14 toifes & plus., & les mêmes 14 toifes fe trouveront auffi par cette autre analogie.

*Comme le Sinus de l'angle B* ——— 86603
*au Sinus de l'angle A* ——— 64279
*Ainfi le cofté A C* ——— 20
*au cofté B C* ——— 14

Que fi vous defirez venir à une plus grande précifion, c'eft à dire, fi vous voulez avoir plus exactement la valeur du côté B C, fousdivifez les 20 toifes du côté A C en pieds, & même en pouces & en lignes, s'il eft neceffaire ; & au lieu de 20 toifes, mettez 120 pieds, ou 1440 pouces, ou 17280 lignes que valent les 20 toifes A C : & la regle faite, comme cy-deffus, le côté C B fe trouvera valoir 14 toifes, 5 pieds, 9 lignes, & encore quelque chofe de plus.

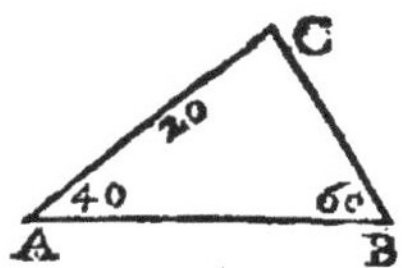


Pour avoir la valeur du côté A B, il faudra chercher celle de l'angle C, qui fe trouvera de 80 degrez ( *par la* 1 , ) & faire enfuite cette analogie.

*Comme le Sinus de l'angle B* ——— 86603
*au Sinus de l'angle C* ——— 98481
*Ainfi le cofté A C* ——— 20
*au cofté demandé A B* ——— 22

## PROP. III.

*La valeur des coftez BC, AC, & de l'angle A eftant connuë, trouver celle de l'angle B.*

CHerchez le Sinus de l'angle A, & l'ayant trouvé de 45399, faites la regle de proportion, en cette forte.

*Si le cofté BC de 30 toifes, donne 45399, pour le Sinus de l'angle A, que donnera AC de 50 toifes pour le Sinus de l'angle B.*

La regle faite, vous aurez 75665 pour le Sinus demandé.

Cherchez ce Sinus dans les Tables, & vous trouverez qu'il eft d'un angle de 49 degrez 10 minutes.

On peut faire auffi l'analogie fuivante.

*Comme le cofté BC de 30, au cofté AC de 50 :*
*Ainfi le Sinus de l'angle A——————45399*
*au Sinus de l'angle B——————75665*

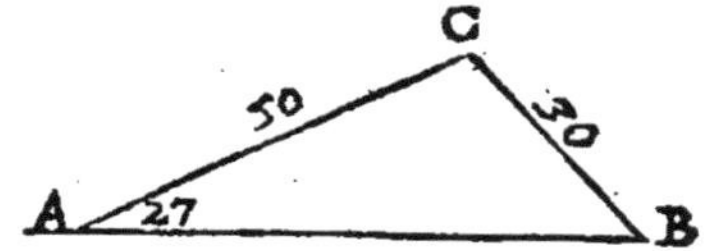


## PROP. IV.

*Trouver la valeur du cofté BC opposé à l'angle A qui eft obtus.*

LE Sinus BE eft commun aux deux angles BAC, BAD, d'où il s'enfuit qu'il peut eftre pris indifferemment pour l'aigu BAD, de 50 degrez ; comme pour l'obtus BAC de 130 : mais il faut obferver qu'il ne peut eftre trouvé dans les Ta-

bles que par la valeur de l'angle aigu , les degrez
des Tables n'allant pas au delà de 90 : c'est pour-
quoy le Sinus 76604, que nous prenons icy pour
l'angle obtus BAC, doit estre cherché par les 50
degrez de l'angle aigu BAD : cela connu , faites
vostre analogie à l'ordinaire disant :

*Si le Sinus de l'angle C , 42262 donne 20 pour
le costé AB , que donnera le Sinus de l'angle BAD ,
76604.*

La Regle faite , le côté BC se trouvera valoir
$36, \frac{10648}{42231}$

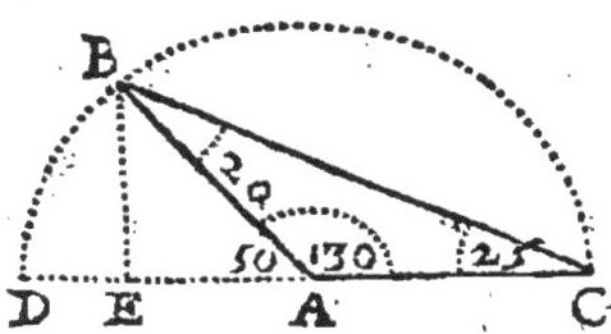


*Usage des Tangentes & Secantes.*

## PROP. V.

*L'angle A estant droit , & l'angle B connu avec le
costé d'entre-deux , donner la valeur de la perpendiculaire AC & de l'hypotenuse BC.*

SUpposé l'arc AE, décrit du point B , la perpendiculaire AC sera Tangente , BC Secante , &
la base AB Sinus total.

Cherchez dans les Tables , la Tangente & la Secante de l'angle B, vous trouverez 70021 pour
l'une , & 122077 pour l'autre : puis faites les analogies suivantes , qui produiront la valeur des lignes AC, BC.

Premierement, *comme le Sinus total* — 100000
        *à la Tangente* — 70021
    *De même, la base A B* — 10
    *à la perpendiculaire A C* — 7
2. *Comme le Sinus total* — 100000
      *à la Secante* — 122077
    *Aussi la base A B* — 10
    *à l'hypotenuse B C* — 12

Autrement :

*Comme le Sinus total* 100000, *à la base A B*, 10 :
*ainsi la Tangente* 70021, *à la perpendiculaire A C,* 7.
*Et la Secante* 122077, *à l'hypotenuse B C,* 12.

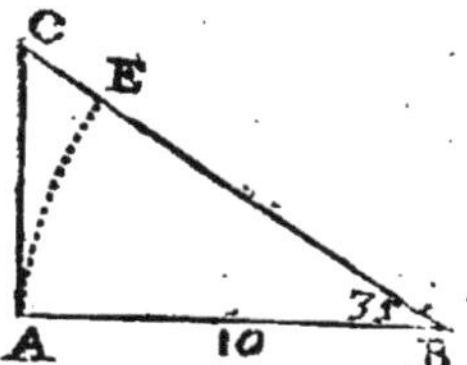


## PROP. VI.

*Les costez A B, A C composant un angle droit estant
connus, trouver l'hypotenuse B C.*

SUppofé le côté A B de 40 toifes, & le cofté
A C de 30.

Multipliez A B par luy-même, c'eft à dire 40
par 40, le produit 1600 fera fon quarré.

Multipliez auffi 30 par 30, &
le produit 900, fera le quarré du
cofté A C *(fuivant la* 1 *du* 7. )

Additionnez ces deux quarrez,
& de leur fomme 2500, tirez la
racine quarrée, qui fera la valeur
de l'hypotenufe B C ( *par la* 45
*du* 1. )

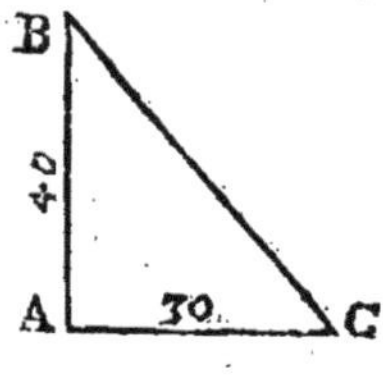

## PROP. VII.

*L'hypotenuse B C estant connuë, avec la jambe A C trouver l'autre jambe A B qui fait l'angle droit B A C.*

Stez du quarré de B C, le quarré d'A C, je veux dire ôtez 900 de 2500; restera 1600 dont la racine quarrée 40 sera la grandeur de la jambe A B.

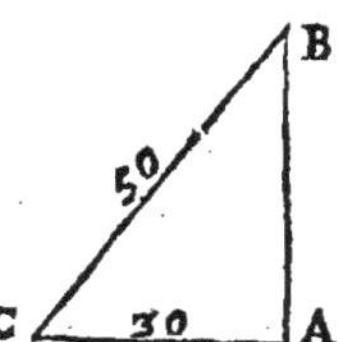


## PROP. VIII.

*Les costez A B, A C composant l'angle droit A, estant connus, trouver les deux angles B & C.*

Uppofé qu'A C foit Sinus total & A B tangente.

*Comme la jambe A C, 50; à la jambe A B, 40:*
*Le Sinus total A C 100000, à la Tangente A B* 80000.

Cherchez cette Tangente 80000, & l'ayant trouvée dans la Table de 38 degrez à costé de 40 minutes, concluez que l'angle C est de 38 degrez 40 minutes.

La valeur de l'angle B pourroit estre trouvée de la même sorte en posant A C pour Tangente, & A B pour Sinus total; mais elle vous sera connuë plus aisément par la premiere Prop.

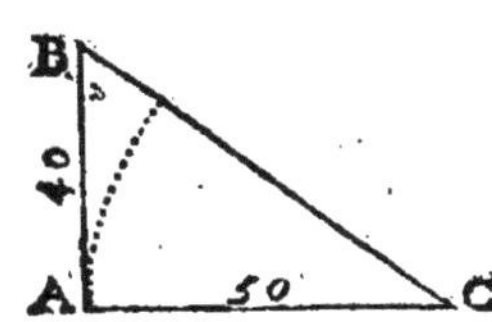

## PROP. IX.

*L'angle **A**, & les costez qui le composent estant connus, trouver les autres angles.*

LEs trois angles d'un triangle, mis ensemble, valent 180 degrez ; ainsi l'angle A de 30 degrez estant soustrait de 180, reste pour les angles B & C 150 ; dont la moitié 75 a pour Tangente 373205 : cela connu faites l'analogie suivante.

*Comme la somme des costez connus A B, A C, 70
à leur difference ———————— 10
ainsi la tangente de 75 degrez ——— 373205
à une tangente demandée ——— 53315*

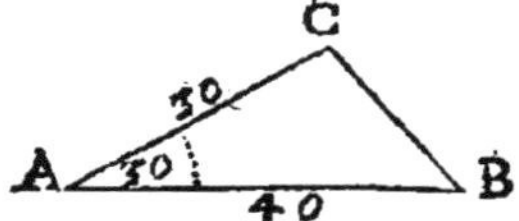


Cherchez dans les Tables cette Tangente 53315, & vous trouverez que son angle sera de 28 degrez 4 minutes.

Joignez ces 28 degrez 4 minutes, à 75 degrez moitié de la somme des angles inconnus, & vous aurez 103 degrez 4 minutes, pour l'angle C opposé au plus grand costé A B.

Ostez aussi ces 28 degrez 4 minutes, des mêmes 75 degrez, & le reste 46 degrez 56 minutes, sera la valeur de l'angle B.

## PROP. X.

*L'Angle **B** estant connu avec les costez qui le composent, trouver la perpendiculaire C E.*

SUpposé la perpendiculaire A D, & le costé B C, continuez jusqu'en D ; si on prend A B pour

Sinus total, B D fera Secante de l'angle B.

Cherchez dans les Tables la Secante de 60 degrez, elle fe trouvera de 200000. *Or*

*Comme le Sinus total A B de* 100000, *à A B de* 40 :

*La Secante B D de* 200000, *à B D de* 80 ( *par la* ʒ )

*Et comme B D de* 80 *; à B C de* 40 :

     *ainſi A B de* 40 *; à B E de* 20.

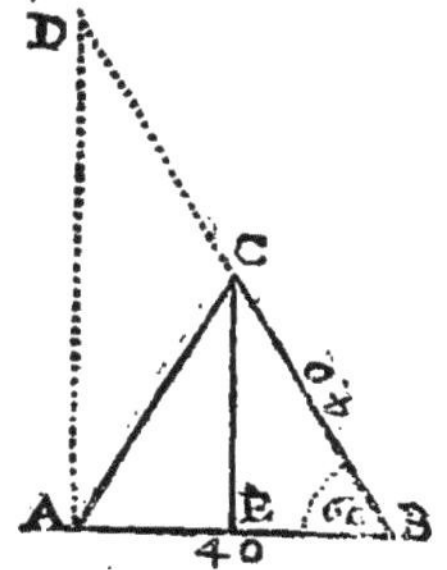

     Donc comme B C à C D, B E à E A ( *par la* ʒ2 *du* 2. )

     Et A D eſtant perpendiculaire, E C l'eſt auſſi ( *par la* ʒ7 *du* 2. )

     Enfin ayant encore poſé B E pour Sinus total, vous trouverez que

*Comme le Sinus total B E* — 100000

*à la tangente E C* — 173205

*Ainſi la baſe B E* ——— 20

*à la perpendiculaire E C* — $34\frac{641}{1000}$

## PROP. XI.

*L'Angle B & les coſtez A B, B C eſtant connus, trouver la perpendiculaire C E.*

Que la ligne A D ſoit perpendiculaire, & A B Sinus total ; B D fera Secante de l'angle B. Cela eſtably faites

           *Comme*

*Comme A B Sinus total — 100000*
*à la Secante B D — 200000*

*Ainſi la baſe A B , 20 ; à l'hypotenuſe B D , 40.*

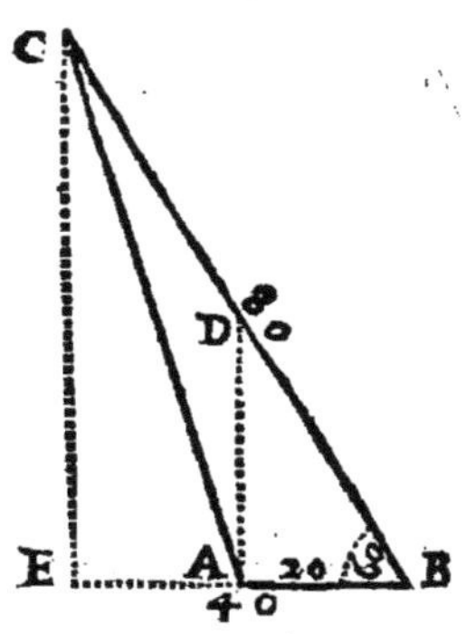

De plus ,

*Comme B D , 40 ; à B C , 80 :*
*A B , 20 ; à B E , 40.*

Et poſant encore B E pour Sinus total

*Comme B E Sinus total — 100000*
*à C E Tangente de l'angle B — 173205*
*Ainſi la baſe B E — 40*

à C E qui eſt la perpendiculaire demandée — $69\frac{141}{500}$

## PROP. XII.

*Les trois coſtez du triangle A B C eſtant connus,*
*trouver la valeur de l'angle C.*

SUppoſé qu'A B ſoit de 10 toiſes , A C de 6 ,
& B C de 8. La difference des côtez A C , B C
qui compoſent l'angle C , ſera de 2.

Multipliez 10 par 10 , le produit 100 ſera le
quarré du côté A B , oppoſé à l'angle C.

Oſtez du quarré d'A B , le quarré de la difference des côtez A C , B C ; c'eſt à dire , ôtez 4 de 100 ,
reſtera 96 , auſquels ajoûtez cinq nuls , qui feront
9600000.

M

Multipliez les côtez A C, B C l'un par l'autre,
je veux dire 6 par 8, & le produit 48 estant dou-
blé, donnera 96.

Divisez, enfin, les 9600000 par ces 96, vien-
dra le Sinus total 100000 ; d'où vous conclurez
que l'angle C est droit.

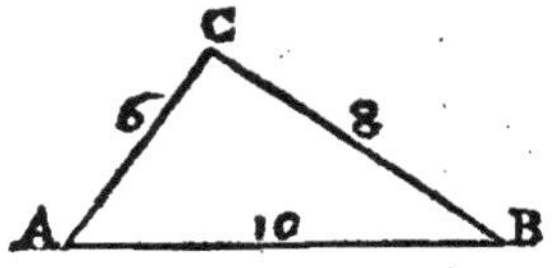

## PROP. XIII.

*Les trois costez du triangle A B C estant connus*
*trouver la valeur de l'angle A qui est obtus.*

LE quarré de la difference des côtez A B, A C,
c'est à dire un ; estant souftrait du quarré de
B C, 81 ; reste 80, lesquels joints à cinq nuls,
font 8000000.

Les côtez A B, A C multipliez l'un par l'autre,
produisent 30, dont le double est 60.

Les 8000000 divisez par 60 donnent 133333,
desquels l'unité retranché, c'est à dire, le Sinus de
l'angle droit, reste 33333 Sinus d'un angle de 19
degrez 28 minutes ; d'où nous comoissons que
l'angle A vaut outre l'angle droit, 19 degrez 28
minutes, & que par consequent il est de 109 degrez 28 minutes.

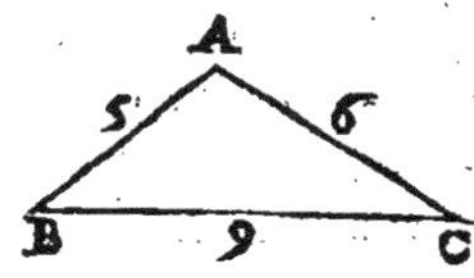

## PROP. XIV.

*On demande la valeur de l'angle A qui eſt aigu.*

LE quarré du côté B C oppoſé à l'angle A eſt 36. Le quarré de la difference des coſtez A B, A C eſt 4.

Quatre ſouſtrait de 36, reſte 32; & cinq nuls ajoûtez font 3200000.

Les côtez A B, A C multipliez l'un par l'autre, produiſent 80, dont le double eſt 160.

Les 3200000 diviſez par 160, donnent 20000, leſquels ſouſtraits du Sinus total 100000, reſte le Sinus 80000, lequel eſtant trouvé dans la Table de 53 degrez, ſon ſupplement 59995 qui eſt le Sinus vis à vis, eſt celuy de l'angle A, 36 degrez 52 minutes.

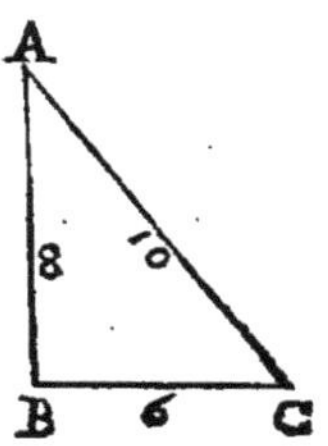


### Uſage des Logarithmes.

## PROP. XV.

*Les angles A, B, & le coſté B C eſtant connus, trouver par les Logarithmes, la valeur du coſté A C.*

L'Uſage des Sinus & Tangentes Logarithmes, differe de l'uſage des autres Sinus & Tangentes; en ce que les analogies y ſont reſoluës ſeulement par additions & ſouſtractions : & ſans qu'on y poſe jamais pour termes, aucune ſomme de toiſes, pieds ou pouces. C'eſt à dire que de même qu'on met un Sinus ou une Tangente Logarithme pour le nombre des degrez & minutes d'un angle, on met auſſi un Logarithme pour le nombre des toiſes, pieds ou pouces qu'une ligne peut valoir.

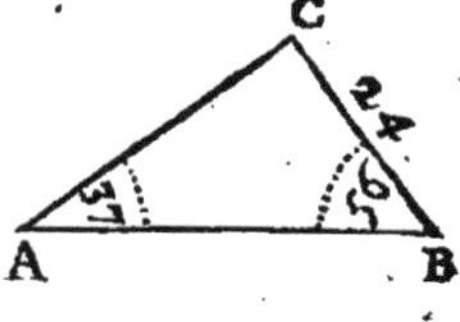

Les nombres & leurs Logarithmes font par co-
lomnes dans les Tables qui fuivent celles des Sinus.
On cherche dans les nombres celuy qui eft donné
pour la valeur d'une ligne, & à côté fe trouve fon
Logarithme.

Ayant donc trouvé dans les Tables, les Sinus
Logarithmes 977946, 991857, pour les angles A & B : & le Logarithme 138021 pour le côté C B de 24 toifes, il faut faire la Regle de proportion fuivante.

*Si le Sinus Logarithme de l'angle A, 977946
donne le Logarithme du cofté B C, 138021
que donnera le Sinus Logarithme de l'angle B,
991857.*

Ajoûtez le deuxiéme terme de l'analogie au troifiéme, & de leur fomme 1129878, ôtez le premier, le refte fera le Logarithme
demandé, 151932.

Cherchez ce Logarithme
dans les Tables des Logarithmes,
& l'ayant trouvé à côté du nombre 33 ; dites que 33 eft la valeur du côté A C.

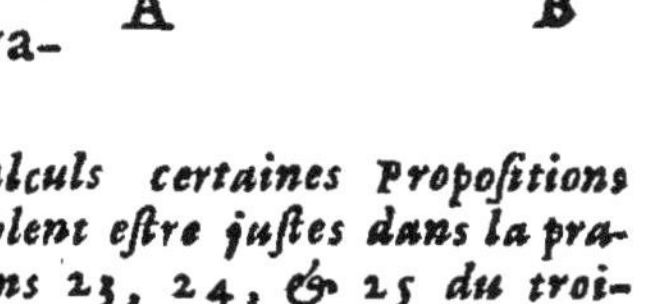


*On peut examiner par ces calculs certaines Propofitions
qui font fans preuves, & qui femblent eftre juftes dans la pratique, telles que font les Propofitions 23, 24, & 25 du troifiéme Chapitre, que je n'ay avancé qu'à deffein d'en faire
l'examen en cet endroit.*

## PROP. XVI.

*Nous difons que l'arc D F coupé fuivant la 23 Pro-
pofition du 3 Chapitre, eft à peu prés la feptiéme
partie de la circonference du cercle, & on veut
fçavoir en quoy confifte cet à peu prés.*

Tirez les droites A D, B D, le triangle A B D
fera équilateral *( par la 12 du 3, )* & fes angles
eftant égaux, ils feront chacun de 60 degrez.

Poſez B C pour Sinus total 100000, l'angle B
qui eſt de 60 degrez donnera 200000 pour la
Secante B D, & 173205 pour la Tangente C D.

Les droites A D, A F qui ſont égales à la Secante B D, ſeront donc chacune de 200000, & D F
que nous avons coupé égale à la Tangente C D,
ſera de 173205.

Les trois côtez du triangle A D F eſtant connus,
cherchez la valeur de l'angle D A F (*par la 14*) elle ſe trouvera de 51 degrez 19 minutes.

L'angle au centre d'un Eptagone eſt de 51 degrez 25 minutes & quelques ſecondes (*par la 18
du 3.*) Donc l'arc D F eſt trop petit de 6 minutes
& quelques ſecondes.

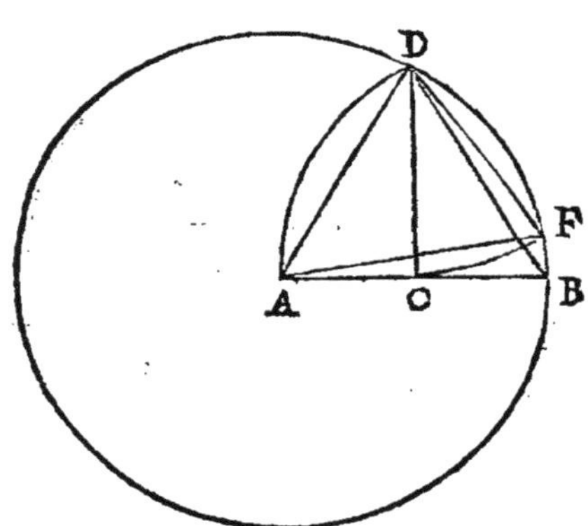

*Examen de la Propoſition 24 du 3 Chapitre.*

## PROP.　XVII.

*On dit que l'arc D H coupé ſuivant la 24 du 3,
eſt à peu prés la neuviéme partie de ſon cercle, &
nous voulons ſçavòir s'il eſt plus grand ou plus
petit, & de combien.*

L E triangle E F G eſt équilateral, ainſi l'angle
G E F eſt de 60 degrez, & l'angle droit A E F

luy eſtant joint, l'angle GEA eſt de 150 degrez.

La ligne GE coupée égale au rayon AB eſt dou-ble de ſa moitié AE , & ſuppoſant AE valoir un certain nombre de parties égales , par exemple 200, GE ſera de 400.

Les deux côtez GE , AE eſtant connus , avec l'angle d'entre-deux AEG , l'angle GAE ſe trou-vera valoir 20 degrez 6 minutes ( *ſuivant la 9.* )

Oſtez l'angle GAE de l'angle DAE; je veux dire , ôtez 20 degrez 6 minutes de 60 degrez , reſtera 39 degrez 54 minutes pour l'angle DAH.

L'angle du centre dans l'Eneagone eſt de 40 de-grez ; donc l'angle DAH, ou ſon arc DH eſt trop petit de 6 minutes.

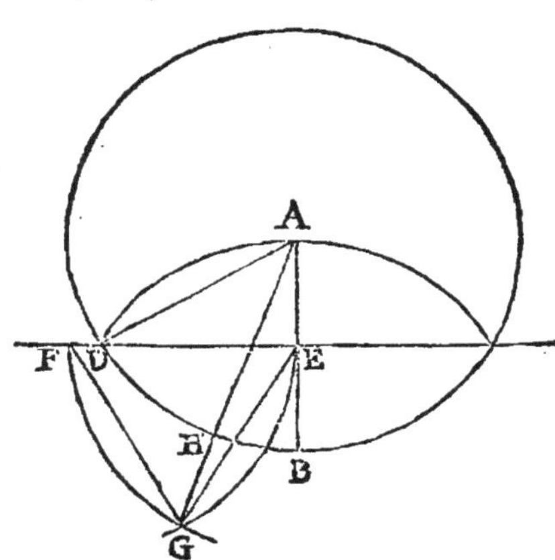

*Examen de la 25 Propoſition du 3 Chapitre.*

## PROP. XVIII.

*Suppoſé le ſegment de cercle AGB décrit ſur la droi-te AB ſuivant la 25 du 3 : On veut ſçavoir la difference qu'il y a entre l'angle AFB & le vray angle , au centre d'un Eneagone regulier.*

SUppoſé les droites AD, BD, BE, AF: l'an-gle ABD eſt de 60 degrez , ſa moitié DBE de

30 ; & 30 ôtez de 180 , valeur des trois angles du triangle iſocele D B E; reſte 150 , ou plûtôt 75 pour chacun des angles E D B , D E B.

Que ſi vous ſuppoſez B D valoir 100000 parties égales , la droite D E ou ſon égale D F ſera de 51763 ( *par la* 2. )

De plus , l'angle B D C eſt de 30 degrez , & ſon ſupplement B D F de 150 ( *par la* 18 *du* 2. )

La valeur de D B , de D F , & de l'angle B D F eſtant connuë , l'angle B F C ſe trouvera de 19 degrez 52 minutes ( *par la* 9 , ) & le double A F B de 39 degrez 44 minutes.

L'angle du centre dans l'Eneagone eſt de 40 degrez ; donc l'angle A F B eſt trop petit de 16 minutes.

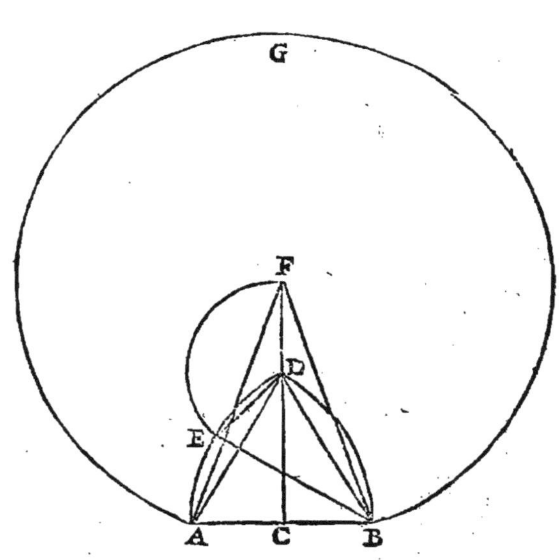

## CHAPITRE NEUVIE'ME.

### *Des Corps ou Solides.*

---

## DEFINITION I.

LE Corps est une quantité étenduë en longueur, largeur, & profondeur.

### 2.

Le Corps est regulier quand une moitié est semblable & égale à l'autre : & il est regulier en tous sens, lors que toutes ses parties sont égales & semblables.

*On compte seulement six Corps parfaitement reguliers ; le Tetraëdre, l'Exaëdre, l'Octaëdre, le Dodecaëdre, l'Icosaëdre & la Sphere, dans laquelle les cinq premiers sont inscriptibles.*

### 3.

Le Tetraëdre est terminé par quatre triangles équilateraux de même grandeur.

 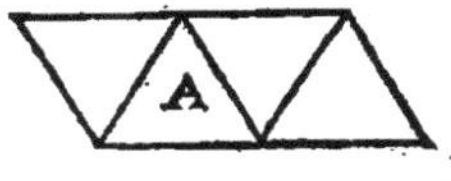


### 4.

L'Exaëdre ordinairement nommé Cube, ou Dé,

eſt borné de ſix plans ou ſurfaces quarrées & égales.

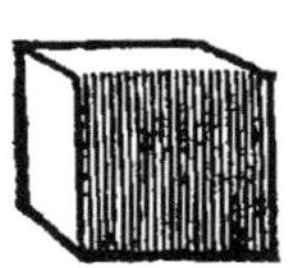

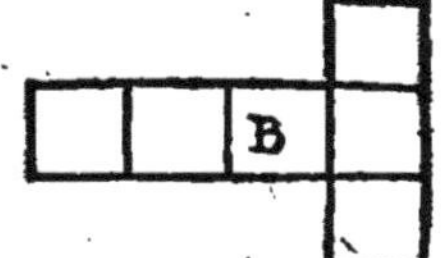



5.

L'Octaëdre eſt contenu ſous huit triangles égaux & équilateraux.

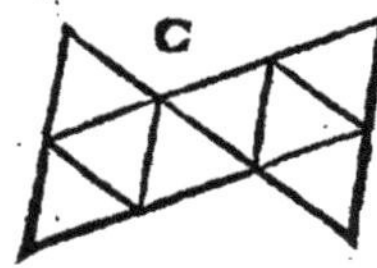



6.

Le Dodecaëdre eſt compris ſous douze Penta-gones reguliers, & égaux.

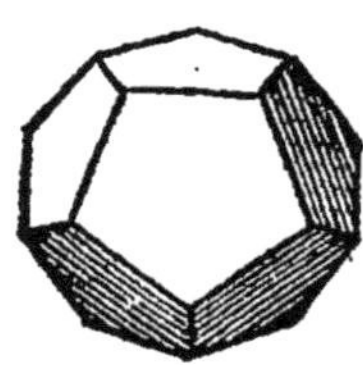

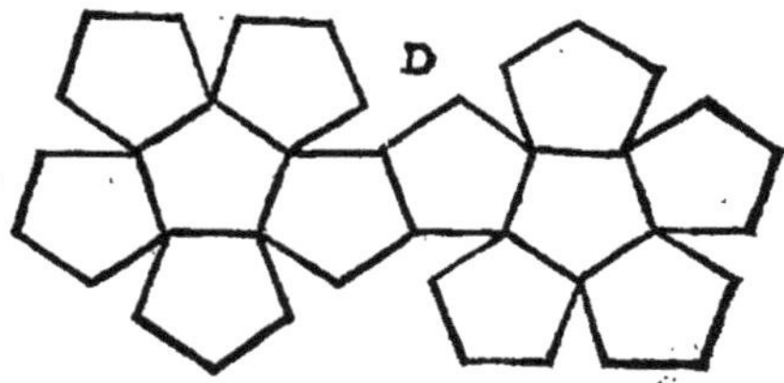



7.

L'Icoſaëdre eſt de vingt ſurfaces triangulaires, é-gales & équilaterales.

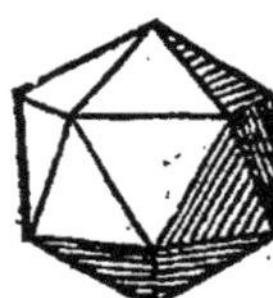

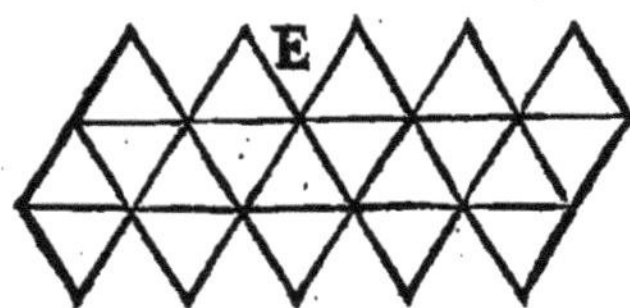



*Les figures A, B, C, D, E, montrent comme on peut couper de la carte pour faire en relief ces cinq premiers corps.*

### 8.

La Sphere est comprise sous une seule surface vers laquelle toutes les lignes tirées du centre sont égales.

### 9.

Le diametre sur lequel la Sphere tourne est nommé Axe ou Essieu.

*Les autres Corps que les Geometres considerent particulierement, sont le Parallelipipede, le Prisme, la Piramide, & le Spheroïde.*

### 10.

Le Parallelipipede est un Corps compris sous six parallelogrammes, dont les opposez sont paralleles & égaux.

### 11.

Le Prisme est un Corps regulierement & également compris entre deux surfaces semblables, paralleles & égales.

### 12.

Le Prisme est dit triangulaire, quadrangulaire, pentagonal, &c. suivant la figure des Plans A & B, entre lesquels il est compris.

**13.**

Le Prisme est appellé Cylindre lors qu'il est rond en maniere de colonne.

**14.**

Si un cylindre posé sur un plan de niveau se trouve à plomb comme A B , il est compris entre deux cercles : mais s'il se trouve incliné comme E F, il est compris entre deux Ovales.

**15.**

L'Axe du Cylindre est une ligne qui passe par les centres des plans opposez A , B , & sur laquelle ce corps est supposé tourner, ou pouvoir tourner.

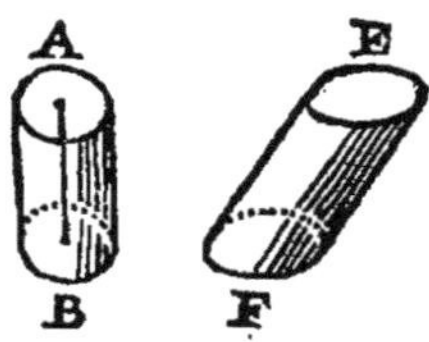


**16.**

La Pyramide est un Corps dont les parties en s'élevant sur une base, vont se réunir à un point qu'on nomme sommet.

**17.**

La Pyramide prend aussi une dénomination de la figure de sa base : on la nomme triangulaire , quadrangulaire , ou pentagonale ; si sa base est un triangle , un quarré , ou un pentagone.

### 18.

Le Cone eſt une Pyramide qui a un cercle pour baſe lors qu'il eſt droit ſur ſon plan, ou une Elipſe, s'il eſt incliné comme le Cone B.

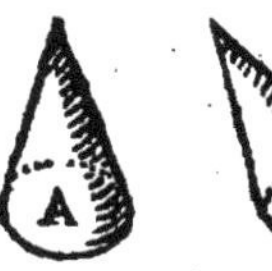


### 19.

Le Corps Spheroïde, eſt une Sphere alongée ou oblongue.

### 20.

Le Spheroïde Eliptique eſt de la figure d'un œuf.

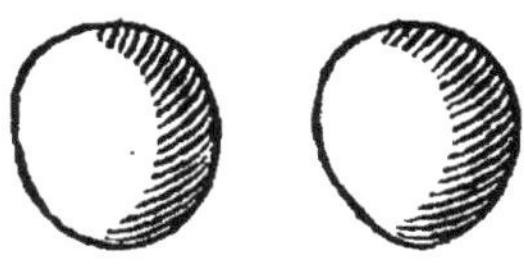

*Tous autres Corps ſont compoſez des precedens.*

### 21.

Le Devis Geometrique ou Perſpectif d'un Corps, eſt une deſcription qu'on fait de toutes ſes dimenſions & meſures ; ou par le moyen de deux deſſeins, le premier nommé Plan ou Ichnographie ; & le deuxiéme Elevation ou Ortographie ; ou par un ſeul appellé Senographie.

### 22.

Le Plan ou l'Ichnographie, eſt une figure plane

qui repreſente les dimentions horiſontales du Corps.

*Comme une figure A B, qui ſeroit produite ſur le pavé C D, par les à plombs abaiſſées de toutes les parties du Corps L.*

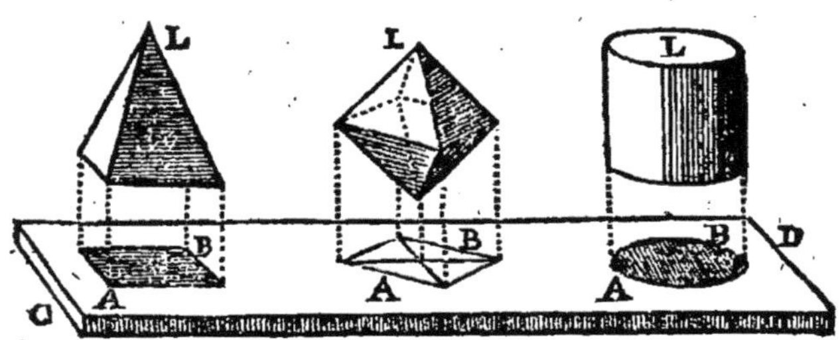

23.

L'Elevation ou l'Ortographie eſt la figure plane qui repreſente les dimentions verticales, je veux dire, les hauteurs du Corps.

*Comme ſeroit une figure E, décrite par des paralleles hori- ſontales conduites de toutes les parties du Corps L, juſqu'au plan ou ſurface verticale C D.*

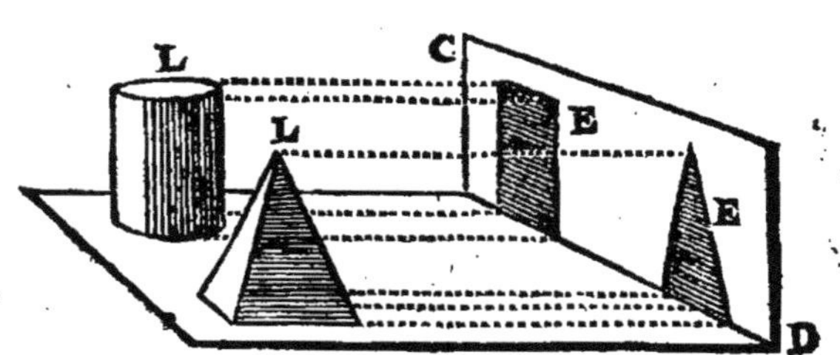

24.

Une Elevation eſt donnée quelquefois en deux deſſeins, l'un appellé Face, & l'autre Coupe. Les parties anterieures du Corps ſe voyent dans le premier, & les interieures dans le deuxiéme.

### 25.

On appelle Profil, le contour ou les extrémitez d'une Coupe.

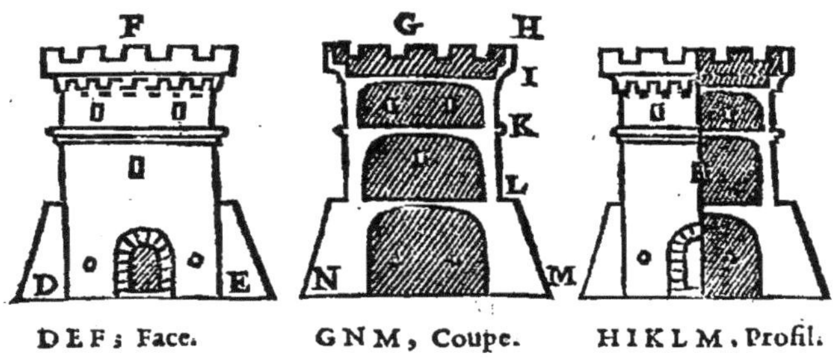

DEF; Face.      GNM, Coupe.      HIKLM. Profil.

### 26.

La Senographie eſt un deſſein qui repreſente le Corps entier avec toutes ſes dimentions, hauteurs, largeurs, & profondeurs.

Ce deſſein eſt Geometrique, ſi toutes ſes lignes peuvent eſtre meſurées avec une échelle commune : & Perſpectif ſi elles ne peuvent l'eſtre que par des échelles de Perſpective, le Corps eſtant repreſenté tel qu'il eſt veu d'un coup d'œil, ou comme il ſeroit apperceu d'un ſeul endroit.

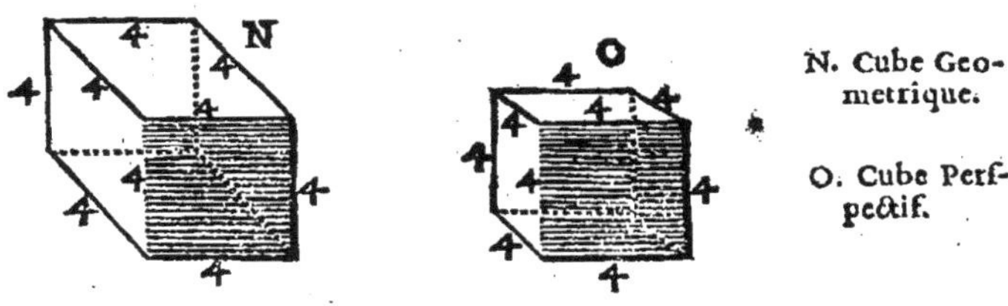

N. Cube Geometrique.

O. Cube Perſpectif.

### 27.

Talu, eſt la pente qu'on donne à un Corps pour le ſoûtenir. *Comme la pente L M.*

### 28.

Lever le plan d'un Corps, d'une Tour par exemple, c'est décrire la figure du terrain qu'elle occupe sur le niveau de ses fondemens.

## Du Toifé des Solides.

ON mefure les Solides par toifes cubes, & par parties de toifes cubes.

La toife cube eft un parallelipipede rectangle qui a fix pieds de hauteur, fix pieds de largeur, & fix pieds de profondeur.

Ses parties font le pied, le pouce, & la ligne folide ; fur toife, fur pied & fur pouces quarrez. Le pied, le pouce & la ligne folides courant fur toife, fur pied, & fur pouce. Le pied, le pouce, & la ligne cube.

Le pied folide fur toife quarrée, eft un parallelipipede d'un pied d'épaiffeur fur une toife quarrée.

Le pied folide courant fur toife, eft un parallelipipede d'une toife de longueur, compris entre deux plans chacun d'un pied quarré.

Six pieds folides fur toife quarrée, font une toife cube.

Six pieds folides courant fur toife font un pied folide fur toife quarrée.

Six pieds cubes font un pied folide courant fur toife.

Deux cent & feize pieds cubes font une toife cube.

*Le pouce solide sur pied quarré, est un paralleli-pipede d'un pouce d'épaisseur sur un pied quarré.*

*Le pouce solide courant sur pied est un parallelipipede d'un pied de longueur, compris entre deux plans chacun d'un pouce quarré.*

*Douze pouces solides sur pied quarré font un pied cube.*

*Douze pouces solides courant sur pied, font un pouce solide sur pied quarré.*

*Douze pouces cubes, font un pouce solide courant sur pied.*

*Mil sept cent vingt-huit pouces cubes font un pied cube.*

*La ligne solide sur pouce quarré est un parallelipipede d'une ligne d'épaisseur sur un pouce quarré.*

*La ligne solide courante sur pouce, est une parallelipipede d'un pouce de longueur, compris entre deux plans chacun d'une ligne quarrée.*

*Douze lignes solides sur pouce quarré font un pouce cube.*

*Douze lignes solides courantes sur pouce, font une ligne solide sur pouce quarré.*

*Douze lignes cubes, font une ligne solide courante sur pouce.*

*Mil sept cent vingt-huit lignes cubes, font un pouce cube.*

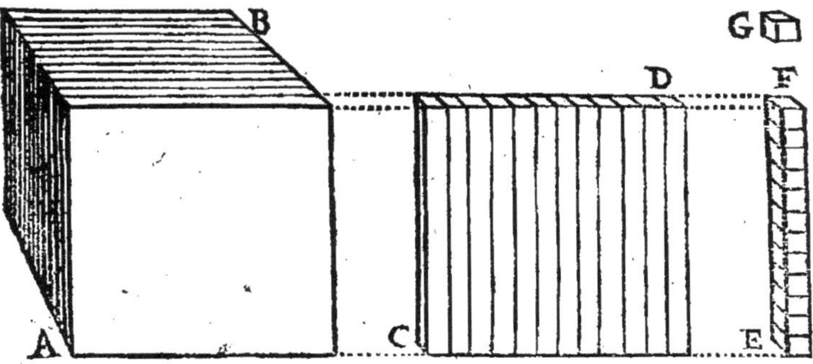


A B , douze lignes solides sur pouce quarré, faisant un pouce cube.

C D ,

C D, douze lignes folides courantes fur pouce, faifant une
ligne folide fur pouce quarré.

E F, douze lignes cubes faifant une ligne folide courante
fur pouce.

G, une ligne cube.

## OBSERVATIONS.

**D**Es *furfaces multipliées par des lignes produifent des folides.*

*Des toifes quarrées multipliées par des toifes fim-*
*ples, produifent des toifes cubes.* ——

*Des toifes fimples multipliées par des pieds cou-*
*rant fur toifes ; ou des toifes quarrées multipliées par*
*des pieds fimples , produifent des pieds folides fur*
*toifes quarrées.*

*Des toifes fimples multipliées par des pieds quar-*
*rez produifent des pieds folides courant fur toifes.*

*Des pieds fimples multipliez par des pieds courant*
*fur toifes , produifent auffi des pieds folides courant*
*fur toifes.*

*Des pieds fimples multipliez par des pieds quar-*
*rez, produifent des pieds cubes.*

*Des pieds fimples multipliez par des pouces cou-*
*rant fur pieds , produifent des pouces folides fur pieds*
*quarrez.*

*Des pieds quarrez multipliez par des pouces fim-*
*ples , produifent auffi des pouces folides fur pieds*
*quarrez.*

*Des pieds fimples multipliez par des pouces quar-*
*rez , produifent des pouces folides courant fur pieds.*

*Des pouces fimples multipliez par des pouces quar-*
*rez , produifent des pouces cubes.*

*La même chofe eft des pouces à l'égard des lignes.*

N

## PROPOSITION I.

*Mesurer un Cube, ou un Parallelipipede.*

IL faut multiplier toute la base par la hauteur du Corps. *Exemple.*

Multipliez la base BD, ou la surface opposée son égale AC, par la perpendiculaire AB; 9 pieds quarrez par trois pieds simples : le produit 27 pieds cubes, sera le requis.

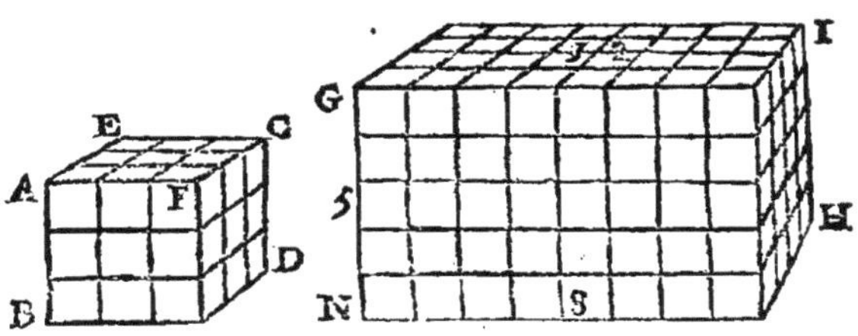

*Les 9 pieds quarrez de la surface AECF, ont chacun sous soy une colomne composée de 3 pieds cubes, & trois fois 9, font 27.*

Pour avoir le contenu du Parallelipipede GH, il faut multiplier comme cy-dessus, les parties de la surface GI, par les parties de la perpendiculaire GN, 32 par 5 : & le produit 160 pieds cubes sera le requis.

Si le parallipipede LM avoit sa hauteur LN de 3 toises, sa longueur OM de 2 toises 2 pieds, & sa largeur NO de 2 toises ; il faudroit multiplier MO par ON, 2 toises 2 pieds, par 2 toises ; le produit seroit 4 toises quarrées, 4 pieds sur toises, pour la surface NM.

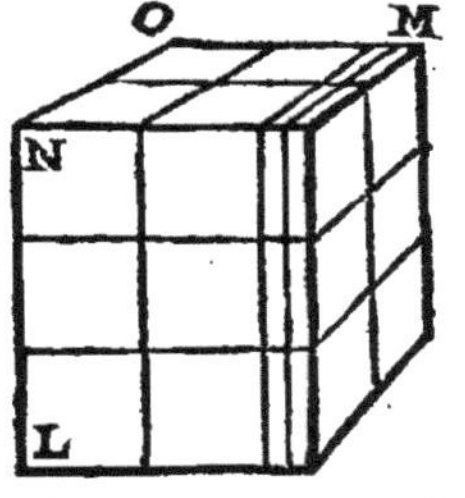

Multiplier cette surface NM par la hauteur LN, 4 toises quarrées, & 4 pieds sur toises, par 3 toises. Le produit seroit 12 toifes cubes, & 12 pieds folides fur toifes quarrées, qui feroient encore 2 toifes cubes, lefquelles eftant jointes aux 12, le Corps L M fe trouveroit contenir 14 toifes cubes.

| Toifes quarrées. | | pieds fur toifes. |
|---|---|---|
| 4 | ———— | 4 |
| 3 | ———— | |
| 12 | | 12 |

Mais fi A B eftoit de 4 pieds, B C de 2 pieds 3 pouces, & C D de 3 pieds 4 pouces. Il faudroit premierement trouver le contenu de la furface B D qui feroit de 6 pieds quarrez, 17 pouces fur pieds, & 12 pouces quarrez. *Puis*

Multiplier les 6 pieds de la furface., par les 4 de la hauteur, le produit feroit 24 pieds cubes.

Multiplier les 17 pouces de la furface par les 4 pieds de la hauteur , le produit feroit 68 pouces folides fur pieds quarrez.

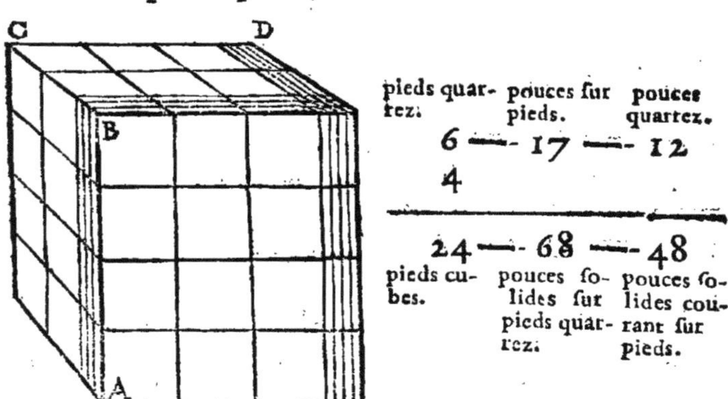



| pieds quar-rez. | pouces fur pieds. | pouces quartez. |
|---|---|---|
| 6 ——- 17 ——- 12 | | |
| 4 | | |
| 24 ——- 68 ——- 48 | | |
| pieds cubes. | pouces folides fur pieds quarrez. | pouces folides courant fur pieds. |

Multiplier encore les 4 pieds de la hauteur par les 12 pouces quarrez de la furface , le produit feroit 48 pouces folides courant fur pieds, *c'eft à dire* , 4 pouces folides fur pieds quarrez, lefquels

N ij

eſtant joints aux 68 feroient 72, c'eſt à dire 6 pieds cubes, qui avec les 24 feroient 30 pour le contenu du Corps A D.

Pour avoir le contenu du parallelipipede L O qui a ſa ſurface M O de 4 toiſes quarrées, 10 pieds courant ſur toiſes, 6 pieds quarrez; & ſa hauteur L M de 3 toiſes 2 pieds, il faudroit

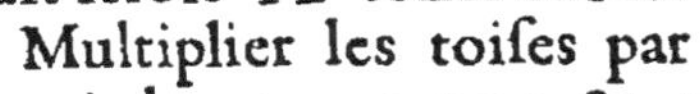


Multiplier les toiſes par les toiſes, 4 par 3; le produit ſeroit 12 toiſes cubes.

Multiplier les toiſes par les pieds, 3 par 10; & 4 par 2: les produits ſeroient 30, & 8 pieds ſolides ſur toiſes quarrées.

Multiplier les 2 pieds par les 10, le produit ſeroit 20 pieds ſolides courant ſur toiſes.

Multiplier les 3 toiſes par les 6 pieds quarrez, le produit ſeroit 18 pieds ſolides courant ſur toiſes.

Multiplier les 2 pieds par les 6, le produit ſeroit 12 pieds cubes.

Enfin additionner tous ces produits, & le Corps L O ſe trouveroit contenir 19 toiſes cubes, 2 pieds ſolides ſur toiſes quarrées, *c'eſt à dire*, un tiers de toiſe cube, & 4 pieds ſolides courant ſur toiſes, ou 24 pieds cubes.

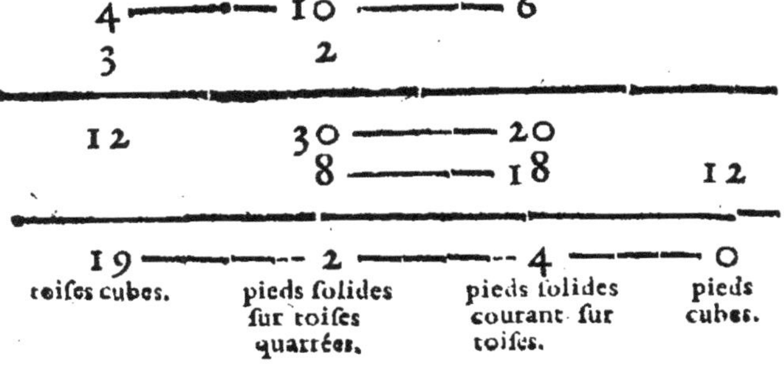

Si on avoit encore à mesurer le parallelipipede
A D qui a sa hauteur A B d'une toise, 2 pieds, 3
pouces ; sa longueur B C de 2 toises, 2 pieds, 2
pouces ; & sa largeur B E de 4 pieds 3 pouces ; il
faudroit réduire les toises en pieds, & compter 8
pieds 3 pouces pour A B, 14 pieds 2 pouces pour
B C. *Puis*

Multiplier B C par B E ; la surface B C D E se
trouveroit contenir 56 pieds quarrez, 50 pouces
courant sur pieds, & 6 pouces quarrez.

Multiplier le contenu de cette surface par la hauteur A B, & le Corps se trouveroit avoir 496 pieds
cubes, 8 pouces solides sur pieds quarrez, 7 pouces solides courant sur pieds, & 6 pouces cubes ;
ces trois especes de pouces faisant 1242 pouces
cubes.

```
   56 — 50 — 6
    8 —— 3
 ─────────────────────────
  448 — 168 — 150 — 18
         400      48
   48 — 16 —— 1
 ─────────────────────────
  496      8      7      6
```

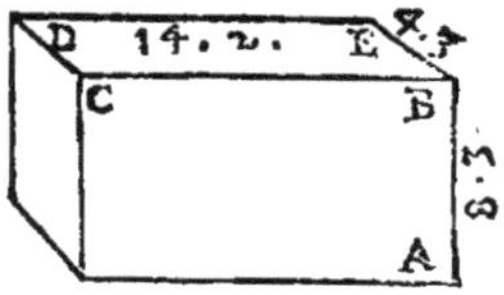

Que si enfin on trouvoit trop de difficulté à ces
fractions, on pourroit réduire aussi les pieds en pouces pour n'avoir qu'une sorte de partie. B C auroit
170 pouces, B E 51, & ces deux côtez multipliez
l'un par l'autre produiroient 8670 pouces quarrez
pour la surface B D ; laquelle estant multipliée par
la hauteur A B de 99 pouces, le produit seroit
858330 pouces cubes, qui estant divisez par 1728,
valeur d'un pied cube, le quotien donneroit pour le
contenu du parallelipipede A D, comme cy-dessus,
c'est à dire, 496 pieds & 1242 pouces cubes.

## PROP. II.

*Mesurer le Prisme triangulaire B F.*

SUppoſé que l'angle D E F ſoit droit, & les côtez D E, E F, chacun de quatre pieds. Multipliez D E par la moitié de E F, 4 par 2; le produit
8 pieds quarrez ſera l'aire du triangle D E F.

Multipliez ce triangle par la hauteur D B, 8 par
3; le produit 24 pieds cubes ſera le contenu du
Priſme propoſé.

*Les 6 quarrez entiers du triangle D E F, & les 4 demy*
*qui en font encore 2 entiers, ont chacun ſous ſoy une colomne*
*de 3 pieds cubes, & 3 fois 8 font 24.*

Vous meſurerez le Priſme V T de la même maniere, *c'eſt à dire*, en multipliant l'aire de la ſurfa-
çe S T par la hauteur S V.

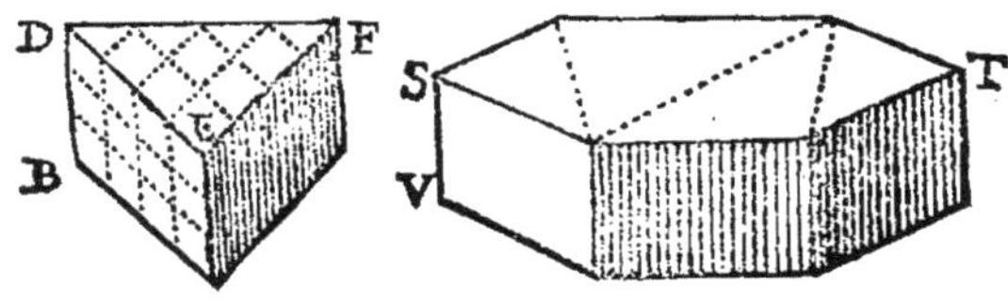

Le contenu du Priſme A E ſe trouvera en multipliant le plan A par la longueur A E, 4 par 10.

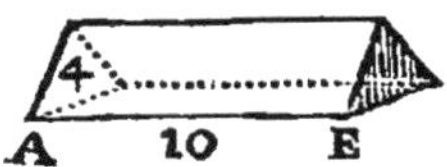

Suppoſé auſſi le Priſme C E, on le meſurera en
multipliant ſa baſe, *c'eſt à dire*, le rectangle A B C D,
par la moitié de la hauteur B E; ou la moitié du
rectangle A B C D par la hauteur B E: 60 par 2,
ou 30 par 4. Le produit 120 ſera le même que

ſi l'on avoit multiqlié le triangle A B E par la longueur A C, 12 par 10.

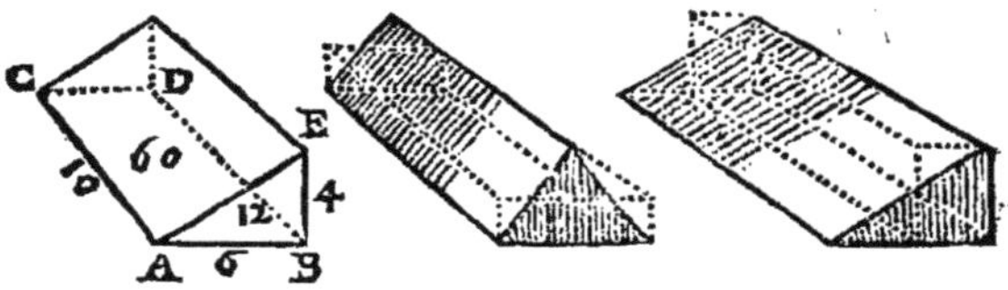

## PROP.  III.

*Meſurer le talu d'un Rampar.*

LE talu C E conſideré ſeparément du Corps du
Rampar, & terminé par deux triangles *a c m*,
*a b c*, qui ſont paralleles entr'eux, eſt proprement
un Priſme triangulaire : Ainſi on le meſurera par la
precedente, ou comme s'enſuit.

Suppoſé la longueur A E de 20 pieds, égale à
la longueur C D. Élevez du milieu de la pente A C,
l'aplomb F G, puis meſurez A G, qui par exemple ſera de 4 pieds.

Multipliez ces 4 pieds par les 20 de la longueur
A E, le produit ſera 80.

Multipliez ces 80 par les 8 de la hauteur A B,
le produit 640 pieds cubes ſera le ſolide du talu
propoſé.

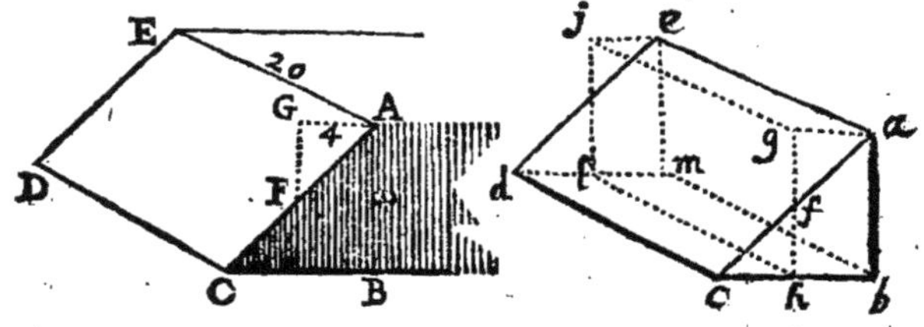

Suppoſé le rectangle *a b g h*, il eſt égal au triangle *a b c*;
car *a c* eſtant coupé en deux également par *g h*, le triangle

*a g f est égal au triangle c f b ( suivant la 59 du 2 ; ) d'ou il suit que le Parallelipipede b i, & le Prisme ou talu a d estant de même longueur a e , sont égaux ( suivant la precedente ) ainsi mesurant l'un on mesure l'autre.*

*Multipliant a e par a g, nous avons eu l'aire du rectangle a i ; & multipliant ce rectangle par la hauteur a b , nous avons trouvé le contenu du parallelipipede b i , & par conse-quent, du Prisme ou talu proposé a b c d e.*

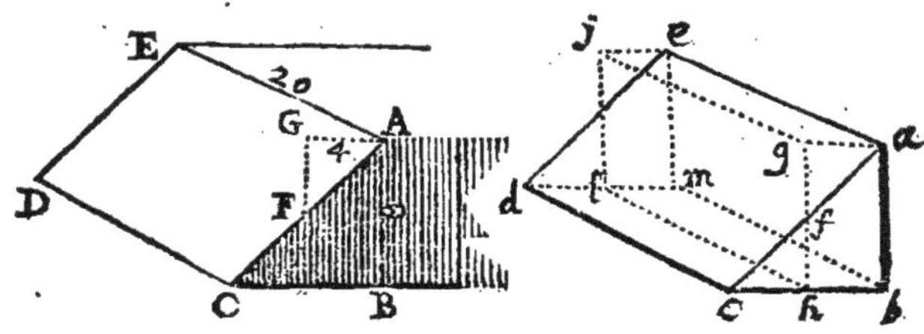


## PROP. IV.

*Soit aussi proposé de mesurer le Prisme C H dont les plans rectangles A B C D , G H I K sont paralleles entr'eux.*

SUpposé qu'A B soit de 4 toises ; A D de 6, HI de 8, & BI de 3. Le rectangle AC sera de 24 toises quarrées , le rectangle GHIK de 48, & la coupe ABIH de 18 ( suivant la 4 du 7.)

Additionnez les deux rectangles A C, GI ; & de leur somme 72, prenez la moitié 36 que vous multiplierez par les 3 de la hauteur BI ; Le produit 108 toises cubes , sera le contenu du Corps proposé : ce que vous verifierez ( par la 2 ) en multipliant les 18 toises , & la coupe ABIH par les 6 de la longueur AD qui produiront les mêmes 108 toises cubes.

Vous trouverez de même le contenu du Prisme

ou Rampart A G en multipliant la moitié de la fomme des deux rectangles A B C D , E F G H par la
hauteur B I.

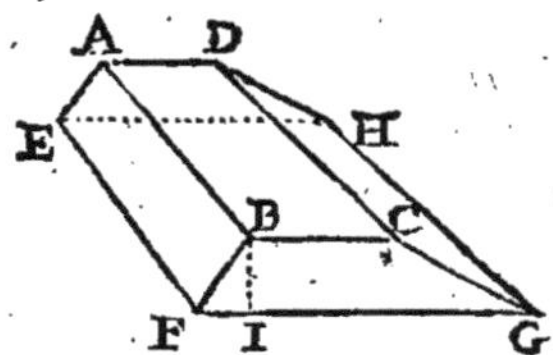

## PROP.  V.

*Mesurer le Corps D F, composé d'un parallelipipede*
*& de deux Prismes.*

MEsurez ces trois parties feparément l'une de
l'autre , vous trouverez 540 pieds cubes
pour le parallelipipede C I ; 450 pour le Prifme
A I L ; & 90 pour le Prifme A I F.

Faites addition de ces trois fommes, & vous
aurez pour le contenu du Corps propofé 1080.
pieds cubes. *Autrement.*

Mefurez les trois rectangles A C , E G , K H ; le
premier fera de 45 pieds quarrez, le deuxiéme de
60, le troifiéme de 75 , & les trois enfemble feront 180 pieds quarrez.

Prenez la moitié de cette fomme 180 , & la
multipliez par la hauteur A I, *c'eft à dire*, 90 par
12, le produit 1080 fera égal au precedent.

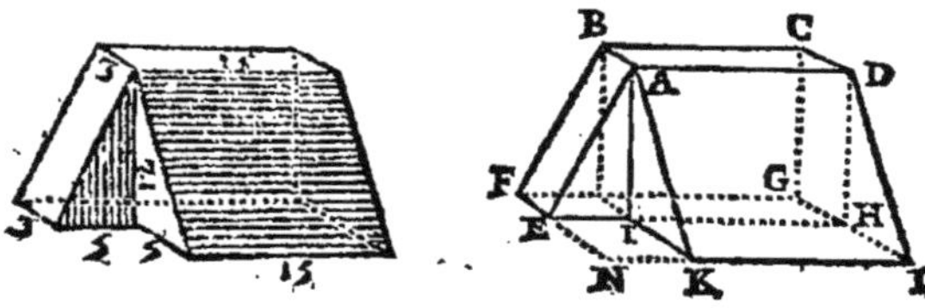

*Si on trouve quelque difficulté à mesurer les deux rectangles E G, K H, séparément l'un de l'autre, on aura la valeur des deux ensemble comme s'enfuit.*

Mesurez tout le rectangle F G L N qui se trouvera de 160 pieds quarrez.

De cette somme, ôtez les 25 du petit rectangle E K, car E I multiplié par I K, 5 par 5, donnera 25, & le reste 135 fera la valeur des deux rectangles.

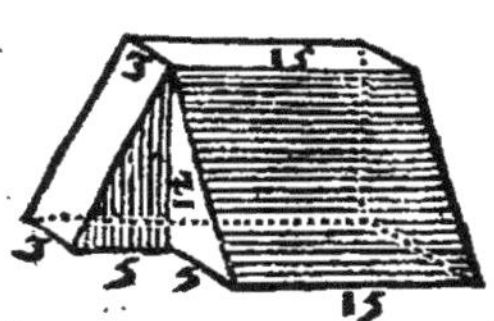 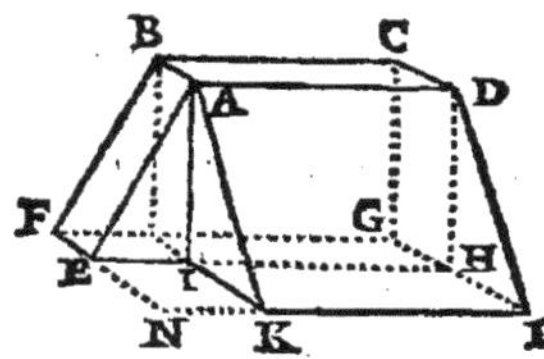

## PROP. VI.

*Mesurer une Pyramide.*

Ultipliez la base ou plan B C D, par le tiers de la perpendiculaire A E, & vous aurez le requis. *Autrement.*

Multipliez la hauteur A E, par le tiers de la base, ou enfin multipliez toute la hauteur par toute la base, & le tiers du produit sera le requis.

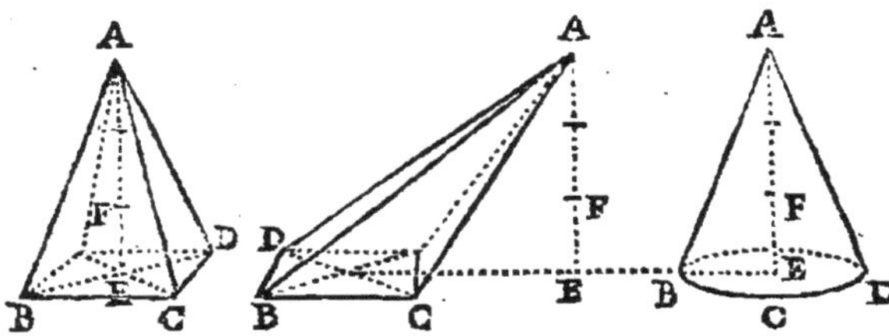

*Que le solide d'une Pyramide se trouve en multipliant le tiers de la hauteur par la base je le démontre.*

*Supposé que les six faces d'un cube B H, soient les bases*

*d'autant de Pyramides qui ayent leurs sommets au centre A,
ces six pyramides dont le cube sera composé, seront égales.*

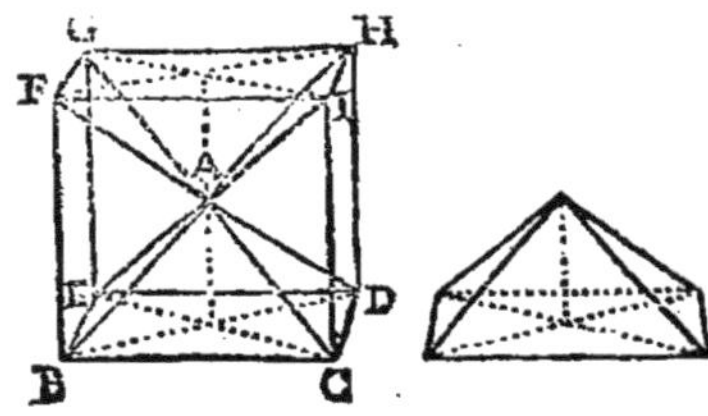

*2. Supposé que le costé
BC soit de 12 pouces, toute la base BCDE sera de
144 pouces quarrez ( sui-
vant la 1 du 7 ) & tout le
cube BH vaudra 1728
pouces cubes ( suivant la 1 )
dont la sixiéme partie 288
sera le contenu de chaque
pyramide.*

*Or tout le cube ayant 12 pouces de haut, la hauteur de la
pyramide ABCDE sera de 6, & le tiers de 6, multiplié par
la base BCDE, c'est à dire 2, par 144; produira les mêmes
288 pouces cubes que nous avons trouvé que valoit chaque pyramide. Donc le contenu d'une pyramide se trouve en multipliant toute la base par le tiers de la hauteur.*

## PROP. VII.

*Mesurer le reste d'une Pyramide, dont la surface su-
perieure est parallele à la base.*

Trouvez le sommet de la Pyramide, puis multipliez la base CDEF, par le tiers de la perpendiculaire AB, & vous aurez le contenu de la
Pyramide entiere BCDEF, (*suivant la precedente.*)

Multipliez aussi la surface superieure HOI, par
le tiers de la hauteur BO, pour avoir la valeur de
la partie perduë BHOI, laquelle estant soustraite
de celle de la Pyramide entiere, restera la valeur de
la partie proposée CI.

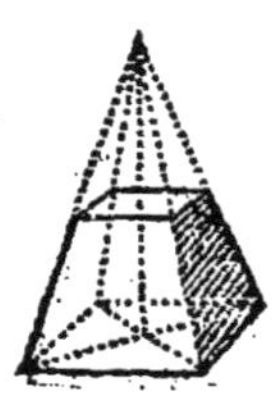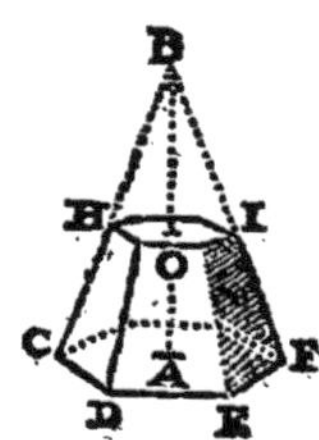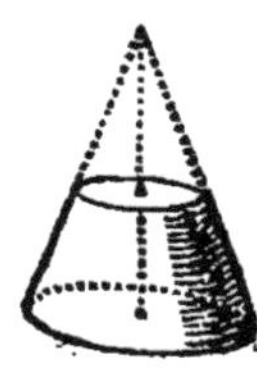

## PROP. VIII.

*Mesurer l'Exaëdre irregulier AG, dont les surfaces opposées & paralleles ABCD, EFGH, sont deux rectangles inégaux & dissemblables.*

QU'AB, soit de 20 pieds, AC de 8, EF de 15, EH de 3, & la hauteur IK de 12.

Multipliez EF par EH, 15 par 3 ; le produit 45 pieds quarrez sera la valeur du rectangle EFGH.

Multipliez aussi AB par AC, 20 par 8, le produit 160 sera la valeur du rectangle ABCD.

Mettez ces deux sommes 45, 160, en une 205.

Prenez la difference des côtez EH, AC, qui est 5, & la difference des côtez EF, AB qui est encore 5.

Multipliez ces deux differences l'une par l'autre, 5 par 5, & le produit 25 pieds quarrez, estant soustrait de la somme precedente 205, restera 180 pieds quarrez.

Prenez la moitié de ces 180 pieds quarrez, qui est 90, & la multipliez par la hauteur IK, c'est à dire par 12, le produit sera 1080 pieds cubes.

Multipliez le produit des deux differences par le tiers de la hauteur IK, 25 par 4 ; & le produit 100 pieds cubes, joint au precedent 1080, fera la valeur requise 1180 pieds cubes.

*Supposé que l'Exaëdre ait quatre parties, sçavoir un parallelipipede FGHIDOKP, deux Prismes IKNBFP, IKLCHO, & une pyramide IANKL ; ces parties estant mesurées, le parallelipipede se trouvera contenir 540 pieds cu-*

bes ( *suivant la* 1 ) *le premier Prisme* 450 , *le deuxiéme* 90
( *suivant la* 2 ; ) *la Pyramide* 100 ( *suivant la precedente* ) &
*les quatre sommes jointes ensemble feront les* 1180 *pieds cubes
que nous avons dit estre le contenu de l'Exaëdre.*

*Mais supposé que l'Exaëdre ayant les mêmes mesures soit
composé de neuf parties , d'un Parallelipipede , de quatre Prismes , & de quatre Pyramides : en mesurant aussi ces parties
chacune à part , on trouvera encore les mêmes* 1180 *pieds
cubes.*

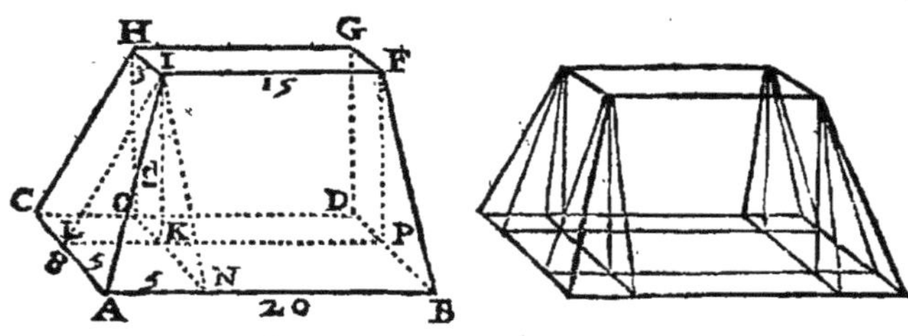

*Ceux qui veulent mesurer cet Exaëdre en multipliant la moi-
tié de la somme des deux rectangles* F H , B C , *par la hauteur*
I K , *peuvent voir qu'ils se trompent considerablement ; car au
lieu de* 1180 *pieds cubes qui sont le juste contenu de ce Corps,
ils en trouvent* 1230 : & *l'erreur vient de ce qu'ils le mesurent
comme un Corps composé seulement de Prismes & de Parallelipipedes ( suivant la* 4 ) *ne considerant pas qu'il tient de la Pyramide , & qu'il faut mesurer ses parties pyramidales separé-
ment du reste , la maniere de les mesurer en estant differente ;
& c'est ce que nous avons fait en multipliant à part les* 25
*pieds du rectangle* A N K L *par le tiers de la hauteur* I K , *pour
avoir le contenu de la partie pyramidale* A N K I L.

## PROP. IX.

*Mesurer un canal ou fossé* A C , *pour sçavoir la
quantité de terre qu'on en a tiré.*

MEsurez ce canal comme si c'estoit un Prisme ;
c'est à dire ,

Mesurez la coupe A D F H ( *par la* 4 *du* 7 ) & la
multipliez par la longueur A B , 38 par 200 , le produit 7600 pieds cubes sera le requis. *ou bien*

Multipliez la largeur A D par la longueur A B, 200 par 20; le produit 4000 toises quarrées sera, pour la partie superieure du Canal A B C D.

Multipliez ces 4000 toises, par la profondeur E I qui est de 2; & du produit 8000 toises cubes, retranchez le solide des deux talus A E, D G, lesquels estant chacun de 200 toises cubes ( *suivant la 2* ) restera 7600 toises cubes pour le requis.

*Autrement.* Prenez la moitié des deux largeurs A D, F H, c'est à dire 19, & la multipliez par les 200 de la longueur A B; puis multipliez le produit 3800 par les 2 de la profondeur, & vous trouverez les mêmes 7600 toises cubes.

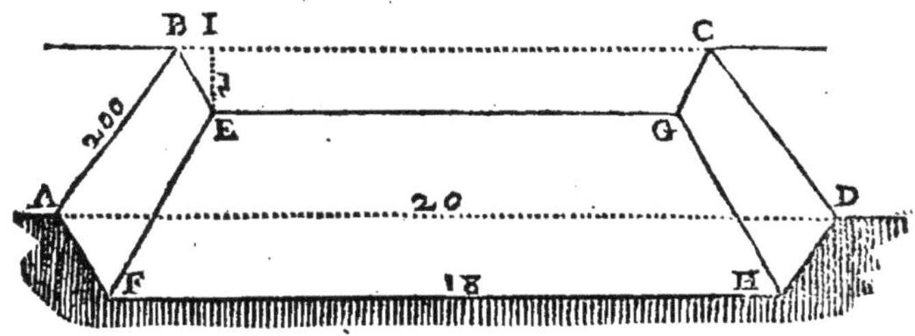


## PROP. X.

*Mesurer la Massonnerie qui fait le tour ou le bord d'un Bassin de Fontaine.*

S Oit proposé de mesurer le bord du Bassin Exagonal A B, composé de six Prismes égaux. Mesurez un de ces Prismes ( *par la 2* ) comme A en

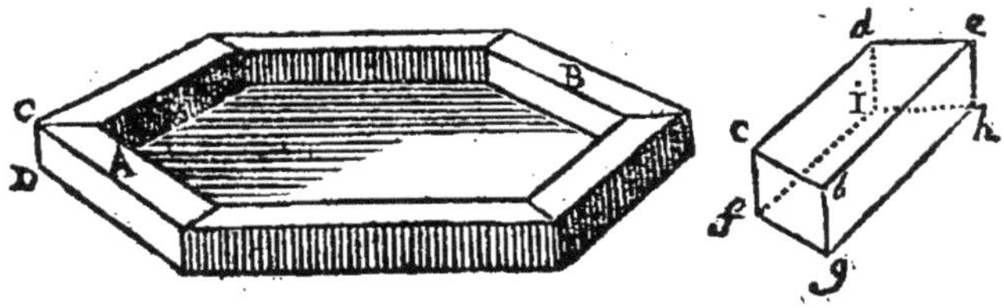

multipliant la surface superieure par la hauteur C D ; &
supposé qu'il se trouve estre de 15 pieds cubes, multipliez ces 15 pieds par le nombre des Prismes, c'est
à dire par 6, le produit 90 sera le requis.

## PROP.  XI.

*Mesurer le bord d'un Bassin rond.*

M Esurez l'aire du grand cercle AB, & celuy
du petit CD *(par la 8 du 7.)*

Defalquez de l'aire du grand cercle, celuy du petit, l'aire qui restera sera la difference des deux
cercles, qui fait la surface ou partie superieure du
bord du bassin.

Multipliez cette difference A E B, par la hauteur
E F, & le produit sera la valeur requise.

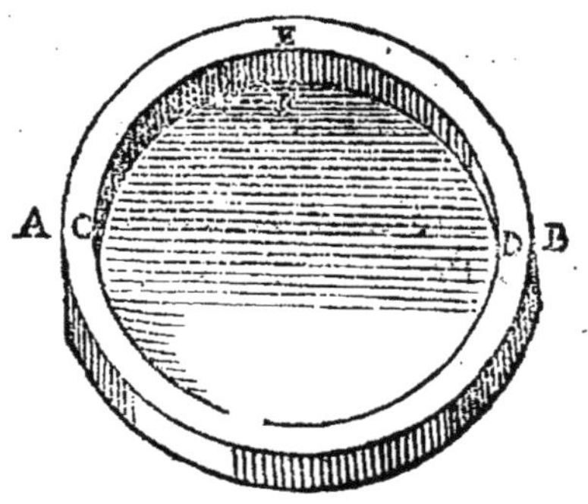


## PROP.  XII.

*Mesurer le solide d'un talu A F qui fait un angle
droit rentrant B H L.*

C Onsiderez ce talu comme un solide composé
de deux Prismes A B C D E, D F G I K.

Mesurez ces Prismes ( *par la 3* ) & supposé que le premier se trouve estre de 300 pieds cubes, le deuxiéme de 400 ; les deux ensemble feront 700.

Retranchez de cette somme la valeur de la Pyramide D C H I K qui est commune aux deux Prismes, le reste sera le contenu du talu.

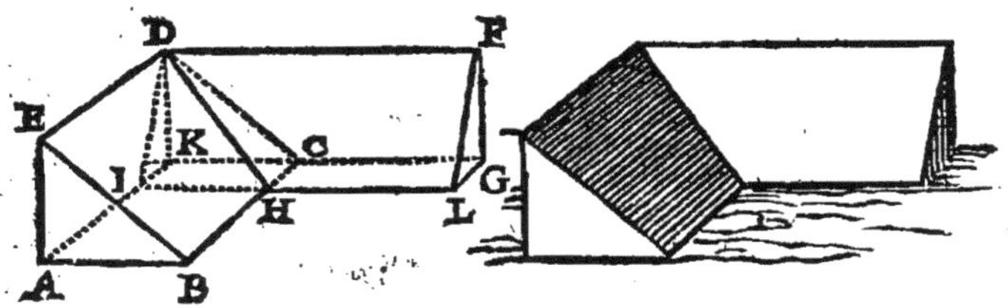

## PROP. XIII.

*Mesurer le talu de l'angle saillant C E G.*

COupez D H égale à B C , F I égale à B G, puis considerez le talu proposé comme un solide composé de trois parties, deux Prismes C H, I G ; & une Pyramide A B H E I.

Mesurez les Prismes *par la 3* ) & la Pyramide ( *par la 6.* )

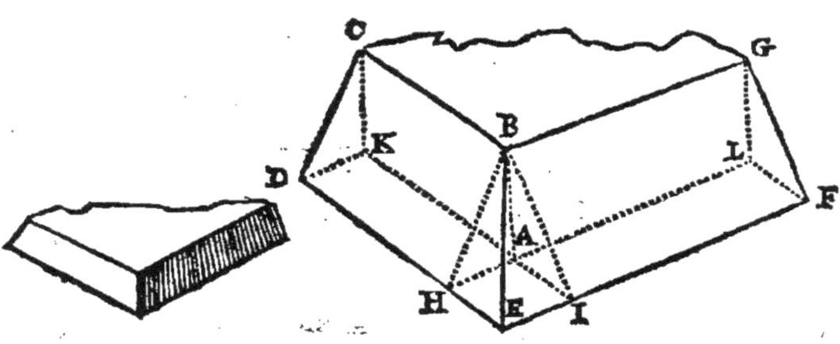

PROP.

## PROP. XIV.

### *Mesurer le solide en talu A B E.*

JE suppose qu'A D, B C sont paralleles, & que l'angle BAD est droit, comme il paroist par le plan Geometral a b c d.

Coupez F I égale à B C, puis regardez le solide comme un corps composé de deux parties; d'un Prisme A B C I F, & d'une Pyramide C D E I H, dont le quarré D E I H en est la base, & le point C le sommet.

Mesurez le Prisme ( *suivant la 2,* ) il se trouvera avoir 36 pieds.

Mesurez aussi la Pyramide ( *suivant la 6 ,* ) elle se trouvera en avoir 48 ; & la somme de ces deux parties, c'est à dire 84 , sera la valeur requise.

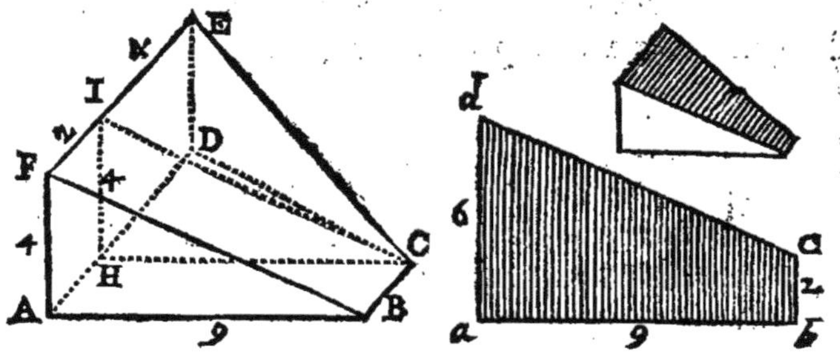

## PROP. XV.

### *Mesurer le talu de l'angle rentrant D L F qui est obtus.*

PRenez D C égale à B N, E F égale à B G, puis supposant que les parties A B L , B L F , sont

Q

compofées chacune d'un Prifme & d'une Pyramide, vous trouverez le folide du talu propofé par la
precedente; c'eft à dire en mefurant les deux Prif-
mes B D , G E, & les deux Pyramides B L H , B L K.

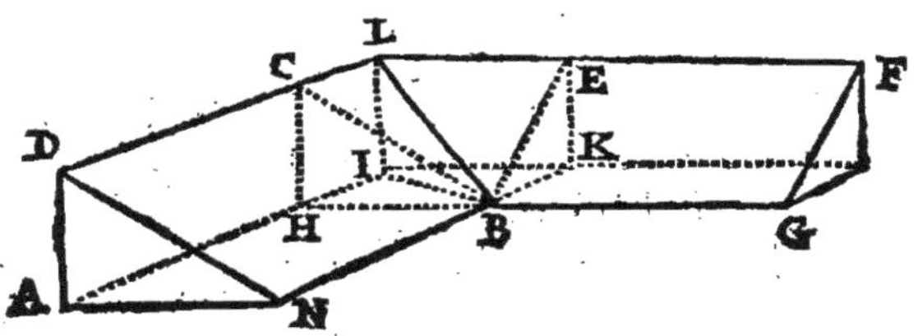

## PROP.  XVI.

*Mefurer le Dodecaëdre regulier A.*

LEs furfaces du Dodecaëdre font comme les bafes d'autant de Pyramides égales qui ont leurs
fommets au centre de ce Corps. *Ainfi*

Mefurez une de ces Pyramides ( *par la 6 ,* ) &
fuppofé qu'elle fe trouve eftre de 10 pieds cubes,
multipliez ces dix pieds par le nombre des Pyramides qui eft 12 , le produit 120 fera le requis.

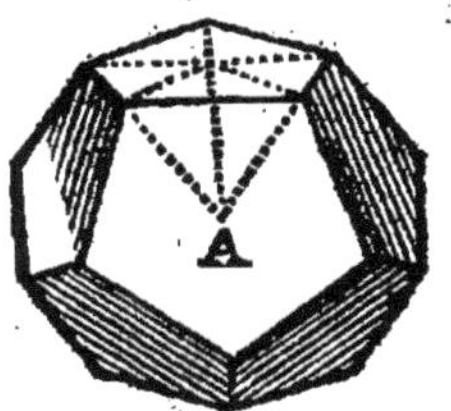

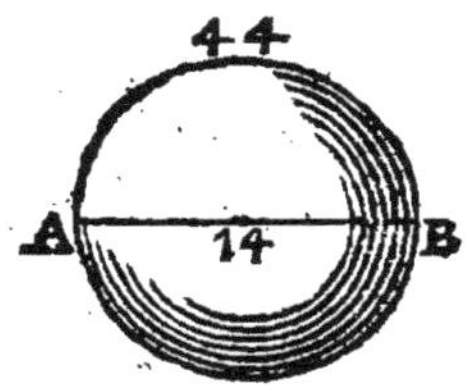


## PROP.  XVII.

*Mefurer une Sphere.*

IL faut multiplier le diametre par la circonference de fon cercle , le produit fera la furface de
la Sphere ( *fuivant Archimede* ) multiplier enfuite

le tiers de cette surface par le rayon ou demidiametre, & on aura le requis. *Exemple.*

Supposé que le diametre A B soit de 14 pouces,
la circonference de son cercle de 44 ; multipliez
ces deux valeurs l'une par l'autre, & le produit
616 pouces quarrez, sera la valeur de la surface
de la Sphere.

Prenez le tiers de ces 616 pouces quarrez, qui
est 205 $\frac{1}{3}$, & le multipliez par 7, moitié du diametre ; le produit 1437, sera le contenu demandé.

*Si on suppose que les 616 pouces quarrez de la surface de
cette Sphere, sont les bases d'autant de Pyramides égales qui
ont leurs sommets au centre ; il est évident, que multipliant le
tiers de ces bases ( comme si toutes n'en faisoient qu'une ) par la
hauteur des Pyramides, qui est le demidiametre de la Sphere ;
on a ( suivant la 6 ) le contenu des 616 Pyramides, & par
consequent le contenu de la Sphere qui en est composée.*

## PROP. XVIII.

### *Mesurer le contenu d'un Tonneau.*

**M**Esurez l'aire d'un de ses fonds A B, & celuy
du plus grand cercle C D pris en dedans,
puis multipliez la moitié de la somme de ces deux
cercles par la longueur du tonneau E F. *Ie m'expli-
que.*

Si le diametre A B est de 14 pouces, le diametre C D de 16, leurs cercles seront ; le premier de

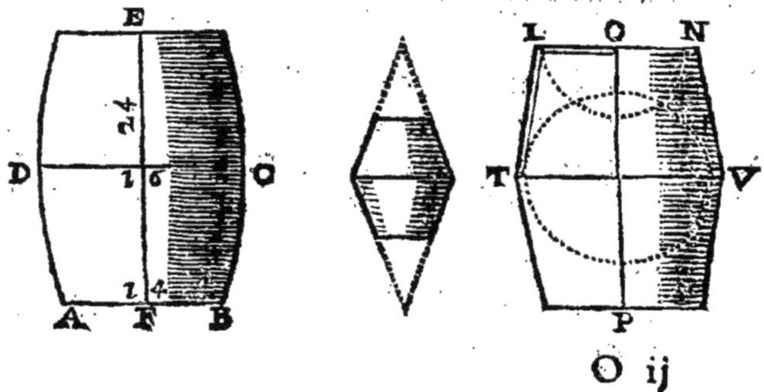

154 pouces quarrez, le deuxiéme de 201 $\frac{1}{7}$; (*suivant la 8 & 9 du 7,*) & les deux ensemble feront 355 pouces quarrez $\frac{1}{7}$.

De cette somme prenez la moitié 177 $\frac{4}{7}$, & la multipliez par la longueur E F de 24 pouces ; le produit 4261 pouces cubes $\frac{5}{7}$ sera à peu prés le contenu demandé.

*Il ne faut pas s'imaginer, comme font quelques-uns, que par cette Regle le Tonneau n'est mesuré que comme un Vaisseau composé de deux parties de Cones T O V P, car le produit de la multiplication de la longueur O P, par la moitié de la somme des cercles des deux diametres L N, T V, donne plus que la valeur d'un vaisseau tel qu'est T O V P, suivant ce que nous avons fait voir dans la 8. Prop. & ce plus va à peu prés pour la courbure du tonneau.*

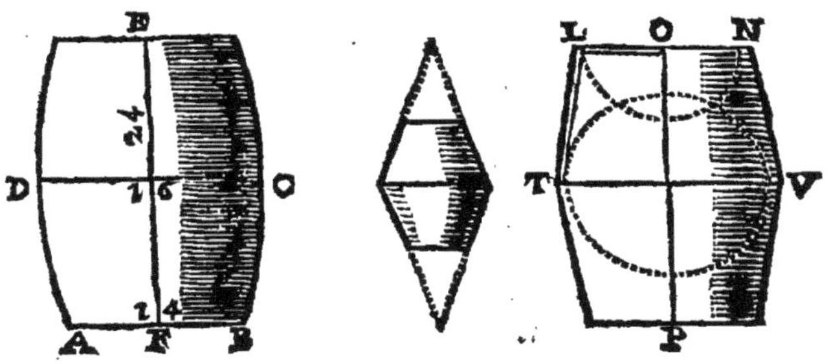

## PROP. XIX.

*Mesurer une certaine quantité de liqueur proposée.*

IL faut avoir un Bacquet fait bien à l'Equiere, & la liqueur y estant versée, la mesurer comme on mesureroit un Parallelipipede.

*Exemple.* Supposé que le Bacquet ait en dedans 8 pouces de long, 4 de large, & qu'estant bien de niveau la liqueur y soit haute de 2.

Multipliez la longueur par la largeur, 8 par 4,

& le produit 32 , par la hauteur 2 , le requis se trouvera de 64 pouces cubes.

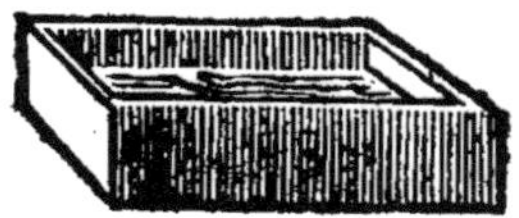

## OBSERVATION I.

LEs Parallelipipedes & les Prismes de même hau-teur, sont entr'eux comme leurs bases.

*Supposé que le premier Parallelipipede, le deuxiéme & le Prisme suivant ayent leurs bases doubles l'une de l'autre ; je veux dire, que la premiere base soit double de la deuxiéme, & celle-cy double de la troisiéme ; la premiere ayant 8 pouces quarrez, la deuxiéme en aura 4 , & la troisiéme 2 : Et si la hauteur de ces Corps est de 10 pouces, le premier Parallelipipede sera de 80 pouces cubes, le deuxiéme de 40 , moitié de 80, & le Prisme de 20 , moitié de 40 ( suivant la 1 & la 2. ) Mais la base du Cilindre estant de 6 pouces quarrez, le Cilindre aura 60 pouces cubes ; & comme la base du Cilindre sera à la base du Prisme, 6 à 2 ; le Cilindre sera au Prisme, 60 à 20.*

Il s'ensuit aussi que

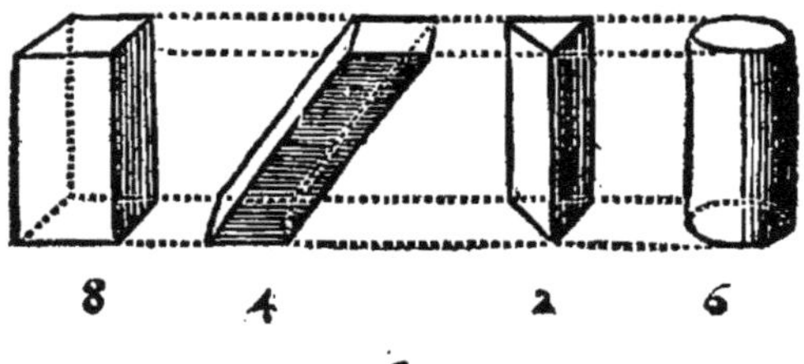



2.

Les Pyramides de hauteurs égales, sont en mê-me raison que leurs bases.

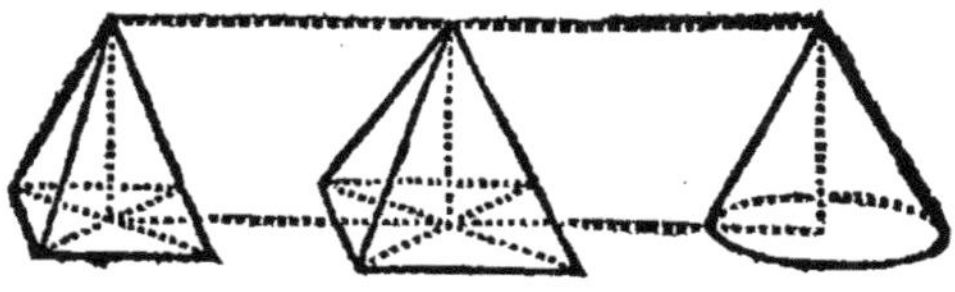

### 2.

Un Prifme & une Pyramide de même hauteur & de bafes égales , font en raifon de 3 à 1 ; *c'eft à dire, que le Prifme eft triple de la Pyramide.*

*Suppofé que le Prifme A & la Pyramide B , ayent 4 pieds de hauteur fur des bafes de 9 pieds quarrez ; le Prifme ( fuivant la 1 ) fera de 36 pieds cubes, & la Pyramide feulement de 12 ( fuivant la 6. )*

*La même chofe doit s'entendre du Cilindre C à l'égard du Cone D.*

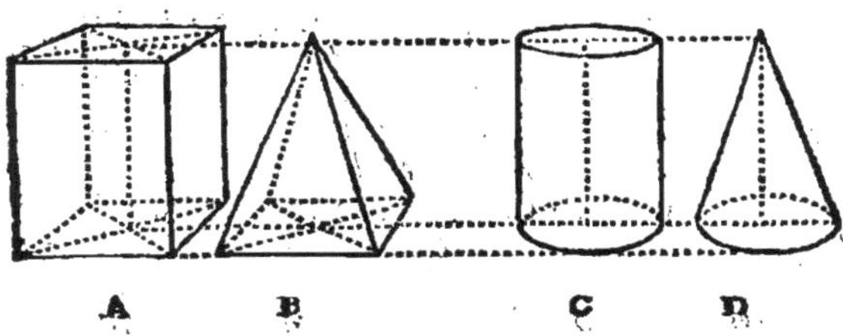



### 4.

Un Prifme & une Pyramide de même hauteur font en même raifon, que la bafe du Prifme eft au tiers de la bafe de la Pyramide ; ou que la bafe du Prifme prife trois fois , eft à la bafe entiere de la Pyramide.

*Exemple. Que le Prifme A , & la Pyramide B foient de même hauteur ; & que la bafe de la Pyramide foit divifée en trois parties egales , CH , IK . LD ; le Prifme A, eft à la Pyramide B ; comme fa bafe EF, eft à CH , troifiéme partie de la bafe CD.*

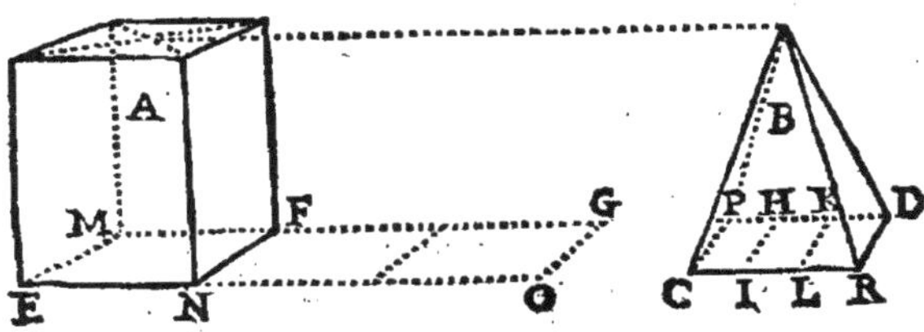

Ou bien. *Supposé le plan E G trois fois auſſi grand que la baſe E F ; le Priſme eſt à la Pyramide , comme le plan E G eſt à la baſe C D : de ſorte que ſi le plan E G eſt double ou triple du plan ou baſe C D , le Priſme eſt double ou triple de la Pyramide ; ce qui eſt évident par la precedente.*

### 5.

Les Corps ſemblables , *par exemple* , A & B, ſont en raiſon triplée de leurs baſes : ou ce qui eſt la même choſe , ils ſont entr'eux comme les cubes de leurs côtez homologues.

*Que C D , E F , G H , I K , ſoient continuellement proportionnelles : la raiſon de C D à I K , eſt triplée de la raiſon de C D à E F ( par la 66 du I. ) Or comme le côté C D d'un pied , à I K de huit ; ou le cube C D d'un pied au cube E F de huit ; auſſi la Pyramide A eſt à la Pyramide B , comme un à huit.*

*De même, la Sphere L eſt à la Sphere M, comme le cube N, eſt au cube O : ou bien ce qui eſt la même choſe, la Sphere L, eſt à la Sphere M , comme ſon diametre P P , eſt à la quatriéme proportionnelle T T.*

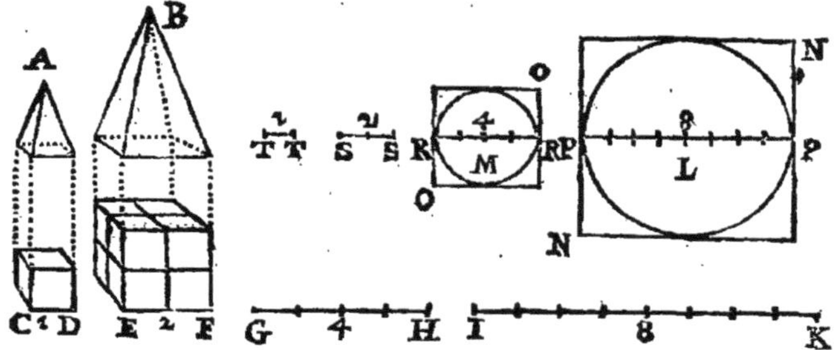

*Que la Pyramide A , ſoit à la Pyramide B en raiſon d'un à huit , je le démontre.*

*Puiſque les Pyramides A , B , ſont ſemblables, & que C D eſt d'un pied ou de 12 pouces ; & E F, de deux pieds ou de 24 pouces ; la hauteur A V eſtant de 21 pouces, la hauteur B X, ſera de 42 ; car comme E F eſt double de C D ; B X doit auſſi eſtre double de A V. De plus, les baſes C D G I , E F H K, eſtant des quarrez parfaits, la premiere ſera de 144 pouces quarrez, & la deuxiéme de ( 576 ſuivant la 1 du 7 ) cela connu, si on multiplie la premiere base 144, par 7, tiers de la hauteur B X; le produit 1008, sera le contenu de la Pyramide A: & si on multiplie la deuxiéme base 576, par 14, tiers de la hauteur B X; le produit 8064, octuple du precedent 1008; sera le contenu de la Pyramide B. Donc la Pyramide A est à la Pyramide B, comme un à huit.*

*La même demonstration se fera des deux Spheres.*

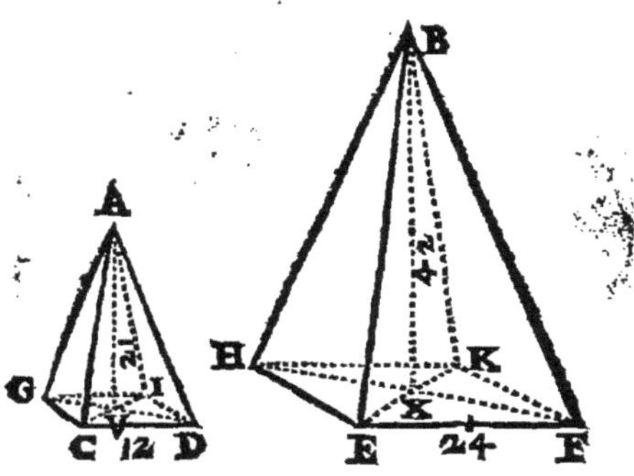

6.

Il s'enfuit que pour faire un Corps femblable à un autre, mais plus grand ou plus petit ; *par exemple*, un cube double ou triple du propofé A : il faut prendre une ligne I K double ou triple du côté C D ; puis trouver entre ces deux longueurs C D, I K, deux moyennes proportionnelles E F, G H, ( *par la 54 du 3 :* ) & la feconde E F fera le côté d'un cube double ou triple du propofé.

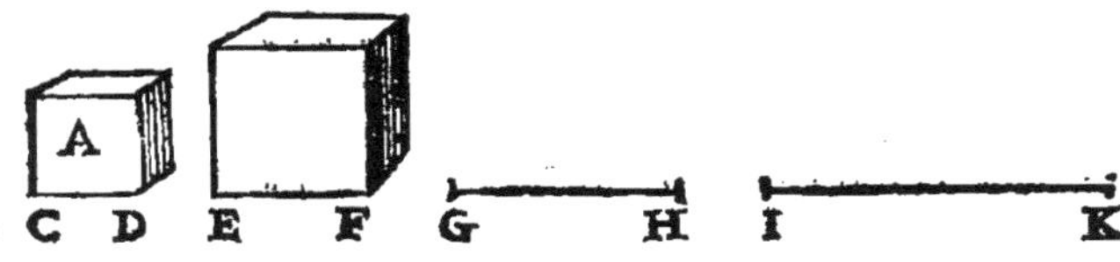

7.

Si on vouloit fairé une fuite de Corps fembla-bles, de Boules, *par exemple*, qui fuffent quadru-ples l'une de l'autre dans une proportion continuée ; la premiere A eftant donnée de 16 lignes de dia-

metre, il faudroit prendre le diametre P Q de quatre ; puis trouver les deux diametres moyens L M,
N O (*par la 54 du 3,*) & les boules A, B, C, E,
seroient quadruples l'une de l'autre.

Pour en ajoûter une cinquiéme, il n'y auroit
qu'à trouver son diametre T V proportionnel aux
deux diametres P Q, N O, (*suivant la 49 du 3,*)
& faire la même chose pour une sixiéme, une septié-
me, &c.

*Suivant la precedente, la boule A seroit quadruple de la*
*boule B comme le diametre I K le seroit du diametre P Q : Et*
*le diametre L M estant au diametre T V comme I K à P Q,*
*par la raison d'égalité, la boule B seroit quadruple de la bou-*
*le C, comme le diametre L M seroit quadruple du diametre*
*T V. Et ainsi des autres boules.*

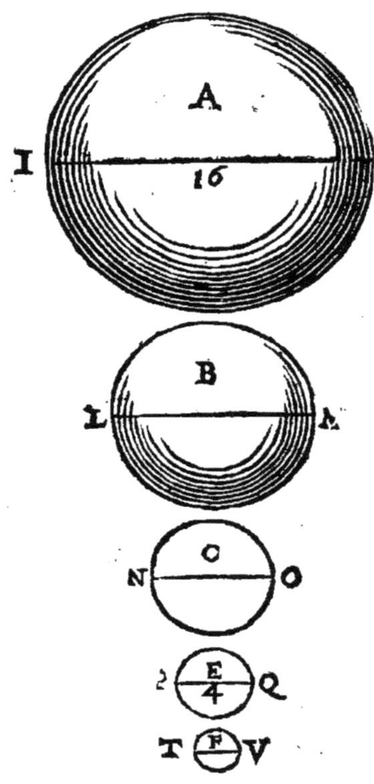

## CHAPITRE DIXIE'ME.

# PRATIQUE SUR LE TERRAIN,
Où l'on enseigne à lever des Plans, à en tracer, & à mesurer toutes sortes de dimentions inaccessibles.

---

*ON travaille sur le Terrain avec divers Instrumens. Ceux dont on use le plus sont le Cordeau, le Demicercle, le Compas de proportion, & la Planchette.*

### USAGE DU CORDEAU.

Le Cordeau peut estre simple & de telle longueur qu'on voudra, mais estant divisé, il est de dix Toises pour l'ordinaire, & les divisions y sont marquées par des nœuds faits de six pieds en six pieds, c'est à dire, de toises en toises.

## PROPOSITION I.

*Du Piquet C, conduire sur le Pré une ligne qui fasse des angles égaux avec le mur A B.*

FIchez prés du mur A B, deux Piquets E, F, également éloignez du Piquet C, à la distance d'environ deux ou trois toises.

Prenez le cordeau par le milieu D, & faites porter ses deux bouts, l'un au Piquet E, & l'autre au Piquet F, puis le tenant bandé de part & d'autre, fichez le Piquet D, par lequel vous conduirez la ligne demandée ( *Voyez la 4 du 3.* )

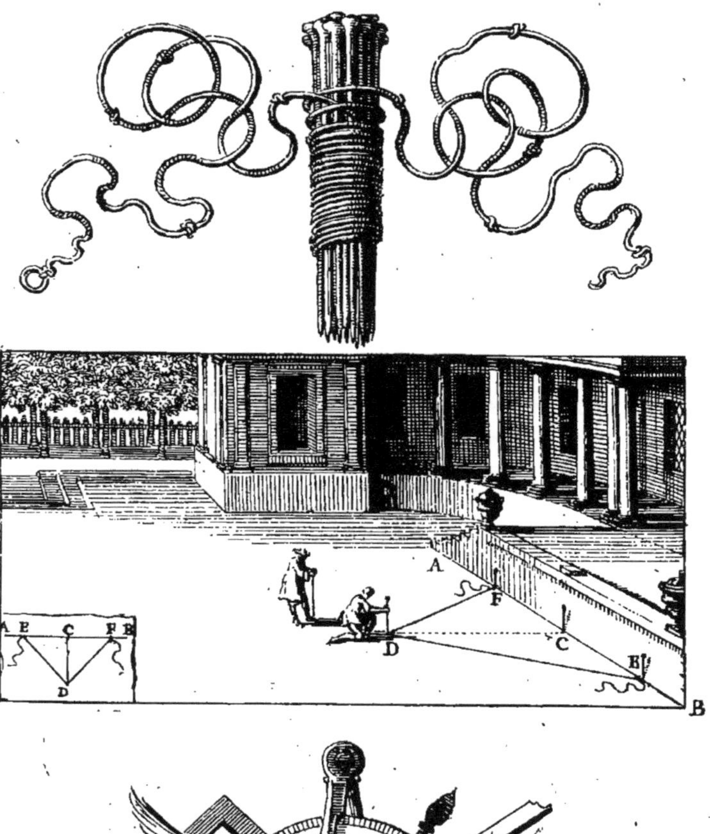

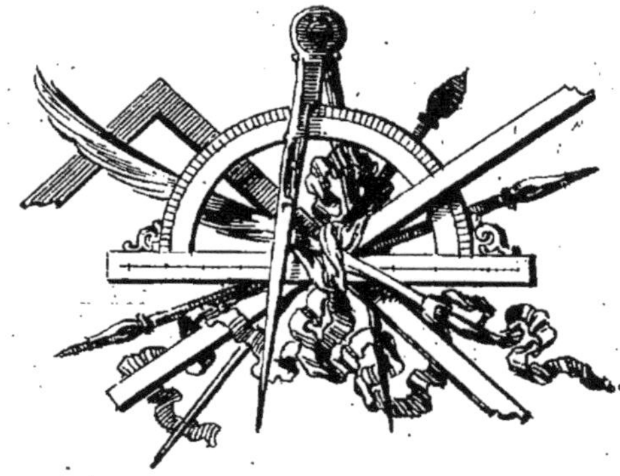

## PROP. II.

*Tirer sur le Pré ou Terrain, & au Piquet B, une ligne qui fasse un angle droit avec le mur A B.*

PLiez le Cordeau en deux, & le tenant par le milieu avec un Piquet C ; faites porter un de ses bouts au Piquet B, & l'autre à quelque distance de là , *par exemple* au Piquet D, qu'on aura fiché à volonté contre le mur.

Plantez le Piquet C, tenant le Cordeau tendu de part & d'autre , de maniere qu'il fasse un triangle isocele B C D.

Levez le bout du Cordeau qui est au Piquet B & le portez en E, prenant garde que C E soit une ligne droite avec C D; puis menez B E qui fera un angle droit avec A B, ( *suivant la 5 du 3.* )

## PROP. III.

*Couper l'angle A B C en deux également.*

PLantez deux Piquets G, H, en égale distance de la pointe de l'angle B.

Prenez deux parties égales de Cordeau H O, G O, & B O, coupera l'angle en deux ( *suivant la 3 du 3.* )

## PROP. IV.

*Du Piquet C, mener un Cordeau parallele au mur A B.*

PRenez avec le Cordeau, la distance B D égale à la distance A C ( *suivant la 8 du 3.* )

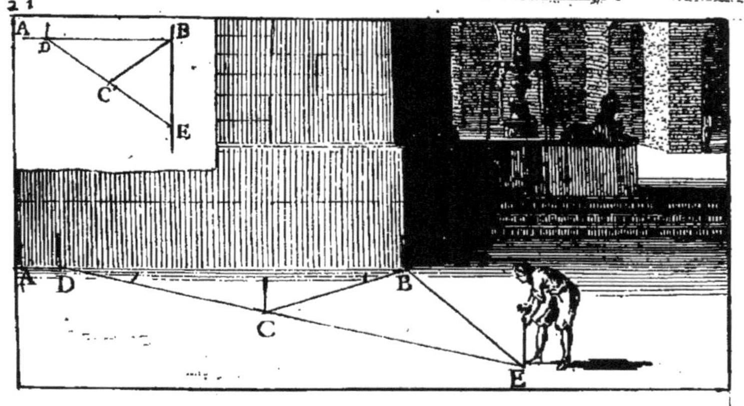
A B
D
C
E
A D
C
B
E

A B C
G H
O
A G
B
O
H
C
De Clerc f.

B
C D

## PROP.  V.

*Lever le plan d'un mur A C bâti sur la descente d'une
montagne, ou plûtost, mesurer ce mur
pour en avoir le plan.*

**M**Esurez sa longueur par la ligne de niveau
A B, ou par les trois A D, E F, G B; lesquelles prises ensemble sont égales à la seule de niveau A O.

*Il y a de là différence entre mesurer un mur com-
me celuy-cy pour le toisé de la Massonnerie; & le
mesurer pour en lever le plan.*

*Dans le premier cas le mur doit estre mesuré par
toute sa longueur A C; mais dans le second, il le faut
mesurer seulement par la longueur qu'il auroit sur des
fondemens pris sans aucune pente comme L M.*

## PROP.  VI.

*Lever le Plan de l'angle rentrant B, c'est à dire,
décrire sur du papier, un angle égal à celuy
des deux murs A B C.*

**P**Lantez les Piquets D, E, à quatre ou cinq toises de la pointe de l'angle B.

Mesurez la distance qui est entre les Piquets D,
E, puis faites sur du papier le triangle b d e semblable au triangle B D E, (par la 30 du 3,) & vous
aurez l'angle b, égal à l'angle B.

## PROP.  VII.

*Lever le plan de l'angle saillant E F G.*

**A**Ttachez le Cordeau par un bout à l'angle F,
& le tendez vers H faisant une ligne droite
avec E F.

Prenez F H de 5 ou 6 toises, & F I d'autant.
Mesurez la distance des deux Piquets H I.

S le Clerc f.

Faites un triangle f i h semblable au triangle
F H ( *par la 30 du 3,* ) & l'angle exterieur o f i
sera le requis.

## PROP. VIII.

*Tracer sur le terrain un triangle semblable au
proposé A B C.*

**P**Renez trois parties de Cordeau D , E , F , chacune d'autant de toises qu'il y en a d'écri-
tes sur les côtez du triangle A B C.

*Les lignes se tracent sur le terrain avec une bêche
ou quelque autre instrument propre à couper la terre.*

## PROP. IX.

*Lever le plan d'un mur composé de plusieurs
angles A , B , C , D.*

**T**Endez le Cordeau A I , & dans son aligne-
ment , plantez les piquets G , H , L , &c. vis
à vis des angles B , C , D , &c.

Mesurez les perpendiculaires G B , H C , L D , &
toutes les parties du cordeau A I.

Tirez sur du papier une ligne a i , & la divisez
par le moyen d'une petite échelle , aux points g ,
l , m , n; comme le cordeau A I est divisé par les
piquets G , L , M , N.

De tous ces points g , l , m , n , élevez des perpendiculaires g b , h c , &c. & les terminez entre
elles suivant les mesures des perpendiculaires G B ,
H C , &c. puis par leurs extremitez décrivez le plan
demandé a , b , c , d , i.

*Le serpentement d'une riviere se désignera de mê-
me , & le courant de l'eau peut estre marqué par une
fleche A B , qu'on sçait aller toûjours la pointe devant.*

Le Clerc f.

Faites un triangle f i h femblable au triangle
F I H ( *par la 30 du 3,* ) & l'angle exterieur o f i
fera le requis.

## PROP. VIII.

*Tracer fur le terrain un triangle femblable au*
*propofé A B C.*

PRenez trois parties de Cordeau D , E , F , chacune d'autant de toifes qu'il y en a d'écri-
tes fur les côtez du triangle A B C.

*Les lignes fe tracent fur le terrain avec une béche*
*ou quelque autre inftrument propre à couper la terre.*

## PROP. IX.

*Lever le plan d'un mur compofé de plufieurs*
*angles A , B , C , D.*

TEndez le Cordeau A I , & dans fon aligne-
ment , plantez les piquets G , H , L , &c. vis
à vis des angles B , C , D , &c.

Mefurez les perpendiculaires G B , H C , L D , &
toutes les parties du cordeau A I.

Tirez fur du papier une ligne a i , & la divifez
par le moyen d'une petite échelle , aux points g ,
l , m , n; comme le cordeau A I eft divifé par les
piquets G , L , M , N.

De tous ces points g , l , m , n , élevez des perpendiculaires g b , h c , &c. & les terminez entre
elles fuivant les mefures des perpendiculaires G B ,
H C , &c. puis par leurs extremitez décrivez le plan
demandé a , b , c , d , i.

*Le ferpentement d'une riviere fe défignera de mê-*
*me , & le courant de l'eau peut eftre marqué par une*
*fleche A B , qu'on fçait aller toûjours la pointe devant.*

C
10
7
A 10 B
F
E
D

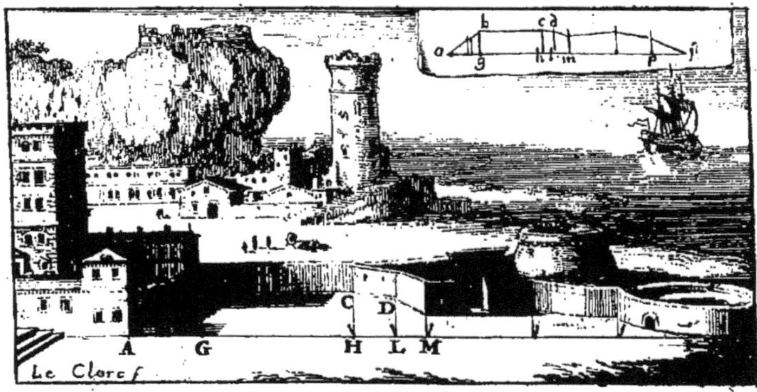
b c d
a
g
h l m
p n
C D
A G H L M
Le Clerc f

A B

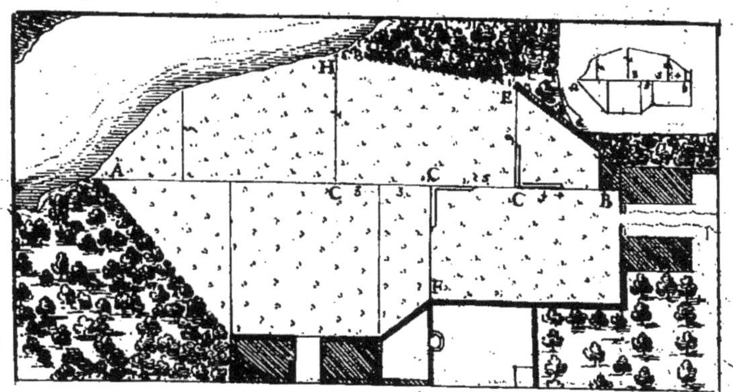

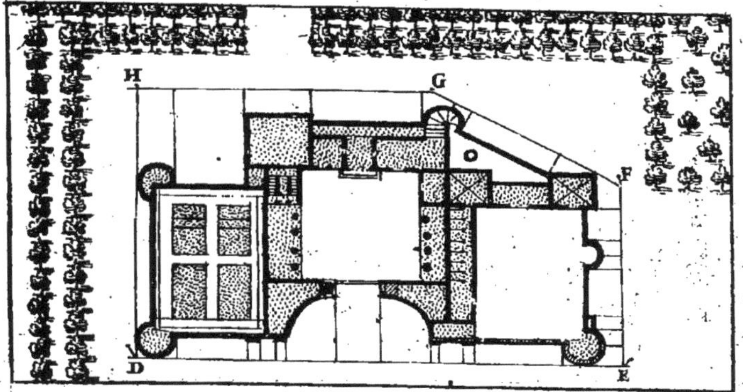

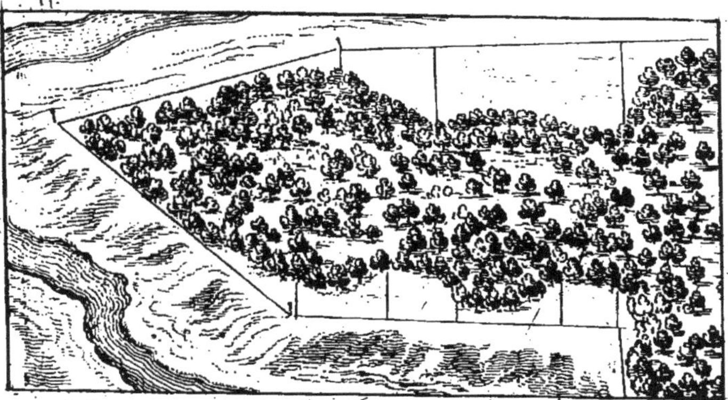

## PROP. X.

*Lever le plan d'un pré, ou de telle autre piece de terre qu'on voudra.*

TEndez un cordeau tout au travers, par exemple de l'angle A à l'angle B.

De cette ligne, que nous appellons ordinairement ligne maîtresse, observez la situation de tous les angles du pré (*par la precedente.*)

*Les lignes C E, C H, &c. peuvent estre conduites à angles égaux sur A B, par le moyen d'une grande Equiere, comme la figure le fait voir.*

## PROP. XI.

*Lever le plan d'un Chasteau par le dehors.*

ENvironnez le Chasteau par de grandes lignes maîtresses D E F G, & mesurez exactement leurs longueurs, & l'ouverture des angles qu'elles feront entr'elles.

*Ces grands alignemens D E F G, se feront ou de cordeau, ou seulement de rayons visuels; & pour les angles, outre qu'on en peut prendre les ouvertures par les manieres precedentes, ils se peuvent aussi mesurer par le Recipiangle, qui est un instrument composé de deux grandes regles de bois, qui s'ouvrent & se serrent à la maniere d'un compas.*

De ces lignes maîtresses, observez tout le contour du Chasteau ( *par la precedente* ) tenant un memoire exact de la valeur de toutes les lignes & de tous les angles que vous mesurerez.

*Un plan se commence sur les lieux par un simple brouillon qu'on fait à veüe, c'est à dire, sans regle & sans compas, mais qu'on charge par des chiffres, de la juste valeur des lignes & des angles qu'on me-*

P

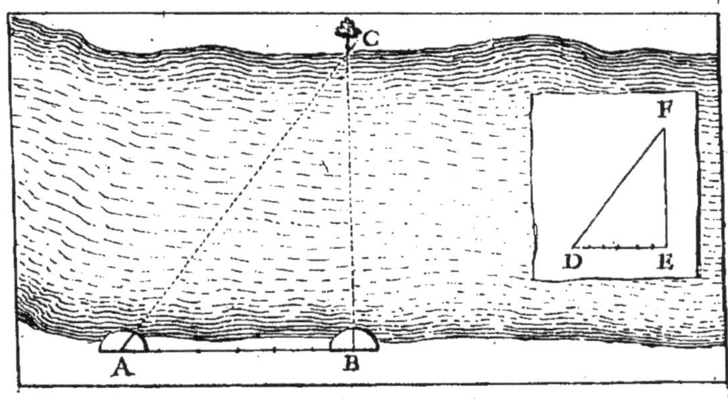

C
F
D    E
A    B

A
C
D

*fure fur le terrain ; & fur ce brouillon on fait fon
plan ou deffein au net lors qu'on eft de retour à la
maifon.*

---

## USAGE DU DEMICERCLE.

*Le Demicercle dont on ufe fur le terrain a un alhidade ou
regle mobile avec des pinules, c'eft à dire des vifieres, & un
pied au deffus duquel il fe meut & fe tourne à toutes fortes de
biais par le moyen d'une charniere ou machine qu'on nomme
genoüil.*

## PROPOSITION I.

*Mefurer une largeur de Riviere par exemple B C.*

PRenez fur le rivage une bafe A B, de dix, vingt
à trente toifes, ou plus, fi la riviere eft d'une
largeur confiderable.

Pofez le Demicercle en A , & mefurez l'angle
B A C en dirigeant les deux regles de l'Inftrument
l'une vers B , & l'autre vers C.

Mefurez de la même maniere l'angle A B C.

Tirez fur voftre papier une bafe D E, d'autant
de petites parties que vous aurez donné de toifes
à la bafe A B , puis faites les angles D , E, égaux
aux angles A , B , ( *par la* 11 *du* 3. ) & la ligne E F
contiendra autant de petites parties de l'échelle D E ,
que la largeur B C contiendra de toifes ( *fuivant
la* 53 *du* 2.)

## PROP. II.

*Mefurer l'angle rentrant A B C , qu'un foffé plein
d'eau rend inacceffible.*

METtez-vous fur le bord du foffé à quelque
endroit comme D , d'où le mur A B foit

C
D
E

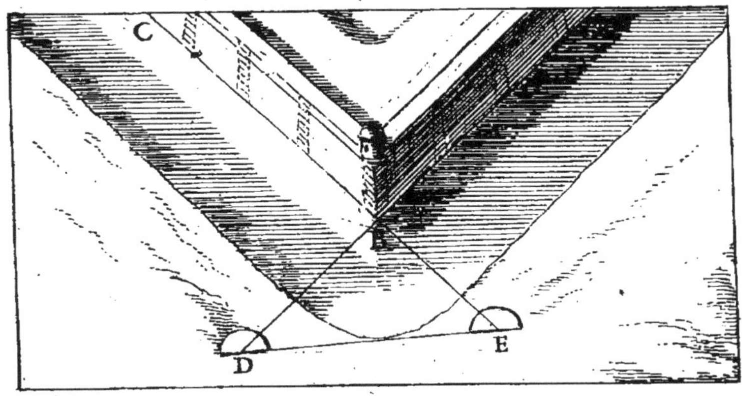
C
D
E

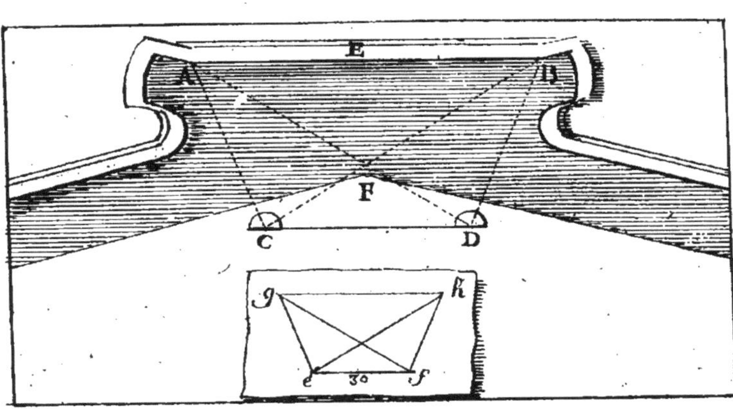
E
A
B
F
C
D
g
h
e
30
f

enfilé , & y plantez un piquet.

Plantez aussi le piquet E dans l'enfilade B C E.

Mesurez avec le Demicercle les angles D, E qui *par exemple* sont l'un de 62 degrez, & l'autre de 58.

Faites addition de ces deux angles , puis tirez leur somme 120 de 180 , le reste 60 sera la valeur de l'angle B ( *suivant la 1 du 8.* )

## PROP. III.

*Mesurer l'angle saillant A B C , duquel on ne peut approcher.*

PLantez les piquets D , E , en ligne droite avec les faces A B , B C.

Mesurez les angles D , E , & supposé que le premier se trouve de 40 degrez , le deuxiéme de 50 , le troisiéme B sera de 90 ( *par la 1 du 8 ,* ) & l'angle A B C d'autant ( *suivant la 19 du 2.* )

## PROP. IV.

*Mesurer la courtine A B , ayant le fossé E F entre-deux.*

PRenez sur le bord du fossé , une base à volonté *par exemple* , C D de 30 toises.

Des extremitez de cette base C D , dirigez avec le Demicercle des rayons vers les points A & B en observant la valeur des angles B D A , B D C , comme aussi des angles A C B , A C D.

Décrivez la figure e f g h semblable à la figure A B C D ( *par la 19 du 3 ,* ) & la base e f , estant faite de 30 petites parties par rapport à la base C D qui est de 30 toises , vous connoistrez la longueur de la courtine A B par le nombre des petites parties qui se trouveront comprises dans la ligne g h.

### USAGE DU COMPAS DE PROPORTION.

*Le Compas de Proportion a pour jambes deux regles de cui-vre sur lesquelles il y a d'ordinaire quatre paires de lignes gravées, dont l'une qu'on nomme des cordes, & qui est desti-née à la mesure des angles, est celle qui sert sur le terrain.*

*Les deux lignes A B, A C qui font cette paire, sont divisées chacune en 180 parties qui répondent par ordre aux 180 degrez de leurs demicercles, comme il paroist par la figure A B G.*

*Aux extremités de ces deux lignes, sont des pinules qui servent à diriger les rayons visuels, & le Compas est monté sur un pied avec un genoüil semblable à celuy du Demicercle.*

### PROP. I.

*Faire un angle de telle ouverture qu'on voudra. Par exemple soit proposé de faire un angle de 40 degrez au point L.*

PRenez avec un Compas commun la corde A D de 40 degrez. Ouvrez le Compas de propor-tion tant que les cordes de 60 degrez A E, A F soient éloignées l'une de l'autre par leurs extremi-tez E, F, d'une ouverture égale à celle des pointes du Compas commun; c'est à dire, ouvrez le Com-pas de proportion jusqu'à ce que la corde de l'arc E F, se trouve égale à la corde A D, & l'angle E A F sera de 40 degrez.

*Si on veut faire un angle de 50 ou 60 degrez, il faut ouvrir le Compas de proportion jusques à ce que E F, soit égal à la corde de 50 degrez A O, ou à celle de 60 A E, & ainsi de tous autres angles.*

### PROP. II.

*Mesurer l'angle I G H.*

POsez le Compas de proportion à trois ou qua-tre pieds de l'angle G, par exemple en L, puis

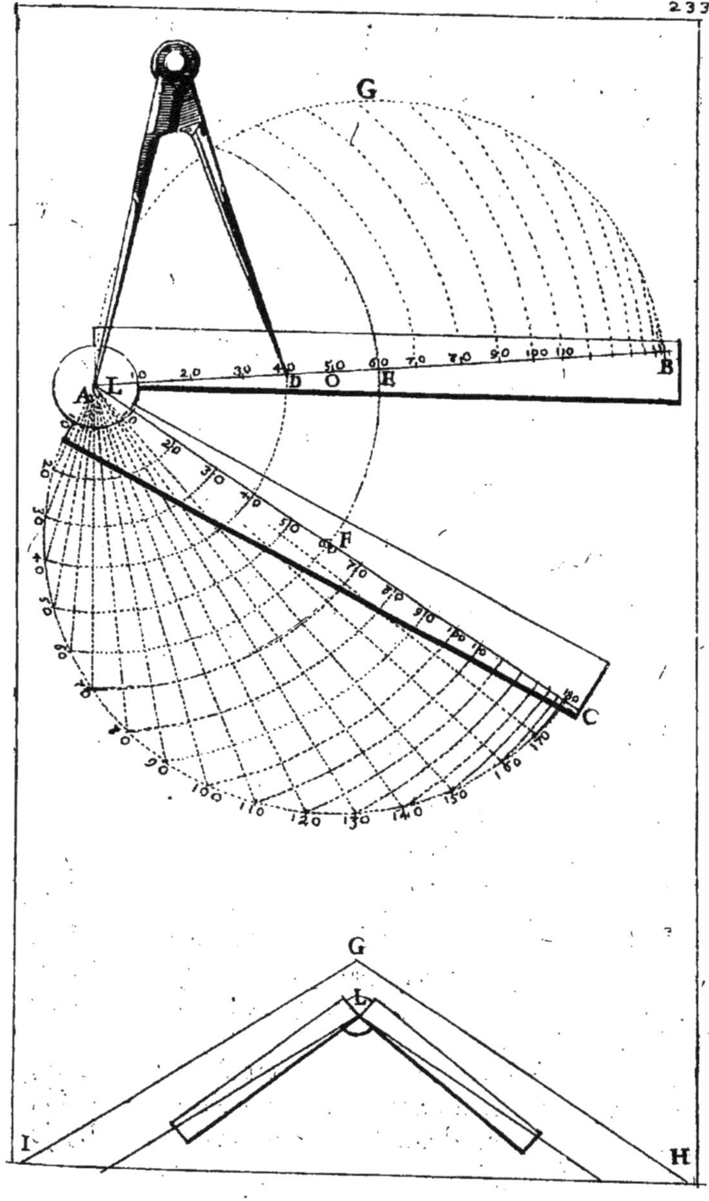
233
G
B
A L
D O H
10 20 30 40 50 60 70 80 90 100 110
F
20
30
40
50
60
70
80
90
100
110
120 130 140 150 160 170
C
G
L
I
H

tendez des cordeaux L M, L N, paralleles aux deux murs G H, G I, afin d'avoir l'angle M L N, égal à l'angle I G H.

Accommodez les jambes du Compas de proportion, ou pour mieux dire, dirigez leurs lignes des cordes fur les cordeaux L M, L N; & le Compas eftant ainfi ouvert, d'un angle égal au propofé, le nombre des degrez de fon ouverture fe trouvera comme s'enfuit.

Prenez avec un Compas commun, la diftance E F, qui eft entre les points de 60 degrez.

Portez cette ouverture de compas commun fur une des lignes des cordes, & trouvant qu'elle embraffe la corde A D de 140 degrez, concluez que l'angle eft ouvert de 140 degrez.

---

## Usage de la Planchette.

*La Planchette eft un ais d'environ douze ou quinze pouces en quarré, montée fur un pied à trois branches.*

*On travaille fur cette Planchette comme fur une petite table, le papier y eft arrêté avec un chaffi qui s'emboîte au bord, & les lignes qu'on tire deffus, fe dirigent par des épingles qu'on fait fervir de vifieres & de petits piquets.*

## PROPOSITION I.

*Tirer une ligne fur le terrain qui réponde à la ligne A B propofée fur la Planchette.*

Fichez fur la ligne propofée, A B, deux épingles, l'une à l'extremité A, & l'autre à l'extremité B.

Plantez dans le terrain un piquet P, directement au deffous de l'épingle A.

Attachez le cordeau par un bout à ce piquet P, & quelqu'un portant l'autre bout avec un piquet C, faites diriger le cordeau P S, fous la ligne A B, je

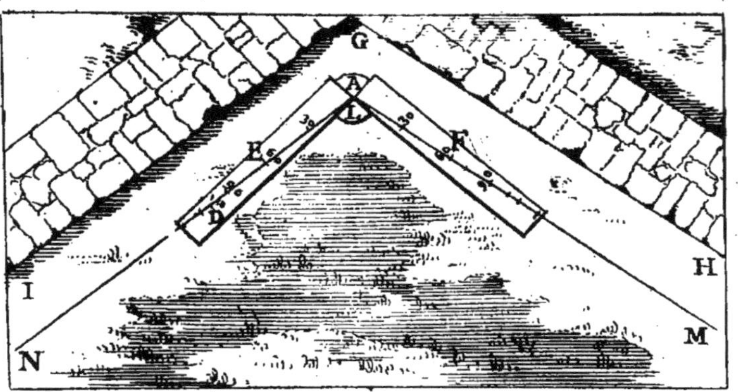

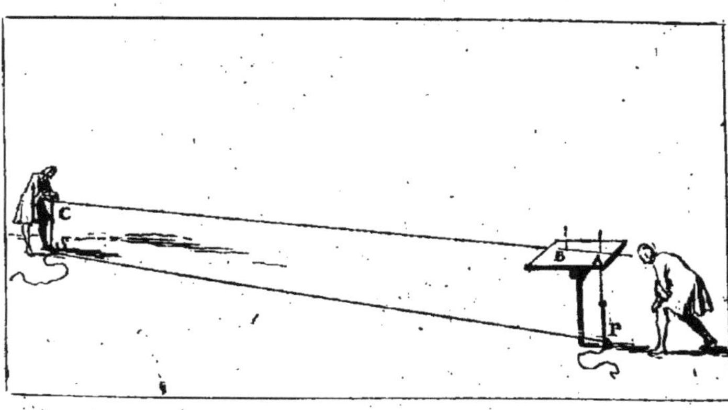

A
C
B
B
D
E

F
H
s. le Clerc f.

G
H
C
30
E
I

veux dire, faites planter le piquet C dans le rayon visuel A B C, & le cordeau estant bien tendu fera la ligne demandée.

## PROP. II.

*Un angle A B C estant proposé sur la planchette ; en aligner un semblable sur le terrain.*

TEndez sur le terrain, les cordeaux B D, B E, précisément sous les lignes B A, B C (*par la precedente.*)

## PROP. III.

*Du point O, donné sur la planchette, tirer une ligne vers quelque endroit proposé, par exemple vers le clocher F.*

FIchez une épingle bien à plomb au point O, & regardant le clocher F, par le bas de cette épingle, plantez dans le rayon visuel O F, & vers le bord de la planchette, une autre épingle H, puis tirez la ligne demandée O H.

## PROP. IV.

*Mesurer une largeur inaccessible, par exemple, celle d'un marais A B.*

PLacez la planchette à quelque endroit comme C, d'où vous puissiez aller en lignes droites vers les buts A & B ; & d'un point C pris sur la planchette, dirigez les rayons, sçavoir C D vers A, & C E vers B.

Mesurez les longueurs C A, C B, & les racourcissez proportionnellement sur la planchette par le moyen d'une petite échelle : par exemple, si C A est de 36 toises & C B de 30 ; prenez sur l'échel-

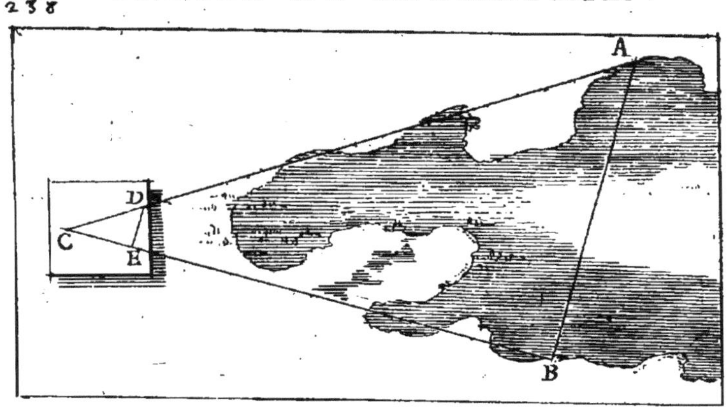
A
D
C
E
B

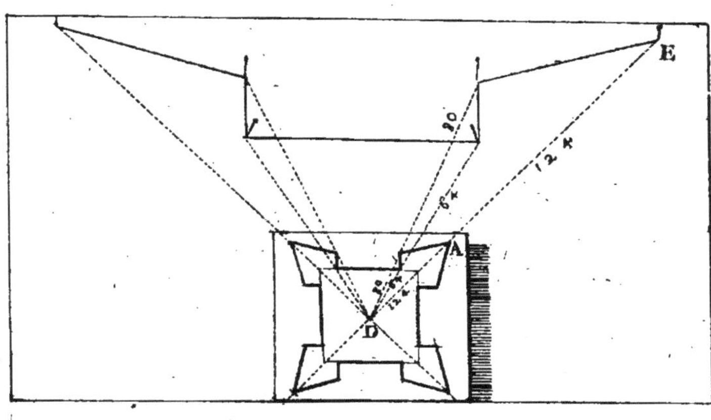
E
20
124
A
84
124
D

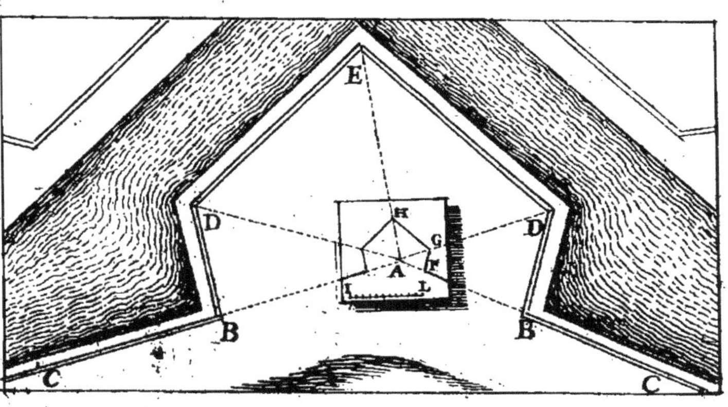
E
D
D
H
G
A
F
L
B
B
C
C

le G H 36 petites parties pour C D , 30 pour
C E ; & le nombre des petites parties de la ligne
D E vous fera connoiftre combien il y aura de toi-
fes du point A au point B ( *fuivant la* 58 *du* 2. )

## PROP. V.

*Eftant donné un plan fur la planchette , en tracer un*
*femblable fur le terrain.*

POfez la planchette dans le milieu du terrain où
vous avez à executer le plan propofé , qui par
exemple eft d'un petit Fort , dont la longueur de
chaque rayon eft connuë par les chiffres qui font
écrits deffus.

Dirigez avec le cordeau , des rayons fur le terrain qui répondent à ceux du plan donné fur la
planchette , ( *par la* 1 ) par exemple , le rayon O A
eft chiffré de 124 toifes , prenés le cordeau D E de
124 toifes , & ainfi du refte. ( *Voyez la* 6 *du* 6. )

## PROP. VI.

*Lever le plan d'une place , & premierement du*
*baftion D E D.*

POfez la planchette dans la gorge du Baftion, à
l'endroit A , d'où vous pourrez enfiler les deux
courtines B C , B C.

Du point A pris fur la planchette , dirigez des
rayons vers tous les angles du Baftion.

Mefurez les rayons A B , A D , A E , &c.

Racourciffez ces rayons proportionnellement fur
la planchette , par le moyen d'une échelle I L.

Menez F G , G H , H G , &c. & vous aurez le
plan du Baftion propofé.

Mettez une autre feüille de papier fur la plan-
chete , puis faites le plan du Baftion fuivant , &

paſſez ainſi de Baſtion en Baſtion juſqu'au dernier, en obſervant la longueur des courtines.

Tous les Baſtions de la Place eſtant tracez avec leurs courtines ſur autant de morceaux de papier, vous les aſſemblerez ſur une table, & ſi la cloſture du Plan ne ſe trouve pas juſte, je veux dire, ſi aſſemblant ces parties, la premiere ne ſe rapporte pas tout-à-fait avec la derniere, il faudra regagner ce deffaut en ouvrant ou reſſerrant tant ſoit peu chaque angle de la figure.

## PROP. VII.

*Lever la ſituation de pluſieurs Villages en même temps ; par exemple, des trois Villages A, B, C.*

CHoiſiſſez un terrain où vous puiſſiez avoir une baſe de cinq ou ſix cent toiſes, & plus s'il eſt poſſible, & que de ſes extremitez E, G, on découvre les Villages propoſez.

A l'une des extremitez de cette baſe comme E, & du point E, pris ſur la planchette, dirigez des rayons vers les clochers ou lieux plus apparens de ces Villages ; & un autre rayon vers le piquet G, (*ſuivant la 3.*)

De ce dernier rayon, faites une baſe ſur la Planchette, qui réponde à celle que vous avez priſe ſur le terrain, & écrivez ſur chaque rayon le nom du Village où il eſt dirigé.

Tranſportez la planchette en G, & la tournez de ſorte que la baſe e g que vous avez tiré deſſus, ſe trouve au deſſus de celle du terrain E G. *Puis*

Du point G pris ſur la planchette, dirigez auſſi des rayons vers les Villages, A, B, C, & les points a, b, c, où ils couperont les rayons de la premiere ſtation, ſeront en diſtance avec leur baſe e g, comme les trois Villages A, B, C, avec leur baſe E G.

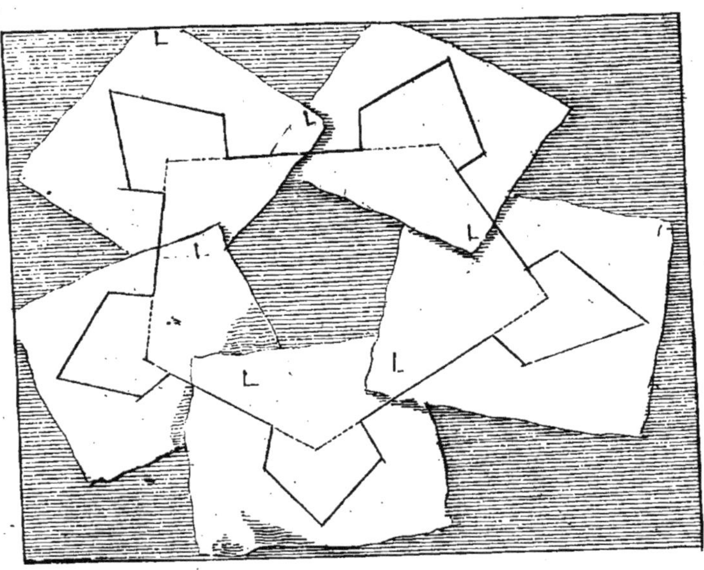

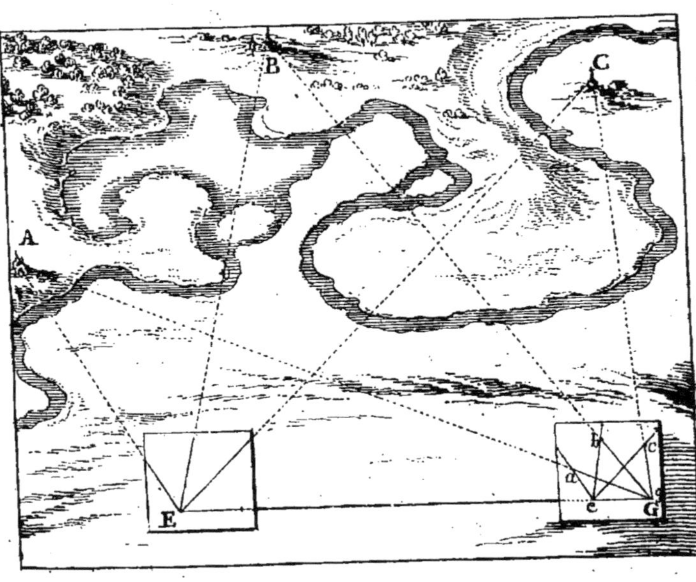

*En dirigeant les rayons viſuels, il faut avoir ſoin que la Planchette ſoit toûjours de niveau, & jamais inclinée ; cette circonſtance eſt abſolument neceſſaire pour bien reüſſir.*

## PROP. VIII.

*Conduire du point A, une ligne parallele à la muraille C D, de laquelle on ne peut approcher.*

PLantez la Planchette B, à quelque endroit aſ-ſez éloigné du point A.

Du point B, dirigez ſur la Planchette des rayons vers les points A, C, D.

Tranſportez la Planchette en A, & la poſez de telle ſorte que le rayon A I, faſſe partie du rayon A B.

Du point A, dirigez les rayons A C, A D, & par les points où ils couperont ceux de la premiere ſtation, menez E F, laquelle ſera parallele à C D.

Menez ſur la Planchette, la ligne A O parallele à E F, & ſous cette ligne, tirez ſur le terrain la demandée A L ( *par la* 1. )

## PROP. IX.

*Tirer une ligne vers un lieu qu'on ne voit pas.*

SUppoſé que la montagne M, empêche qu'on voye du point B, le lieu A vers lequel on doit tirer une ligne.

Avancez en quelque endroit C, d'où vous puiſ-ſiez découvrir les deux points A & B.

En ce lieu, & du point C pris ſur la Planchette, dirigez des rayons vers A & B, & un troiſiéme vers un autre point comme D, d'où l'on pourra auſſi dé-couvrir les mêmes points A & B.

Tranſportez la Planchette en D, & la plantez de maniere que le rayon D G pris ſur la Planchette, ſe

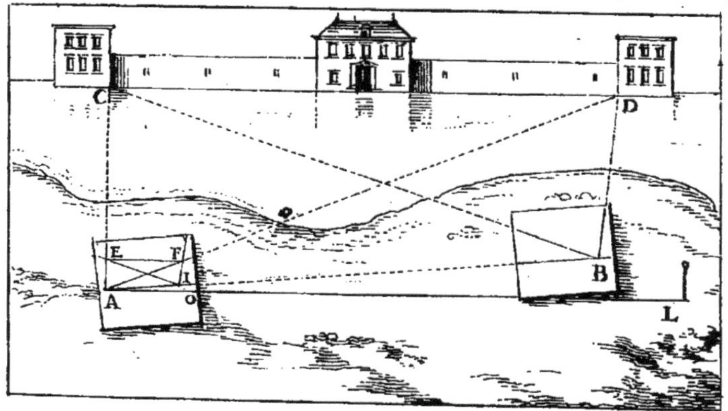
C
D
E F
I
A o
B
L
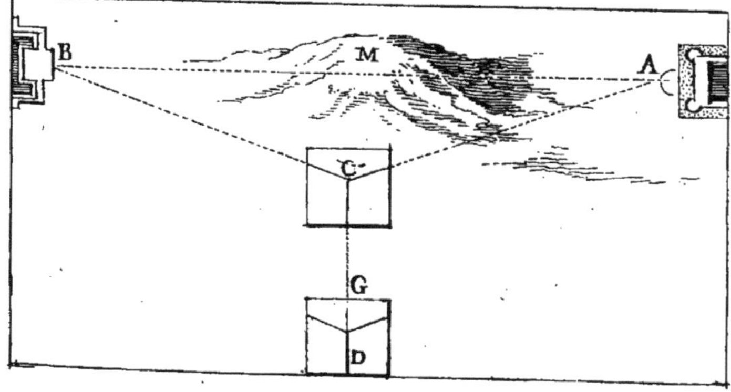
B
M
A
C
G
D

trouve fur le rayon D C ; puis du point D , dirigez les feconds rayons D A , D B.

Des points E , F , où ces rayons couperont les premiers, menez la ligne E F , & enfin faites ( *par la 2* ) l'angle H B I égal à l'angle D E F , & B I fera dirigée vers le lieu propofé A.

## PROP.   X.

*Divifer le Pré B F en deux parties égales par une ligne droite menée du point G.*

L Evez un plan du Pré propofé.
    Divifez ce plan H I en deux également par la ligne L M ( *fuivant la 12 du 5.* )

Mefurez exactement O M , M I , puis coupez R F en S , comme O I l'eft en M , & la ligne G S fera le partage demandé.

## PROP.   XI.

*Mefurer la hauteur d'un Baftiment A B , qui eft à plomb fur un pavé bien de niveau A G.*

P Ofez la Planchette bien à plomb en quelque lieu commode ; par exemple en C.

Tirez fur cette Planchette la parallele D H.

Du point D tirez le rayon D F vers l'extremité du Baftiment B.

Prolongez ce rayon jufques fur le pavé en G.

Voyez le nombre de pieds qu'il y a entre A & G, & coupez D H , d'autant de petites parties.

Elevez la perpendiculaire H F , elle contiendra autant de petites parties de la ligne D H , que la hauteur A B contiendra de pieds ( *fuivant la 53 du 2.* )

## PROP.   XII.

*Mefurer la hauteur A B , de laquelle on ne fçauroit approcher.*

T Irez fur la Planchette , une bafe c d.
    A la hauteur de cette bafe , tendez un fil N M

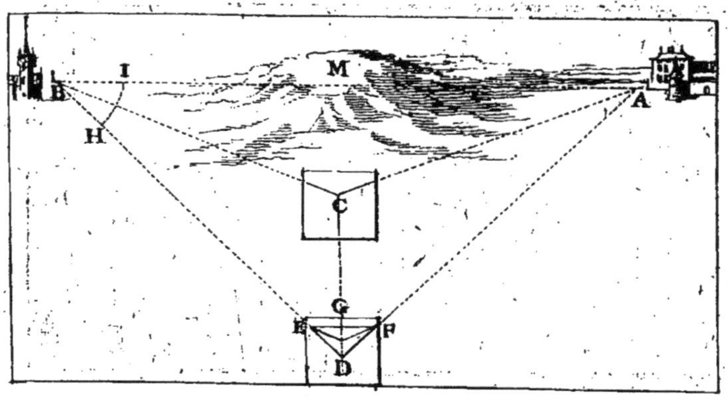

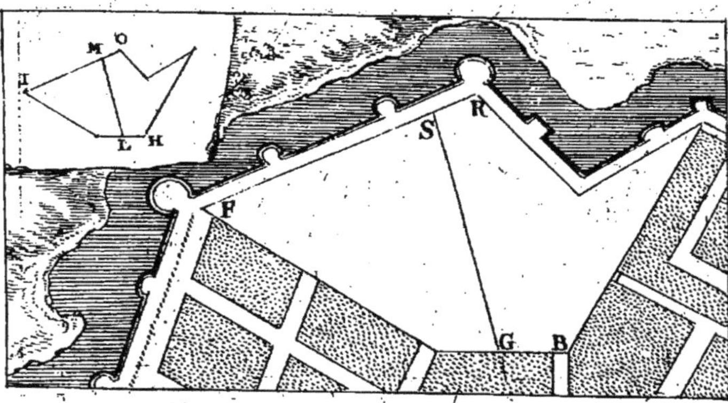

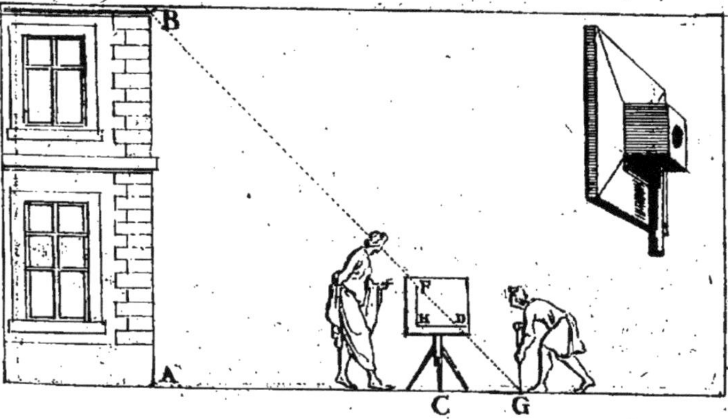

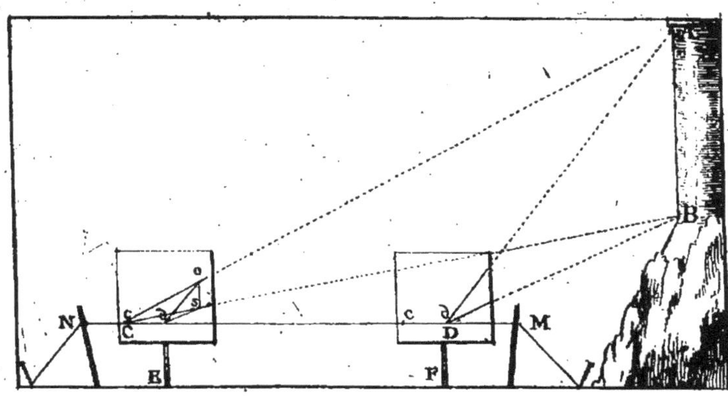

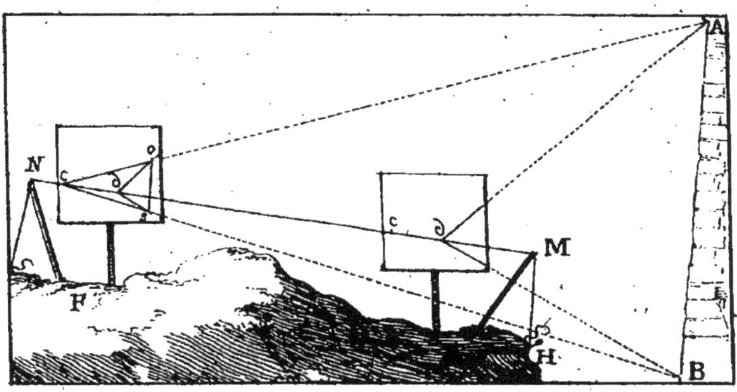

par le moyen de deux bâtons comme il paroît par cette figure.

Sur ce fil marquez une longueur C D de fept ou huit pieds ou plus, laquelle fervira de bafe pour le terrain.

Du point d, dirigez fur la Planchette deux rayons, l'un vers A, & l'autre vers B.

Tranfportez la Planchette en E, & l'ajuftez de maniere que le point c fe trouve fur le point C, de même que la bafe c d fur la bafe C D.

Tirez du point c deux autres rayons vers les points A & B, & les points où ils couperont les premiers rayons, donneront la hauteur o s qui fera à la petite bafe c d, comme A B eft à la grande bafe C D.

### PROP. XIII.

*Mefurer fur le terrain inégal & penchant F H, une hauteur inacceffible A B.*

LA pratique de cette Propofition eft femblable à la precedente, & la difference de terrain ne change rien dans l'operation.

### PROP. XIV.

*Mefurer la hauteur de la montagne A B.*

POfez la Planchette bien à plom au pied de la montagne.

Dirigez un rayon G D par le cofté fuperieur de la planchette.

Tranfportez la planchette en D, & là, dirigez un autre rayon de niveau G E.

Continuez la même chofe jufqu'au fommet A, & le nombre des ftations donnera la hauteur A B, car fuppofé dix ftations, la planchette ayant 4 pieds de haut, ce fera 40 pieds pour la hauteur de la montagne.

Par la même pratique on connoîtra la defcente

Q

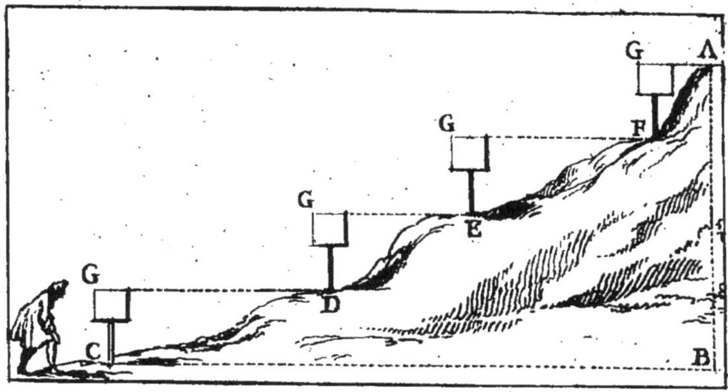

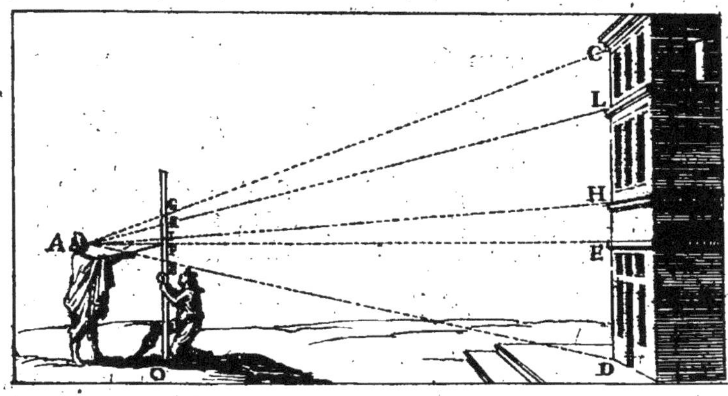

A C & la diſtance B C, en meſurant les rayons G D, G E, G A, &c.

## PROP. XV.

*Meſurer le talu du rampar A B.*

PRenez une pique, & attachez au bout un plomb qui deſcende au bas du foſſé.

Tenez cette pique couchée ſur le haut du rampar, & l'avancez juſqu'à ce que le plomb tombe ſur le deffaut du talu B, ſa ſaillie A D dans le foſſé, ſera égale à la meſure demandée C B (*ſuivant la 38 du 2.*)

## PROP. XVI.

*Meſurer la hauteur des étages, feneſtres, portes, & autres parties de la face d'une maiſon.*

PLacez-vous à quelque diſtance de la maiſon, par exemple en A, & vous tenant arrété, ferme, & ſans mouvoir la teſte; marquez ſur une regle ou cane O G qu'on tiendra droite devant vous, le paſſage des rayons viſuels par leſquels vous verrez les hauteurs à meſurer; & les parties B F I K G ſeront entr'elles comme les parties D E H L C.

Meſurez enſuite avec un pied ou une toiſe, la partie inferieure du Baſtiment D E, qui vous eſt acceſſible, & ſuppoſé qu'elle ſe trouve eſtre de 8 pieds, diviſez B F en 8 parties égales, cette diviſion ſera une échelle pour meſurer les parties F I K G.

## FIN.